高等教育规划教材

Oracle 基础教程

秦　婧　王　斌　编著

机 械 工 业 出 版 社

本书主要介绍Oracle数据库的发展，Oracle数据库的安装，数据库管理、配置与维护，操作表中的数据，函数，查询，视图与索引，序列与同义词，PL/SQL基本语法，存储过程与触发器，用户与权限，备份与恢复等内容，并在最后一章中配以实例，讲解如何使用Java语言连接Oracle数据库。每章都在章首列出了本章的学习目标，方便读者对本章涉及的内容有所了解；在每章最后都配有一定的习题，读者可以将其作为考核本章知识点的复习题。本书在讲解理论的同时，注重理论联系实践，以实例的方式演练每一个知识点，此外，对一些在实际开发中经常会遇到的问题，则以“提示或说明”的方式提醒读者注意。

本书既可作为高等学校计算机及相关类专业的教学用书，也可作为管理信息系统开发人员的技术参考书。

本书配有授课电子教案，需要的教师可登录www.cmpedu.com免费注册，审核通过后下载，或联系编辑索取（QQ：2850823885，电话：010-88379739）。

图书在版编目(CIP)数据

Oracle基础教程/秦婧，王斌编著. —北京：机械工业出版社，2015.10
高等教育规划教材
ISBN 978-7-111-51713-9

Ⅰ.①O… Ⅱ.①秦… ②王… Ⅲ.①关系数据库系统-高等学校-教材 Ⅳ.①TP311.138

中国版本图书馆CIP数据核字（2015）第228525号

机械工业出版社(北京市百万庄大街22号 邮政编码100037)
策划编辑：张 恒 责任编辑：张 恒
责任校对：张艳霞 责任印制：李 洋
北京圣夫亚美印刷有限公司印刷
2015年11月第1版·第1次印刷
184mm×260mm ·17.5印张·431千字
0001—3000册
标准书号：ISBN 978-7-111-51713-9
定价：43.00元

凡购本书，如有缺页、倒页、脱页，由本社发行部调换
电话服务 网络服务
服务咨询热线：010-88379833 机工官网：www.cmpbook.com
读者购书热线：010-88379649 机工官博：weibo.com/cmp1952
教育服务网：www.cmpedu.com
封面无防伪标均为盗版 金书网：www.golden-book.com

出 版 说 明

当前，我国正处在加快转变经济发展方式、推动产业转型升级的关键时期。为经济转型升级提供高层次人才，是高等院校最重要的历史使命和战略任务之一。高等教育要培养基础性、学术型人才，但更重要的是加大力度培养多规格、多样化的应用型、复合型人才。

为顺应高等教育迅猛发展的趋势，配合高等院校的教学改革，满足高质量高校教材的迫切需求，机械工业出版社邀请了全国多所高等院校的专家、一线教师及教务部门，通过充分的调研和讨论，针对相关课程的特点，总结教学中的实践经验，组织出版了这套“高等教育规划教材”。

本套教材具有以下特点：

1）符合高等院校各专业人才的培养目标及课程体系的设置，注重培养学生的应用能力，加大案例篇幅或实训内容，强调知识、能力与素质的综合训练。

2）针对多数学生的学习特点，采用通俗易懂的方法讲解知识，逻辑性强、层次分明、叙述准确而精炼、图文并茂，使学生可以快速掌握，学以致用。

3）凝结一线骨干教师的课程改革和教学研究成果，融合先进的教学理念，在教学内容和方法上做出创新。

4）为了体现建设“立体化”精品教材的宗旨，本套教材为主干课程配备了电子教案、学习与上机指导、习题解答、源代码或源程序、教学大纲、课程设计和毕业设计指导等资源。

5）注重教材的实用性、通用性，适合各类高等院校、高等职业学校及相关院校的教学，也可作为各类培训班教材和自学用书。

欢迎教育界的专家和老师提出宝贵的意见和建议。衷心感谢广大教育工作者和读者的支持与帮助！

机械工业出版社

前　言

基本内容

Oracle 是目前在企业中应用较多的数据库产品。之所以受到企业用户的青睐，一方面是由于它的安全性和稳定性是得到公认的，另一方面是由于它具有的跨平台特性能够方便用户在 Windows 操作系统和 Linux 操作系统上使用数据库。此外，随着目前数据存储量不断加大，对于数据的挖掘和分析的需求也日益增大。Oracle 作为数据库领域中的排头兵，在版本不断更新的同时，也注重了大数据分析方面的改进和完善。

本书可以引导读者快速掌握 Oracle 中基本 SQL 语句以及 PL/SQL 语句的使用，进而完成对数据库中用户和权限的管理，以及实现用 Java 语言连接 Oracle 数据库的操作。教学内容设置由浅入深，同时结合实际操作步骤以及完整的案例项目，并附有示例代码，重点突出，注重理论与实践相结合，可快速提高读者 Oracle 的知识水平。

在内容编写上，本书以 Oracle 11g 为平台，在讲述了 Oracle 中基本概念、语句、操作等基础内容之后，介绍了存储过程、触发器、视图等对象的使用，最后实现了使用 Java 语言连接 Oracle 数据库的讲解，涵盖了 Oracle 11g 从初学到进阶的所有主要内容。

全书共分为 3 部分 11 章，各章具体内容如下。

- 第 1 章：概括地介绍了 Oracle 数据库，包括数据库基础、使用 E-R 图设计数据库、Oracle 数据库的发展、Oracle 数据库的体系结构等。
- 第 2 章：主要讲解了 Oracle 数据库的安装与自带工具介绍，包括安装的基本要求、安装步骤以及自带的工具等。
- 第 3 章：主要介绍 Oracle 数据库的管理、配置与维护，包括创建 Oracle 数据库、数据库的配置和维护、管理表空间等。
- 第 4 章：主要讲解了表的管理，包括表中所使用的数据类型，表的创建、修改以及删除，表中约束的管理等。
- 第 5 章：主要讲解了操作表中的数据，包括向表中添加数据、修改数据以及删除数据等。
- 第 6 章：主要讲解了函数的使用，包括数值型函数、字符型函数、日期型函数、转换函数等系统函数，创建和管理自定义函数等。
- 第 7 章：主要讲解表数据的查询，包括基本查询语句、带条件的查询语句、多表查询、分组查询、子查询的使用等。
- 第 8 章：主要讲解了视图和索引的使用，包括视图的创建和管理、索引的类型、索引的创建以及管理等。
- 第 9 章：主要讲解了序列和同义词，包括序列的创建和应用、同义词的创建和应用等。
- 第 10 章：主要讲解了 PL/SQL 基本语法，包括 PL/SQL 基础、异常处理以及事务和游标的使用等。

- 第 11 章：主要讲解了存储过程和触发器的使用，包括存储过程、触发器的创建和管理等。
- 第 12 章：主要讲解了用户和权限的使用，包括用户的创建和管理、权限的创建和管理、角色的创建和管理等。
- 第 13 章：主要讲解了备份和恢复的使用，包括使用物理和逻辑的方法备份和恢复数据库等。
- 第 14 章：介绍了使用 Java 语言开发学生选课系统的主要过程，包括选课系统的设计、使用 JDBC 连接 Oracle 数据库、选课系统中模块的开发过程等。

主要特点

本书作者多年来一直从事 Oracle 相关课程的讲授，并在多个软件项目中运用 Oracle 数据库，有着丰富的教学实践和编著经验。

本书采用最常用的版本 Oracle 11g 作为学习系统，由浅入深地系统介绍 Oracle 数据库的使用及应用。每章开篇会列举“本章的学习目标”，做到目标明确，方便老师教学及学生对各章内容的掌握，起到提纲挈领的作用。同时，每章会有“本章小结”，对所学的内容进行梳理，达到知识的强化学习。对有实践操作要求的章节，配有完整的案例，以加深对 Oracle 数据库理论的理解，实现理论知识的应用，提高教学效果，使读者快速、真正地掌握 Oracle 数据库。

具体地讲，本书具有以下鲜明的特点。

- 从零开始，轻松入门。
- 图解案例，清晰直观。
- 图文并茂，操作简单。
- 实例引导，专业经典。
- 学以致用，注重实践。

读者对象

- 学习 Oracle 的初级读者。
- 具有一定 Oracle 基础知识、希望进一步系统学习的读者。
- 大中专院校计算机相关专业的学生。
- 使用 Oracle 数据库的软件开发人员。

本书可以作为大专院校计算机相关专业专科及本科的授课教材，也可以作为相关培训的辅导用书，同时也非常适合作为专业人员的参考手册。

配套资源

为了方便读者学习，本书提供多媒体教学光盘，其中包含了本书主要课后习题答案以及电子教案等，这些文件都被保存在与章节相对应的文件夹中，相信会为读者的学习带来便利。

本书由东北大学秦婧和东北大学王斌共同编写。在编写过程中得到了多位同仁的支持和帮助，在这里一并表示感谢。

由于时间仓促，书中难免存在不妥之处，请读者批评指正，并提出宝贵意见。

编　者

目　录

出版说明
前言
第1章　Oracle 11g 数据库简介 …… 1
1.1　数据库基础 …… 1
1.1.1　与数据库相关的概念 …… 1
1.1.2　数据库的类型 …… 2
1.2　E-R 图 …… 3
1.2.1　什么是 E-R 图 …… 4
1.2.2　使用 E-R 图设计数据库 …… 4
1.3　Oracle 数据库的发展 …… 6
1.4　Oracle 11g 数据库体系结构 …… 8
1.4.1　Oracle 数据库物理存储结构 …… 8
1.4.2　Oracle 数据库逻辑存储结构 …… 8
1.4.3　Oracle 数据库的内存结构 …… 9
1.4.4　Oracle 数据库的进程结构 …… 12
1.5　本章小结 …… 13
1.6　习题 …… 14
第2章　安装 Oracle 11g 数据库 …… 15
2.1　在 Windows 下安装 Oracle 11g 数据库 …… 15
2.1.1　安装的基本条件 …… 15
2.1.2　安装 Oracle 11g …… 16
2.2　卸载 Oracle 11g 数据库 …… 22
2.3　Oracle 11g 数据库的自带工具 …… 24
2.3.1　SQL Plus …… 24
2.3.2　SQL Developer …… 25
2.3.3　企业管理器（OEM） …… 27
2.4　本章小结 …… 33
2.5　习题 …… 33
第3章　数据库管理、配置与维护 …… 34
3.1　管理 Oracle 11g 数据库 …… 34
3.1.1　使用 DBCA 创建数据库 …… 34
3.1.2　删除数据库 …… 42
3.2　配置数据库 …… 43
3.2.1　配置监听服务 …… 43
3.2.2　启动和停止监听服务 …… 49
3.2.3　配置网络服务名 …… 50
3.3　管理数据库服务 …… 55
3.3.1　启动和停止数据库 …… 55
3.3.2　更改数据库的启动类型 …… 56
3.4　表空间 …… 58
3.4.1　表空间的概念 …… 58
3.4.2　创建表空间 …… 58
3.4.3　设置默认表空间与临时表空间 …… 60
3.4.4　修改表空间 …… 60
3.4.5　删除表空间 …… 62
3.5　实例演练——在 TESTBASE 数据库中管理表空间 …… 62
3.6　本章小结 …… 64
3.7　习题 …… 64
第4章　表管理 …… 65
4.1　SQL 语言分类 …… 65
4.2　数据类型 …… 66
4.2.1　数值型 …… 66
4.2.2　字符型 …… 66
4.2.3　日期型 …… 67
4.2.4　其他数据类型 …… 67
4.3　创建表 …… 68
4.3.1　基本语法 …… 68
4.3.2　使用语句创建表 …… 69
4.3.3　复制表 …… 70
4.4　修改表 …… 70
4.4.1　修改列 …… 71
4.4.2　添加列 …… 71
4.4.3　删除列 …… 72
4.4.4　重命名列 …… 73
4.4.5　重命名表 …… 74
4.5　删除表 …… 74

4.5.1 表删除操作 …… 74
4.5.2 表截断操作 …… 75
4.6 表约束 …… 76
4.6.1 主键约束 …… 76
4.6.2 非空约束 …… 79
4.6.3 唯一约束 …… 80
4.6.4 检查约束 …… 82
4.6.5 外键约束 …… 84
4.6.6 修改约束 …… 87
4.7 实例演练 …… 88
4.7.1 创建学生信息管理系统所需表 …… 88
4.7.2 为学生信息管理系统表设置约束 …… 90
4.8 本章小结 …… 92
4.9 习题 …… 92
第5章 操作表中的数据 …… 93
5.1 向表中添加数据 …… 93
5.1.1 基本语法 …… 93
5.1.2 向表中添加指定的数据 …… 94
5.1.3 向表中插入特殊值 …… 96
5.1.4 复制表中数据 …… 98
5.2 修改表中数据 …… 99
5.2.1 基本语法 …… 100
5.2.2 修改表中的全部数据 …… 100
5.2.3 按条件修改表中的数据 …… 101
5.3 删除表中数据 …… 102
5.3.1 基本语法 …… 102
5.3.2 删除表中的全部数据 …… 103
5.3.3 按条件删除数据 …… 103
5.4 实例演练——操作学生管理信息系统表中的数据 …… 104
5.5 本章小结 …… 107
5.6 习题 …… 107
第6章 函数 …… 109
6.1 系统函数 …… 109
6.1.1 数值函数 …… 109
6.1.2 字符函数 …… 112
6.1.3 日期函数 …… 116
6.1.4 转换函数 …… 119
6.1.5 聚合函数 …… 122
6.1.6 其他函数 …… 123
6.2 自定义函数 …… 124
6.2.1 创建函数 …… 124
6.2.2 删除函数 …… 125
6.3 本章小结 …… 126
6.4 习题 …… 126
第7章 查询 …… 127
7.1 运算符 …… 127
7.1.1 算术运算符 …… 127
7.1.2 比较运算符 …… 127
7.1.3 逻辑运算符 …… 128
7.2 基本查询语句 …… 128
7.2.1 基本语法 …… 128
7.2.2 查询表中全部数据 …… 132
7.2.3 查询表中的指定列 …… 132
7.2.4 给列设置别名 …… 133
7.2.5 去除表中的重复记录 …… 133
7.2.6 对查询结果排序 …… 134
7.2.7 在查询中使用表达式 …… 135
7.2.8 使用 CASE…WHEN 语句查询 …… 136
7.3 带条件的查询语句 …… 137
7.3.1 查询带 NULL 值的列 …… 138
7.3.2 使用 ROWNUM 查询指定数目的行 …… 138
7.3.3 范围查询 …… 139
7.3.4 模糊查询 …… 140
7.4 分组查询 …… 141
7.4.1 在分组查询中使用聚合函数 …… 142
7.4.2 带条件的分组查询 …… 142
7.4.3 对分组查询结果排序 …… 143
7.5 多表查询 …… 144
7.5.1 笛卡尔积 …… 144
7.5.2 内连接查询 …… 145
7.5.3 外连接查询 …… 146
7.5.4 交叉连接查询 …… 147
7.6 子查询 …… 148
7.6.1 WHERE 子句中的子查询 …… 148

7.6.2 FROM 子句中的子查询 ………… 149
7.7 实例演练——在学生管理信息系统表中查询数据 ………… 149
7.8 本章小结 ………… 151
7.9 习题 ………… 151
第 8 章 视图与索引 ………… 152
8.1 管理视图 ………… 152
8.1.1 视图的作用与分类 ………… 152
8.1.2 创建视图 ………… 153
8.1.3 删除视图 ………… 157
8.1.4 使用 DML 语句操作视图 ………… 158
8.2 管理索引 ………… 159
8.2.1 索引的分类 ………… 160
8.2.2 创建索引 ………… 160
8.2.3 修改索引 ………… 162
8.2.4 删除索引 ………… 164
8.3 实例演练 ………… 164
8.3.1 创建查询学生信息的视图 ………… 164
8.3.2 为学生信息表添加索引 ………… 165
8.4 本章小结 ………… 166
8.5 习题 ………… 166
第 9 章 序列与同义词 ………… 168
9.1 序列 ………… 168
9.1.1 创建序列 ………… 168
9.1.2 使用序列 ………… 170
9.1.3 管理序列 ………… 173
9.2 同义词 ………… 174
9.2.1 创建同义词 ………… 174
9.2.2 使用同义词 ………… 176
9.2.3 删除同义词 ………… 177
9.3 实例演练 ………… 178
9.3.1 使用序列添加专业信息 ………… 178
9.3.2 为学生信息表创建同义词 ………… 179
9.4 本章小结 ………… 180
9.5 习题 ………… 181
第 10 章 PL/SQL 基本语法 ………… 182
10.1 PL/SQL 基础 ………… 182
10.1.1 数据类型 ………… 182
10.1.2 定义常量和变量 ………… 183
10.1.3 流程控制语句 ………… 185
10.2 异常处理 ………… 190
10.2.1 异常的分类 ………… 190
10.2.2 自定义异常 ………… 191
10.3 事务 ………… 192
10.3.1 事务的特性 ………… 192
10.3.2 事务的应用 ………… 193
10.4 游标 ………… 194
10.4.1 显式游标 ………… 194
10.4.2 隐式游标 ………… 196
10.5 本章小结 ………… 197
10.6 习题 ………… 197
第 11 章 存储过程与触发器 ………… 198
11.1 管理存储过程 ………… 198
11.1.1 创建无参的存储过程 ………… 198
11.1.2 创建带参数的存储过程 ………… 199
11.1.3 管理存储过程 ………… 202
11.2 触发器 ………… 203
11.2.1 触发器的类型 ………… 204
11.2.2 创建 DML 触发器 ………… 204
11.2.3 创建 DDL 触发器 ………… 207
11.2.4 管理触发器 ………… 208
11.3 实例演练 ………… 209
11.3.1 为查询学生专业创建存储过程 ………… 209
11.3.2 创建触发器复制删除的学生信息 ………… 210
11.4 本章小结 ………… 211
11.5 习题 ………… 211
第 12 章 用户与权限 ………… 212
12.1 用户 ………… 212
12.1.1 创建用户 ………… 212
12.1.2 修改用户 ………… 213
12.1.3 删除用户 ………… 214
12.2 权限 ………… 215
12.2.1 权限的类型 ………… 215
12.2.2 授予权限 ………… 216
12.2.3 撤销权限 ………… 218
12.2.4 查看权限 ………… 220

12.3　角色 ………………………… 220
12.3.1　创建角色 …………………… 221
12.3.2　管理角色的权限……………… 222
12.3.3　给用户授予角色……………… 225
12.3.4　管理角色 …………………… 226
12.4　本章小结 ……………………… 227
12.5　习题 …………………………… 227
第13章　备份与恢复…………………… 228
13.1　数据库备份 …………………… 228
13.1.1　物理备份 …………………… 228
13.1.2　逻辑备份 …………………… 230
13.1.3　使用企业管理器（OEM）导出数据 ………………………… 235
13.2　数据库恢复 …………………… 243
13.2.1　物理恢复数据库……………… 243
13.3.2　逻辑导入数据………………… 245
13.2.3　使用企业管理器（OEM）导入数据 ………………………… 247
13.3　本章小结 ……………………… 247
13.4　习题 …………………………… 248
第14章　使用Java语言开发学生选课系统……………………… 249
14.1　系统概述 ……………………… 249
14.2　系统设计 ……………………… 250
14.2.1　数据表设计 ………………… 250
14.2.2　功能设计 …………………… 251
14.2.3　数据库连接类设计…………… 252
14.3　系统实现 ……………………… 255
14.3.1　登录注册功能………………… 255
14.3.2　选课功能 …………………… 261
14.3.3　管理选课信息………………… 267
14.4　本章小结 ……………………… 269
参考文献 ……………………………… 270

第 1 章　Oracle 11g 数据库简介

Oracle 数据库是目前在大型企业应用中常用的数据库管理软件之一。随着 Oracle 数据库应用的普及以及大数据应用的发展，它也受到了越来越多的中小型企业的青睐。虽然 Oracle 11g 并不是 Oracle 数据库产品的最新版本，但它是目前企业中应用最多的版本，因此，本书中为读者讲述 Oracle 11g 数据库的使用。本章将介绍数据库的一些理论知识以及 Oracle 数据库的发展历史。

本章的学习目标如下。

- 了解数据库的基本概念以及数据库的分类。
- 掌握如何使用 E－R 图设计数据库。
- 掌握 Oracle 数据库的特点。
- 了解 Oracle 数据库的存储结构和内存结构。

1.1　数据库基础

在如今的数据爆炸时代，数据成为日常生活中的一部分。从日常通信的手机、聊天工具到网上购物、视频浏览，无一不是与数据相关的。实际上，这些数据基本上都是通过数据库来存储的。因此，学好使用数据库是至关重要的。子曰："工欲善其事，必先利其器"，那么，为了更好地学习 Oracle 数据库，本节就先介绍数据库的概念及其类型的相关知识。

1.1.1　与数据库相关的概念

数据库中最主要的构成要素就是数据。管理数据库中的数据时，数据库管理员可以直接通过数据库系统来操作；对于用户来说，如果要使用数据库就需要用到数据库管理系统，比如：办公自动化（Office Automation，OA）系统、学生选课系统等。下面分别来介绍一下数据、数据库、数据库系统以及数据库管理系统的具体概念。

1. 数据

数字、字符、声音、图像等都可以称为是数据。例如要报名某个考试，需要在网上填写报名信息，这些信息就包括了姓名、身份证号、照片、邮箱、报考科目等。那么，这些数据中就包含了字符和图片形式的数据。

2. 数据库

数据库实际上可以理解为装载数据的容器，在存储数据时，不会将所有数据杂乱无章地存放到一起，而是会把数据分类存放到不同的容器空间中，这些容器空间就是后面要介绍的表。例如在一个学生管理系统中，包括了学生、班级、课程等信息。那么，这些信息也会存放到不同的表中。

3. 数据库系统

数据库系统就是各大厂商提供的数据库软件，包括本书中要介绍的甲骨文的 Oracle 数据库。此外，还有微软的 SQL Server、Access 数据库，甲骨文收购的 MySQL 数据库以及 IBM 的 DB2 等数据库。

4. 数据库管理系统

数据库管理系统（Database Management System，DBMS）实际上就是为在软件开发中使用数据库来存储数据而设计的软件。在学校中常用的数据库管理系统也有很多，如图书馆的借阅系统、学生的选课系统、教师的阅卷系统等。

1.1.2 数据库的类型

数据库的类型主要包括 4 种，从最早 1968 年由 IBM 创建的层次型数据库到网状型数据库、关系型数据库，再到目前流行的文档型数据库。下面就分别来介绍这 4 种类型的数据库。

1. 层次型数据库

层次型数据库就是以层次型的模型来构建的数据，它是以树状结构来存储数据的。在该存储结构中，将树的节点作为记录类型，除了根节点之外，每一个节点都有一个父节点，每一个父节点下面可以有很多个节点。它的代表产品就是 IBM 开发的信息管理系统（Information Management System，IMS）数据库。例如在一个商场中，包括部门和员工，在部门信息中可以包括部门编号、部门名称等信息，在员工信息中可以包括员工工号、姓名、身份证号等信息，每一个部门可以负责一个类别的商品，在商品信息中可以包括商品编号、名称、价格等信息。如图 1-1 所示，就是某商场数据库存储的简单层次型的结构。

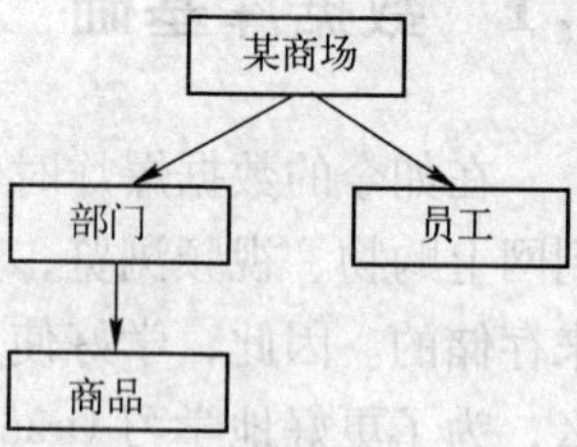

图 1-1 某商场数据库的层次型结构

使用层次型结构可以很方便地构建一对一、一对多的关系，但是多对多的关系表示起来就比较复杂了，必须将多对多的关系分解成一对多的关系才可以。因此，目前使用层次型结构构建数据库的情况较少。

2. 网状型数据库

网状型数据库中的网状模型是层次型数据库中层次模型的扩展，它是以网状的结构来表示实体类型及其实体之间联系的模型。网状结构的每一个结点都代表一个记录类型，记录类型可以包含多个字段，结点之间可以用一个有向边来连接，表示结点之间的关系，这样就消除了层次模型中结点之间关系的限制。最早提出网状模型的是美国的 Charles W. Bachman。世界上第一个网状数据库管理系统也是第一个数据库管理系统也是美国通用电气公司的 Bachman 等人在 1964 年开发成功的集成数据存储（Integrated Data Store，IDS）。网状结构的特点是结点有 0 到多个父结点，例如在某商场中，顾客购买商品的数据可以用如图 1-2 所示的网状型结构表示。

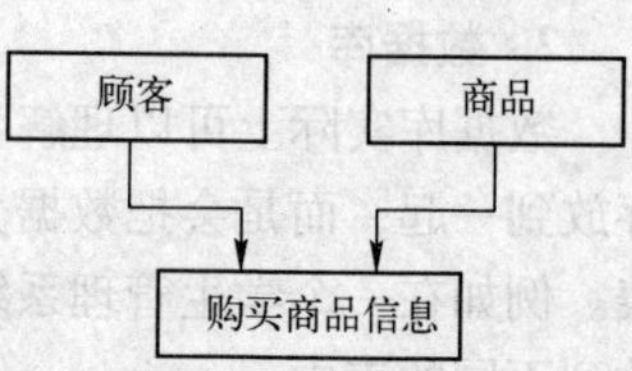

图 1-2 某商场顾客购买商品数据的网状型结构

网状型结构虽然没有层次型结构的限制多，但是网状型结构比较复杂，用户无法通过简单的操作完成对数据的处理。因此，使用网状型结构构建数据库的应用也是较少的。

3. 关系型数据库

关系型数据库是目前使用最多的数据库产品。关系模型是采用二维表的结构来表示实体之间关系的模型，在设计和存取数据方面都很方便。关系型数据库的关系模型是在1970年由IBM的研究员E. F. Codd博士首先提出的。关系型数据库的产品比较多，主流的产品包括Oracle、MySQL、SQL Server等。用二维表表示商品信息，如表1-1所示。

表1-1　商品信息的二维表形式

编　号	名　称	价格/元	类　别	厂　商
1	笔记本	12.5	文具	晨光
2	水性笔	2.0	文具	晨光
3	面包	5.0	食品	好利来

4. 文档型数据库

文档型数据库是一种新兴的数据库模型，主要用来存储、索引并管理面向文档的数据或者类似的半结构化数据。在文档型数据库中，文档就是数据库中存储的最小单位。每一种文档型数据库支持的文档格式有所不同，文档数据库的文档格式主要包括XML、YAML、JSON和BSON，也包括二进制格式如PDF、Office等。典型的代表产品有MongoDB、CouchDB、RavenDB等。其中，MongoDB是面向集合，与模式无关的文档型数据库，数据以“集合”的方式进行分组，每个集合都有单独的名称并可以包含无限数量的文档，这里的集合与关系型数据库中的表类似，唯一的区别就是它并没有任何明确的模式；CouchDB数据库可以通过JSON格式的REST接口进行访问，使用JavaScript作为查询语言，一个CouchDB文档就是一个对象，由不同字段组成，字段值可以是字符串、数字、日期，甚至可以是有序列表和关联映射；RavenDB数据库一款.NET文档型数据库，它的特点是提供了高性能、不依赖模式、灵活可扩展的面向.NET和Windows平台的数据存储平台，它可以存储JSON格式的文档。如下所示就是在MongoDB中存储的文档型数据的描述格式。

```
{
    field 1:value1,
    field 2:value2,
    field 3:value3,
    ……
    field n:value n
}
```

其中，field可以理解为关系数据库中的字段名，value就是该字段中存放的值，但是这个值不仅可以是常见的字符串类型、日期类型，也可以是一个文档类型或者是数组类型。

1.2　E-R图

前面已经学习过了有关数据库的一些基本概念，那么，在关系型数据库中如何设计在数据库中存放的表以及表之间的关系呢？目前，最常使用的设计数据库的方法就是实体-关系（Entity-Relation，E-R）图。利用E-R图设计数据库的方法是由P. P. S在1976年提出的。通过E-R图设计数据库后，可以用设计后的结果直接生成数据库中的表。

1.2.1 什么是E-R图

E-R图表示的是实体之间的关系，主要涉及的概念有实体、实体集、关系。为了在设计E-R图时更好地使用这些概念，下面将具体介绍。

1. 实体

实体就是一个客观存在的对象，顾客、商品、订单都可以称为是一个实体。实体又是通过属性描述的，例如在顾客实体中，可以用顾客的编号、姓名、联系方式、地址等属性加以描述。在数据库设计中，实体指的是表，而表中的列就是描述实体的属性。

2. 实体集

实体集实际上就是将多个类似的实体聚集到一起形成的集合。所有的商品、所有的订单等。在E-R图中，实体集用矩形表示，实体集中的属性用椭圆形表示，实体和属性之间用无向边连接。顾客实体集用E-R图表示的效果如图1-3所示。

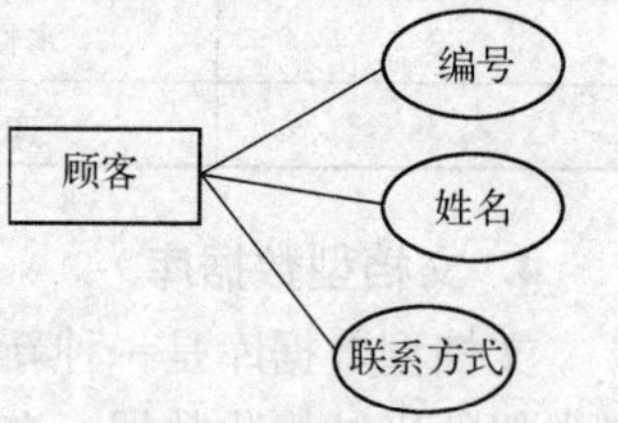

图1-3 顾客实体集的表示

3. 关系

在E-R图中，关系是指两个实体集之间的关系。对于两个实体集之间的关系可以分为如下3类，即一对一关系、一对多关系以及多对多关系。

(1) 一对一关系

一对一关系是指实体集A中的一个实体至少与实体集B中的一个实体相互对应，反之亦然，一对一的关系可以表示成“1∶1”。例如教研室与教研室主任、学生信息与学生的身份证号等。

(2) 一对多关系

一对多关系在实体之间的关系中出现的是最多的，它表示实体集A中的一个实体与实体集B中多个实体相对应，那么，实体集B中的一个实体最多与实体A中的一个实体相对应，一对多的关系表示成“1∶n”。例如一个班级有多名学生、一个学生有多门考试成绩等。

(3) 多对多关系

多对多关系的表示是关系型数据库的优势。多对多关系是指实体集A中的一个实体与实体集B中的多个实体相对应，反之，实体集B中的一个实体与实体集A中的多个实体相对应，多对多的关系表示成“m∶n”。例如一个顾客可以购买多个商品，而一个商品也可以被多个顾客购买，因此，顾客和商品之间是多对多的关系。

关系用菱形表示，放到两个实体集之间的无向边上，并写上关系的类型，即1∶1，1∶n，m∶n。顾客和商品实体集之间多对多关系的E-R图表示，如图1-4所示。

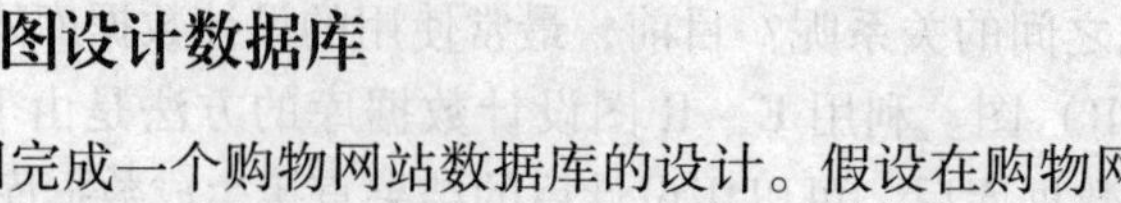

图1-4 顾客和商品实体集之间的多对多关系

1.2.2 使用E-R图设计数据库

本节使用E-R图完成一个购物网站数据库的设计。假设在购物网站的数据库中涉及的数据包括商品信息、顾客信息和订单信息。在这些信息中，包含的实体集就有商品实体集、顾客实体集和订单实体集。商品实体集与顾客实体集之间是多对多的关系，顾客实体集和订单实体集是1对多的关系，商品实体集和订单实体集是多对多的关系。下面将分步骤来完成购物网站的E-R图。

1. 商品实体集与顾客实体集的E-R图

对于商品实体集来说，每一个商品实体可以有很多的属性，比如商品的编号、名称、类型、价格、出厂日期、产地等属性。对于顾客实体集来说，每一个顾客实体也可以有很多的属性，比如顾客的编号、姓名、年龄、性别、联系方式、地址等属性。这里，为每一个实体集选择4个属性，顾客实体集与商品实体集的E-R图，如图1-5所示。

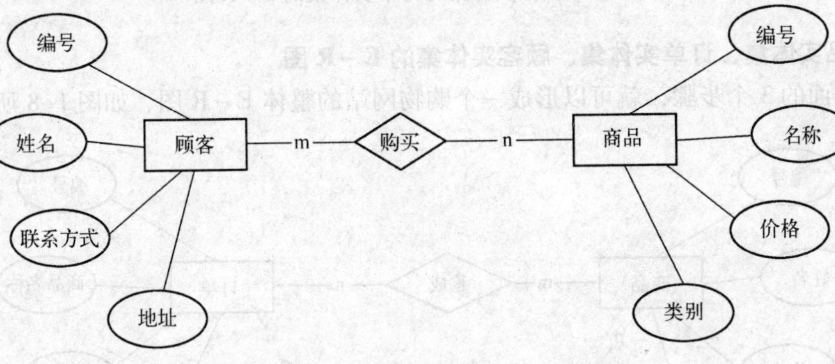

图1-5　顾客实体集与商品实体集的E-R图

2. 顾客实体集与订单实体集的E-R图

顾客实体集在前面已经涉及过了，这里仍然选择图1-5中的顾客实体集。订单实体集中每一个订单中的属性主要包括订单编号、商品名称、顾客编号、生成时间、送货方式、付款方式等。这里，为订单选择4个属性。顾客实体集与订单实体集的E-R图，如图1-6所示。

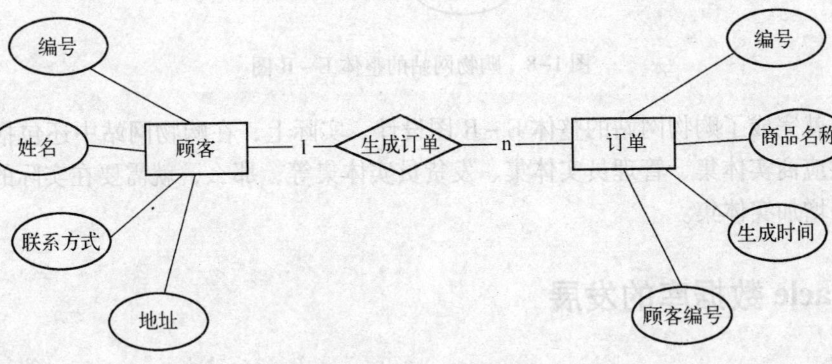

图1-6　顾客实体集与订单实体集的E-R图

3. 商品实体集与订单实体集之间的E-R图

商品实体集与订单实体集的E-R图，如图1-7所示。

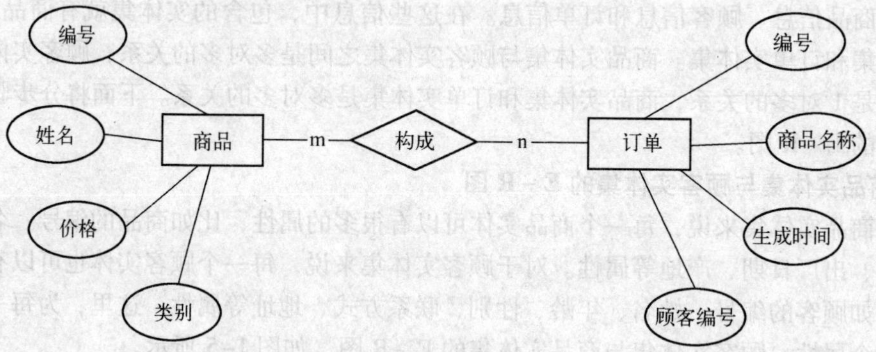

图 1-7　商品实体集与订单实体集的 E－R 图

4. 商品实体集、订单实体集、顾客实体集的 E－R 图

通过前面的 3 个步骤，就可以形成一个购物网站的整体 E－R 图，如图 1-8 所示。

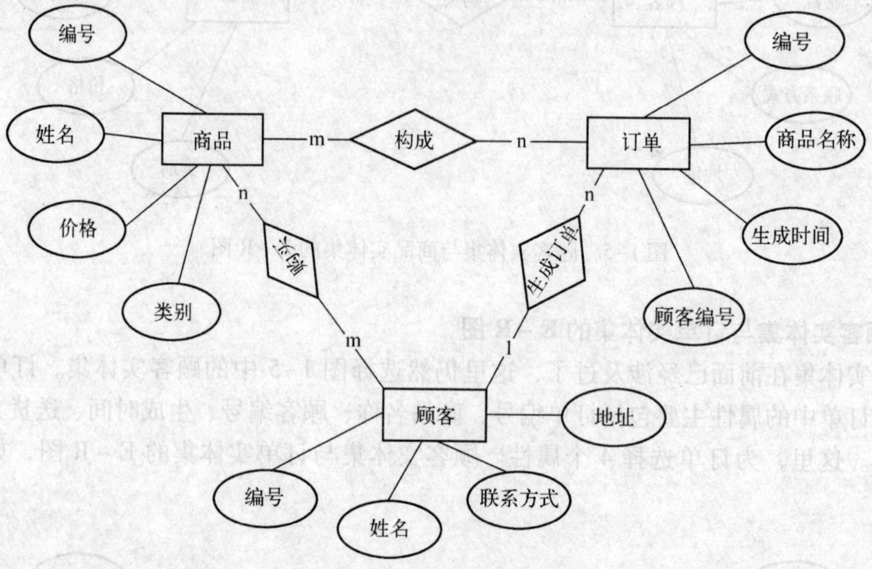

图 1-8　购物网站的整体 E－R 图

至此，就完成了购物网站的整体 E－R 图设计。实际上，在购物网站中还包括很多实体集，比如供应商实体集、管理员实体集、发货员实体集等，那么，就需要在实际的购物网站需求中逐一增加实体集。

1.3　Oracle 数据库的发展

Oracle 数据库是甲骨文公司主推的数据库产品，从甲骨文公司成立到目前的 Oracle 12c 版本的数据库，已经有近 40 年。在本节中，将 Oracle 从 1977 年到目前的 Oracle 12c 版本做以简单介绍。

1977 年，Larry Ellison 与 Bob Miner 以及 Ed Oates 一起创建了软件开发实验室（Software

Development Laboratories)，后来将实验室的名字改成关系软件公司（Relational Software Incorporated，RSI）。在 1983 年，又将 RSI 改成 Oracle 系统公司（Oracle System Corporation），然后又改成了 Oracle 公司（Oracle Corporation），也就是现在的甲骨文公司。

1979 年 Oracle v2 版发布，是 Oracle 数据库的第一个成形的上市版本。它是一款用于商业的基于结构化查询语言（Structured Query Language，SQL）的关系型数据库，它的发布也是关系型数据库具有历史性标记的事件。

1983 年，Oracle v3 版发布，是第一款可以用在小型机和个人计算机（Personal Computer，PC）上的关系型数据库产品。该产品是由 C 语言编写，能够支持多平台。

1984 年，Oracle v4 版发布，该版本在原有的产品基础上重点改进了并发控制以及数据分布、可扩展性等方面的功能。

1985 年，Oracle v5 版发布，该版本支持了客户端/服务器的计算以及分布式数据库系统。

1988 年，Oracle v6 版发布，该版本提高了磁盘的 I/O 性能，如行锁定、可扩展性、以及备份和恢复方面的功能。同时，在该版本中引入了 PL/SQL 语言，用于扩展 SQL 语言。

1992 年，Oracle v7 版发布，在该版本中引入了 PL/SQL 的可存储编程单元，能够使用 PL/SQL 语言编写存储过程和触发器了。

1997 年，Oracle 8 版发布，该版本也称为对象关系数据库，支持多个新的数据类型。此外，在该版本中还支持了大表的分区。

1999 年，Oracle 8i 版发布，8i 中的 i，代表的是 Internet。在该版本中，支持网络计算，并为网络协议提供了本地支持以及对 Java 语言的服务端支持。同时，能够将数据库部署在多层的环境中。

2001 年，Oracle 9i 版发布，在该版本中引入了 Oracle 实时应用集群（Real Application Clusters，RAC），使多个实例能够同时访问一个数据库。同时，也引入了 Oracle 可扩展标记语言（Extensible Markup Language，XML）数据库，使之能在 Oracle 数据库中存储和查询 XML 格式的数据。

2003 年，Oracle 10g 版发布，10g 中的 g，代表的是 Grid（网格）。在该版本中，支持网格计算。该版本数据库基于低成本的商业服务器来建立网格体系，来使用虚拟的计算资源。它的主要目标就是自我管理和自我优化。Oracle 自动存储管理（Automatic Storage Management，ASM）功能就是用于实现这个目标的。

2007 年，Oracle 11g 版发布，在该版本中的一个新的特点就是能够使管理员和开发人员可以快速地变更业务需求。

2009 年，Oracle 11g 的第二版发布，在该版本中更好地对用户需求和业务变更提供了支持。同时能够以低成本、高效率的形式实现用户的需求。

2013 年，Oracle 12c 版本发布，12c 中的 c，代表的 Cloud（云计算）。该版本支持了 JavaScript 对象表示法（JavaScript Object Notation，JSON）格式文档的存储，并且支持使用 SQL 或 REST 接口查询 JSON 数据。此外，还支持了在云环境下多租户数据库的资源调配等功能。

1.4 Oracle 11g 数据库体系结构

Oracle 数据库之所以能被各大企业选购，其安全性和稳定性是毋庸置疑的。在 Oracle 数据库中，将存储结构分成了物理存储结构和逻辑存储结构两部分。换句话说，在管理数据的物理存储结构时，不会影响逻辑存储结构。那么，Oracle 数据库的内部结构究竟是什么样的呢？在本节就将讲解 Oracle 11g 的物理存储结构、逻辑存储结构、内存结构以及进程结构。

1.4.1 Oracle 数据库物理存储结构

物理存储结构就是指实际的文件存储形式，Oracle 数据库中的文件主要包括数据文件和临时文件、控制文件、联机重做日志文件这 3 部分。

1. 数据文件和临时文件

数据文件的扩展名是“dbf”，它主要用来存放系统数据、数据字典、索引、表等信息。在创建 Oracle 数据库时，数据文件需要被指定在磁盘上存放的位置和大小。此外，数据文件的大小也可以通过参数设置，自动改变文件的大小。临时文件也是数据文件，通常也是在创建 Oracle 数据库时来指定的，临时文件都存放在临时表空间中，关于临时表空间的概念将在 3.4.3 节中讲解。

2. 控制文件

控制文件的扩展名是“ctl”，是一个二进制文件。它主要用来保存数据库中的物理结构信息，比如数据库的名称、数据文件信息、日志文件信息等。在数据库启动和运行时，都需要控制文件。如果丢失了控制文件，数据库将不能正常运行。

3. 联机重做日志文件

联机重做日志可以说是一个包含数据变更记录的文件集合，它的扩展名是“log”。联机重做日志文件可以用于数据库的恢复。

除了上面的 3 类文件外，在 Oracle 数据库中还有初始化参数文件、备份文件、归档重做日志文件、警告和跟踪日志文件等。

1.4.2 Oracle 数据库逻辑存储结构

在 Oracle 数据库中，数据库会为所有的数据分配逻辑空间。在数据库的逻辑存储结构中包括数据块（Data Block）、区（Extent）、段（Segment）以及表空间（Tablespace）。它们之间的关系是一个表空间是由多个段构成，一个数据段是由多个区构成，一个区是由多个数据块构成。下面就从小到大来说明这 4 个数据库逻辑存储结构的单位。

1. 数据块

数据块是存储空间中能够使用或分配的最小的逻辑存储单位。一个数据块就对应着物理磁盘空间中的特定数量的字节数，例如大小为 2 KB。在创建完数据库后，数据块的大小是不能够改变的。数据块的格式是由块头部、表目录、行目录、空闲空间以及行空间构成。

2. 区

区是由一个或多个数据块构成。区是通过一次分配，获得特定数量的相邻数据块，用于存储特定类型的信息。

3. 段

段是由一个或多个区构成的。Oracle 为段分配的空间是以数据区为单位的，当段的数据区已经被存满时，Oracle 会为该段分配其他的区，段的数据区可以不是连续的。段可以分为数据段、索引段、临时段、LOB 段以及回退段 5 种类型。其中，数据段主要用来存放数据表的信息，每创建一张表就会产生一个数据段；索引段主要用来存放表中的索引数据；临时段主要用来存放排序或汇总产生的临时数据；LOB 段主要用来存放 CLOB 和 BLOB 类型定义的字段；回退段主要用来存放数据被修改之前的位置和值。在每一个数据库中都至少会有一个回退段。

4. 表空间

一个表空间是由多个段构成的。表空间是逻辑存储结构中最大的存储单位，它是与物理存储结构中的数据文件对应的。在 Oracle 中，每一个数据库中都至少有一个表空间。在每个表空间中，至少有一个数据文件。表空间是由数据文件构成的，所以，表空间的大小就是在表空间中的所有数据文件大小的总和。

逻辑存储单位的关系如图 1-9 所示。

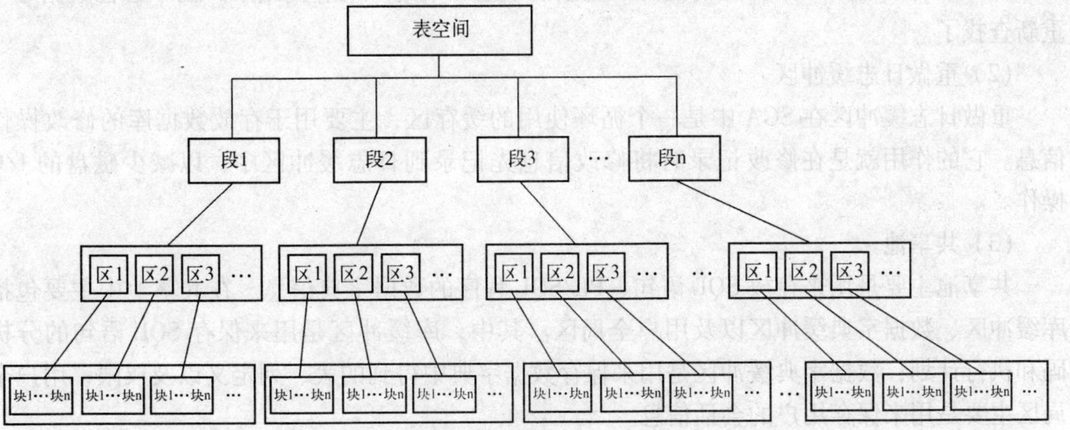

图 1-9　逻辑存储单位的关系

1.4.3 Oracle 数据库的内存结构

Oracle 数据库运行的速度除了与数据库服务器的内存大小有关，还与其自身的良好内存结构相关。在 Oracle 实例启动后，Oracle 数据库就开始分配内存区域和启动后台进程。内存区域存储的信息主要包括：

1）程序代码。

2）连接数据库的会话。

3）程序运行时需要得到的信息，例如执行查询后要得到的检索结果。

4）在进程中共享和使用的锁定数据。

5）缓存数据，例如数据块和重做记录。

Oracle 数据库的内存结构包括系统全局区（System Global Area，SGA）、程序共享区（Program Global Area，PGA）、用户全局区（User Global Area，UGA）以及软件代码区。

1. 系统全局区（SGA）

SGA 是一组共享的内存结构，也被称为 SGA 组件，主要包含一个数据库实例的数据和控制信息。在 SGA 中，主要分为数据库缓冲区（Database Buffer Cache）、重做日志缓冲区（Redo Log buffer）、共享池（Shared Pool）、大型池（Large Pool）、Java 池（Java Pool）以及数据流池（Streams Pool）、固定的 SGA 区（Fixed SGA）等组件。

🕮 在 Oracle 数据库中，运行一个 Oracle 数据库就会产生一个数据库实例。一个数据库实例可以理解为是由一组内存结构和后台进程构成的。

（1）数据库缓冲区

数据库缓冲区也被称为缓冲区，主要是用来存放从数据文件中读取的信息，以供所有的用户共享。缓冲区的作用主要就是用于优化 I/O，在缓存中保存频繁访问的块以及将信息写入到磁盘中未频繁访问的块中。当用户提交请求时，如果要请求的数据已经在缓冲区中，则可以直接从缓冲区中提取数据提交给用户；如果提交请求的数据不在缓冲区中，则从磁盘上读取数据放置到缓冲区中。这样能很好地实现资源共享，例如当一个用户已经查看了北京的天气，如果有其他用户需要查询就可以直接读取上一个用户的查询结果，而不必在数据库中重新查找了。

（2）重做日志缓冲区

重做日志缓冲区在 SGA 中是一个循环使用的缓存区，主要用于存放数据库的修改操作信息。它的作用就是在修改记录时将修改信息先记录到日志缓冲区中，以减少磁盘的 I/O 操作。

（3）共享池

共享池主要是用来存放 SQL 语句、PL/SQL 程序的数据字典信息。在共享池中主要包括库缓冲区、数据字典缓冲区以及用户全局区。其中，库缓冲区是用来保存 SQL 语句的分析码和执行计划；数据字典缓冲区是用来保存数据字典中得到的表、列定义以及权限；用户全局区主要是用来保存用户的会话信息。

（4）大型池

大型池是一个可选的内存区域，用于在共享池中空间不够的情况下使用大型池，例如在共享服务器以及 Oracle XA 接口（在多个数据库中交互的事务使用的接口）、并行执行的语句的信息缓存、使用 RMAN 恢复数据的 I/O 等情况下。通过使用大型池来分配共享的 SQL 的会话内存，数据库就可以避免出现共享 SQL 缓存空间不足的问题。

（5）Java 池

Java 池的内存中主要用来存放在会话中运行的 Java 代码以及在 Java 虚拟机中的数据。Java 池也是一个可选的内存区域。对于 Oracle 中的专用服务连接，Java 池包括了每一个 Java 类中的共享部分，包括方法和只读的内容。

（6）数据流池

数据流池可以缓存队列信息以及为 Oracle 流获取或为应用进程提供内存。数据流池是专门为 Oracle 数据流所使用的。在使用 Oracle 数据库时如果没有设置数据流池的大小，默认情况下是 0。它的大小可以随着 Oracle 数据流请求的大小自动变化。

(7) 固定的 SGA

固定的 SGA 实际上是一个内部管理区。它的大小是由 Oracle 数据库设置，不能够自己改变。这个固定的 SGA 的大小仅和发行的 Oracle 版本有关。在一个固定的 SGA 中通常包括数据库和实例的常用信息，这些信息是后台进行访问所需要的。

2. 程序共享区（PGA）

PGA 所提供的内存区域保存了服务进程的信息和控制信息。由于每一个进程都分配了一个特定的 PGA，那么就不会在 SGA 中再分配区域来存储。当用户连接 Oracle 数据库时，服务器进程就产生了，这时就会创建一个 PGA 块。这个 PGA 块就是这个服务器进程的专用内存块。换句话说，就是产生多少个服务器进程，就会相应地产生多少个 PGA 块。每个 PGA 中还包括 SQL 工作区（SQL Work Areas）、会话内存（Session Memory）以及私有 SQL 区（Private SQL Areas）。

(1) SQL 工作区

在程序共享区内存中分配的 SQL 工作区主要是处理内存占用较多的操作。在 SQL 工作区中分为排序区（Sort Area）、散列区（Hash Area）以及位图合并区（Bitmap Merge Area）。其中，排序区主要用于数据的排序操作，也就是在查询语句中使用 ORDER BY 子句；散列连接区主要用于表之间的连接查询操作；位图合并区主要用于从多个位图索引中合并数据。关于查询语句的具体内容可以参考本书的第 7 章。

(2) 会话内存

会话内存主要用于存储登录信息以及其他与会话相关的信息。如果是共享服务器，则会话内存也是共享的。

(3) 私有 SQL 区

私有 SQL 区中存放的信息是解析的 SQL 语句以及进程中其他的特定会话信息。在一个服务进程中执行 SQL 语句或者是 PL/SQL 语句时，该进程就会使用私有 SQL 区来存放绑定的变量值、查询执行的状态信息以及查询执行的工作区等信息。一个私有的 SQL 区可以分成两个区，一个是运行时区（Run－Time Area），另一个是持续区（Persistent Area）。其中，在运行时区中存放的是执行查询的状态信息，Oracle 数据库在执行请求时会先创建运行时区；持续区中存放的是绑定的变量信息。

实际上，在 SGA 中只是存放执行计划，而实际的内容是存放在 UGA 的共享 SQL 区中。例如在一个会话中执行 100 次相同的查询，不同的会话也执行相同的查询时，可以共享相同的计划。

3. 用户全局区（UGA）

UGA 是存放用户的会话信息的内存，这个内存用于分配会话变量，比如登录信息以及一个数据库会话的其他信息。此外，在 UGA 中还存放了会话的状态。在 UGA 中除了存放会话变量外，还有一个联机分析处理（Online Analytical Processing，OLAP）池。OLAP 池主要用于管理 OLAP 数据页，也就相当于是数据块。在 OLAP 会话开始启动的时候就会分配一个页面池，并在会话结束后释放这个页面池。在用户查询一个多维对象时 OLAP 会话就会自动打开。

4. 软件代码区

软件代码区主要用于存储代码。Oracle 数据库中的代码都存放在软件区中，在该区域中存放代码会更加安全。软件代码区的大小通常是固定的，只能在软件更新或重新安装后才能改变大小。软件代码区的大小是与操作系统相关的。软件大代码区是只读的，并且能够被安装成共享或非共享的。例如 Oracle Forms 和 SQL * Plus 就可以安装成共享的。

1.4.4 Oracle 数据库的进程结构

在操作系统中，一个进程实际上就代表一个运行的应用程序。不同的操作系统，进程的表示也是不同的。例如 Linux 操作系统中，Oracle 的后台进程就是一个 Linux 进程；Windows 操作系统中，Oracle 的后台进程就是由多个线程组成。线程就是程序中一个单一的顺序控制流程，一个进程可以由多个线程构成。Oracle 数据库中进程主要包括客户端进程（Client Processes）、服务器进程（Server Processes）以及后台进程（Background Processes）。

1. 客户端进程

客户端进程也称用户进程，当运行一个应用程序后，操作系统就会创建一个客户端进程来运行应用程序。例如启动 Oracle 自带的 SQL * Plus 工具就会启动一个客户端进程。在客户端进程中涉及两个概念，分别是连接和会话。连接就是指物理上的客户端进程与数据库实例之间的连接。会话则是指在数据库实例中的一个逻辑实体，用于显示当前用户的登录状态。例如在登录 Oracle 数据库时，输入了用户名和密码，就会建立这个登录用户的一个会话。这个会话状态会从用户登录一直保持到用户退出数据库。每一个连接可以创建 0 到多个会话。但是每一个会话是相互独立的，也就是说一个会话中的操作并不会影响在其他会话中的操作。

2. 服务器端进程

服务器端进程用来接收客户端进程中的请求，也就是用于建立客户端与数据库的通信。在登录 Oracle 数据库时，输入了用户名和密码之后，客户端进程就会将登录请求传递给服务器端进程，然后服务器端进程与数据库交互后，就会将结果返回给客户端，具体示意如图 1-10 所示。

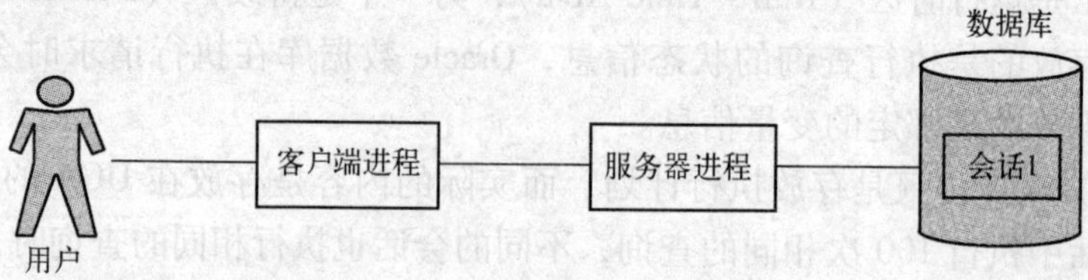

图 1-10 用户与数据库之间的通信

服务器进程中，可分为专用服务器进程和共享服务器进程。在专用服务器连接中，客户端只能连接一个服务器进程。在 Linux 操作系统中，当 20 个客户端进程连接一个数据库实例时，就会相应的有 20 个服务器进程。每一个客户端进程都可直接与其对应的服务器进程通信。在共享服务器进程中，客户端应用可以通过一个网络来调度进程，而不是一个服务器进程。比如有 20 个客户端进程能够连接一个调度进程，在调度进程收到客户端的请求后，就会将其放到一个大型池中的请求队列中，然后，调度进程就根据请求队列中的请求的属性依次向客户端发送结果。

3. 后台进程

后台进程实际上是一种特殊的服务器进程，用于完成数据库的后台管理工作。在 Oracle 数据库中通过后台进程可以实现对数据库的优化。每一个后台进程都有一个专门的任务，但是可以与其他进程一起使用。例如日志写入进程（Log Writer Process，LGWR）进程用于将重做日志缓存中的数据写入到联机重做日志文件中。如果写入的日志文件已经归档，那么，LGWR 就会用其他的进程去归档文件。在一个数据库实例启动后，Oracle 数据库就会自动创建一个后台进程。在一个实例中可以有很多后台进程，但并不是所有的后台进程都会出现在数据库的配置中。下面就简单介绍几个常见的后台进程。

（1）日志写入进程（Log Writer Process，LGWR）

该进程用于将内存中的日志信息写入到日志文件中，如前面所举的将重做日志缓存的文件写入到联机重做日志文件中例子。

（2）进程监控进程（Process Monitor Process，PMON）

该进程用于监控其他后台进程，当一个服务器进程或是一个调度进程中出现异常中断，PMON 进程就会恢复该异常中断的进程。PMON 负责清空数据库的缓存以及释放客户端进行中所使用的资源。另外，该进程还可以在 Oracle 网络监听中注册实例和调度进程的信息。

（3）系统监控进程（System Monitor Process，SMON）

SMON 负责系统级的恢复性工作，主要包括数据库实例的恢复、中断的事务恢复或者是清空未使用的临时段等工作。

（4）数据库写入进程（Database Writer Process，DBWn）

DBWn 用于将数据库缓存中的内容写入到数据文件中。虽然 DBW0 已经满足了多数的系统，但是也可以配置其他的进程即 DBW1 ~ DBW9，以及 DBWa ~ DBWj。如果系统中修改的数据比较多，用多个进程则可以提高写入的性能。但是，使用多个 DBWn 的情况不适用于单处理器系统。

（5）检查点进程（Checkpoint Process，CKPT）

CKPT 主要用于更新控制文件和数据文件头部的检查点信息，并且可以使用 DBWn 将数据块写入到磁盘中。检查点信息包括检查点的位置、系统更新号（System Change Number，SCN）以及在联机重做日志文件中开始恢复的位置等信息。

（6）恢复进程（Recover Process，RECO）

在一个分布式数据库中，RECO 用于自动处理在分布式事务中失败的操作。另外，它还能保证分布式事务的一致性。

1.5 本章小结

通过本章的学习，读者可以掌握与数据库相关的一些概念、常见的数据库类型以及掌握如何使用 E - R 图来设计数据库。此外，读者还应该了解了 Oracle 数据库的发展历程，从中了解到每一个阶段 Oracle 的一些新特性。最后，读者还应该了解 Oracle 11g 中的体系结构，以便更好地完成后面内容的学习。

1.6 习题

1. 填空题

1）Oracle 数据库属于________类型数据库。

2）E－R 图是用于描述________和________之间的关系的模型。

3）在 Oracle 数据库的物理存储结构中，数据文件包括____________________。

2. 简答题

1）分别说明 Oracle 8i 中的 i，Oracle 10g 中的 g，以及 Oracle 12c 中的 c 都代表什么。

2）简述 Oracle 数据库的逻辑存储结构。

3）Oracle 数据库中的常见的后台进程都包含什么？（列举 3 个）

第 2 章　安装 Oracle 11g 数据库

安装 Oracle 数据库是使用 Oracle 数据库的第一步，在安装成功之后，就可以使用 Oracle 自带的工具，或者是第三方工具来操作 Oracle 数据库了。本章将讲述 Oracle 数据库的安装和卸载以及常用工具的使用方法。

本章的学习目标如下。

- 掌握 Oracle 11g 在 Windows 操作系统中的安装过程。
- 掌握 Oracle 11g 的卸载流程。
- 掌握 SQL Plus、SQL Developer 等工具的使用方法。

2.1　在 Windows 下安装 Oracle 11g 数据库

Oracle 数据库是一个可以应用到不同操作系统的产品，包括 Windows 操作系统、Linux 操作系统、UNIX 操作系统等。目前，大多数人使用的操作系统是 Windows 操作系统，本节主要介绍在 Windows 下，如何选择 Oracle 的版本以及如何安装和卸载 Oracle 11g 数据库。

2.1.1　安装的基本条件

在开始安装 Oracle 11g 之前，需要先确认一下计算机中的配置是否符合安装条件。具体的安装条件分为计算机的硬件条件和软件条件。

（1）软件条件

软件条件就是指对计算机中所使用的操作系统、网络协议和浏览器的要求。Oracle 11g 对软件要求的具体条件如表 2-1 所示。

表 2-1　软件条件

软件类型	说　明
操作系统	Windows Server 2003 以上版本
	Windows XP Professional SP3、Windows 7 及以上版本
	Windows Vista 商务版、企业版、全功能版
网络协议	支持 TCP/IP 协议、SSL 加密的 TCP/IP、命名管道
浏览器	Microsoft IE 6.0 及以上版本

（2）硬件条件

硬件条件就是指计算机的配置信息，例如处理器、内存以及硬盘等情况。Oracle 11g 对硬件具体要求的条件如表 2-2 所示。

表 2-2　硬件条件

硬件类型	说　明
物理内存（RAM）	1 GB 以上
虚拟内存	物理内存的两倍左右

（续）

硬件类型	说　明
硬盘空间	完全安装 4.76 GB，建议 5 GB 以上
处理器	550 MHz 以上（Vista 800 MHz 以上），建议 1 GMHz 以上

2.1.2 安装 Oracle 11g

本节以在 Windows 7（64 位）下安装 Oracle 11g 数据库为例，说明安装 Oracle 11g 的具体步骤。

（1）下载与操作系统匹配的软件

到在官网上下载 Oracle 11g 数据库的安装文件，官网的下载地址是 http://www.oracle.com/technetwork/database/enterprise-edition/downloads/index.html。

本书中选择的是 Oracle 11.2 64 位版本的产品。下载该软件后，会有 2 个压缩文件，需要将这 2 个压缩文件解压到同一个文件夹下，然后单击文件夹中的 setup.exe 文件即可开始安装 Oracle 11g 数据库。但是，需要注意的是在 Windows 7 操作系统下，要使用管理员账户来安装 Oracle 11g。

（2）配置安全更新

安装 Oracle 11g 数据库的第一步就是填写电子邮件地址和选择是否希望通过 Oracle 安全中心接收到相关的安全更新，如图 2-1 所示。

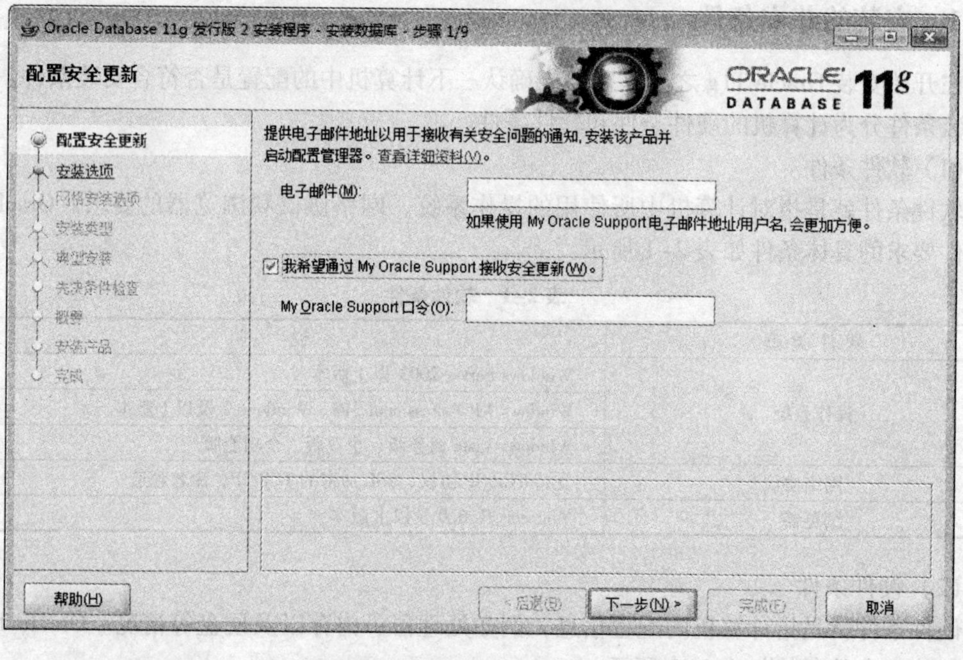

图 2-1　配置安全更新

这里，如果不希望获得安全更新的内容，可以取消复选框中的“我希望通过 My Oracle Support 接收安全更新”的选中状态并且不提供电子邮件的地址。单击“下一步”按钮，弹出如图 2-2 所示界面。

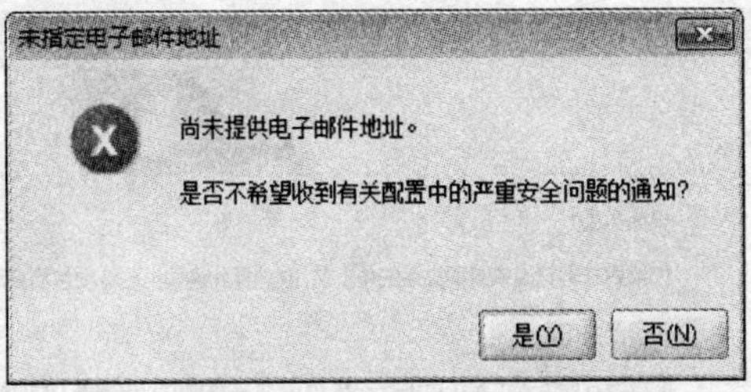

图 2-2　提示是否需要提供电子邮件地址获得安全更新信息

(3) 选择安装选项

单击“是”按钮，进入安装选项选择界面，这里选择创建和配置数据库，如图 2-3 所示。

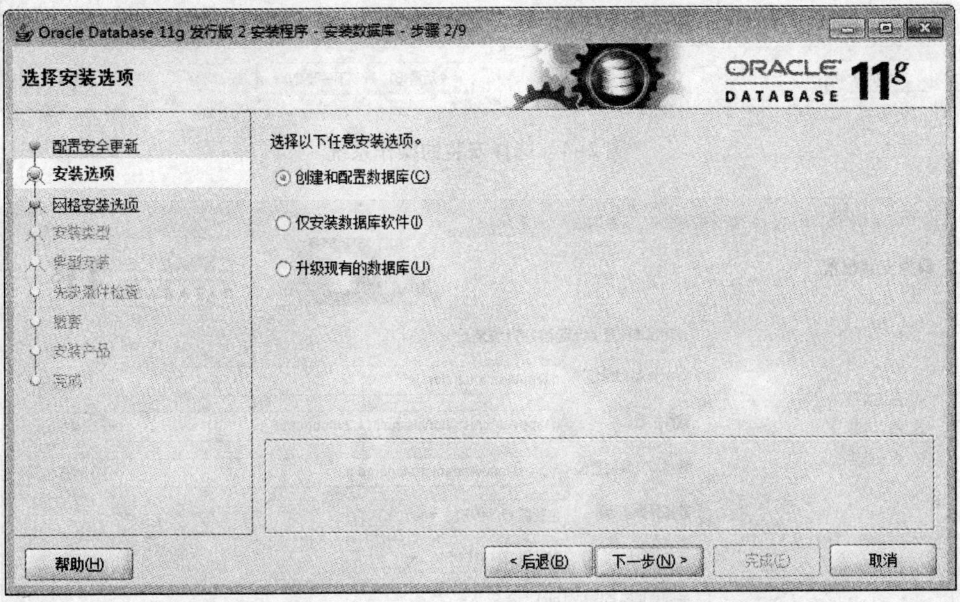

图 2-3　选择安装选项

在该界面中，列出了 3 个供选择的选项，分别是“创建和配置数据库”“仅安装数据库软件”以及“升级现有的数据库”。其中，“创建和配置数据库”选项表示安装 Oracle 数据库的服务器和客户端；“仅安装数据库软件”选项表示只安装 Oracle 的客户端软件；“升级现有的数据库”选项是指对现有的数据库产品升级。本书中选择的安装选项是第 1 项，即“创建和配置数据库”。

(4) 选择安装数据库所在的系统

单击“下一步”按钮，进入如图 2-4 所示界面。

在该界面中，列出了 2 个选项，一个选项是用于桌面类操作系统使用的，也是我们最常用的系统的；一个是用于服务器类系统，一般是在企业级应用中使用的。这里，选择“桌面类”单选按钮。

(5) 填写基本的安装信息

单击“下一步”按钮，进入图 2-5 所示界面。

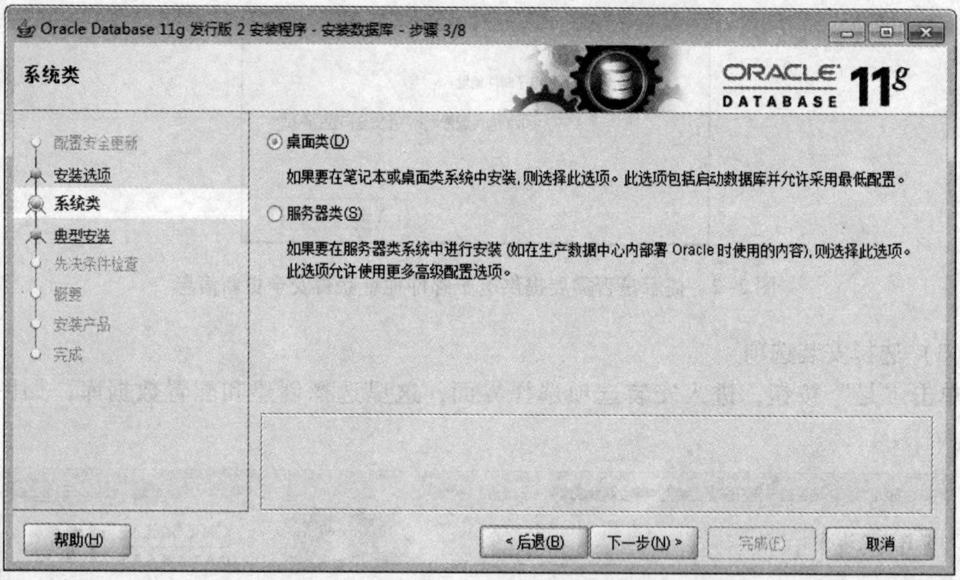

图 2-4　选择安装的操作系统

图 2-5　填写安装数据库的基本信息

在该界面中，要填写 Oracle 数据库安装的目录以及设置数据库的名称、密码等信息。需要注意的是在给数据库设置密码时，Oracle 建议的标准是不少于 8 个字符，不超过 128 个字符，并且既要包含字母也要包含数字。但是，如果不是企业级应用，仅供自己学习使用的情况下，可以选择填写容易记忆的短密码。

(6) 安装条件检查

单击“下一步”按钮，进入图 2-6 所示界面。

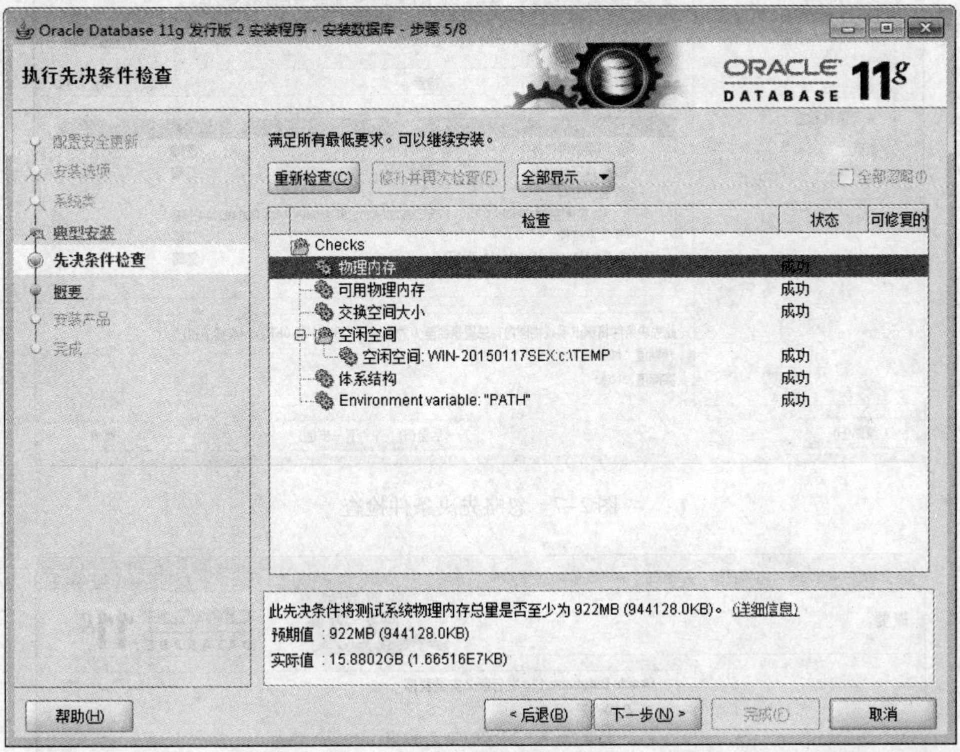

图 2-6　安装条件检查

如果在安装过程中出现了图 2-6 所示的检查结果，则表示当前的计算机满足了安装 Oracle 的基本条件。

🕮 如果在检查过程中出现先决条件检查失败的情况，通常可以使用如下 2 个方法解决。

1) 在 Windows 7 操作系统下，检查是否是通过管理员的身份启动的。

2) 使用命令设置磁盘共享，并检测共享，命令如下所示：

net　share c $ =c:

net share admin $

net use　//计算机名/c $　（这是在 Oracle 官网中要求的）

实际上，如果在安装过程中出现先决条件检查失败的情况，也是可以直接跳过的，直接选择忽略检查失败的项目，通常不会影响安装。效果如图 2-7 所示。

(7) 显示概要信息

单击“下一步”按钮，跳转到如图 2-8 所示界面。

在该界面中，显示的是安装 Oracle 数据库的一些全局设置和数据库的描述信息。确认这些信息后，就可以开始安装 Oracle 数据库了。

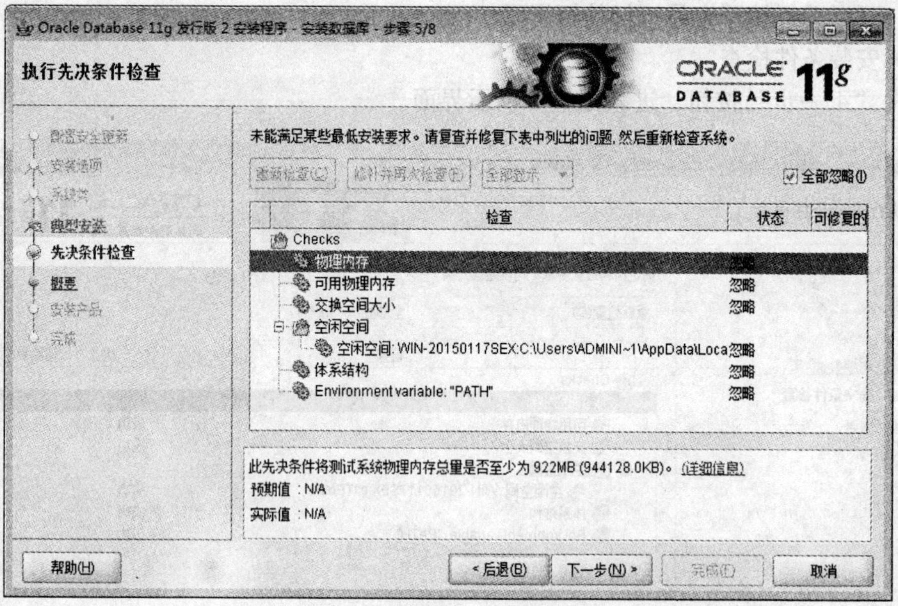

图 2-7　忽略先决条件检查

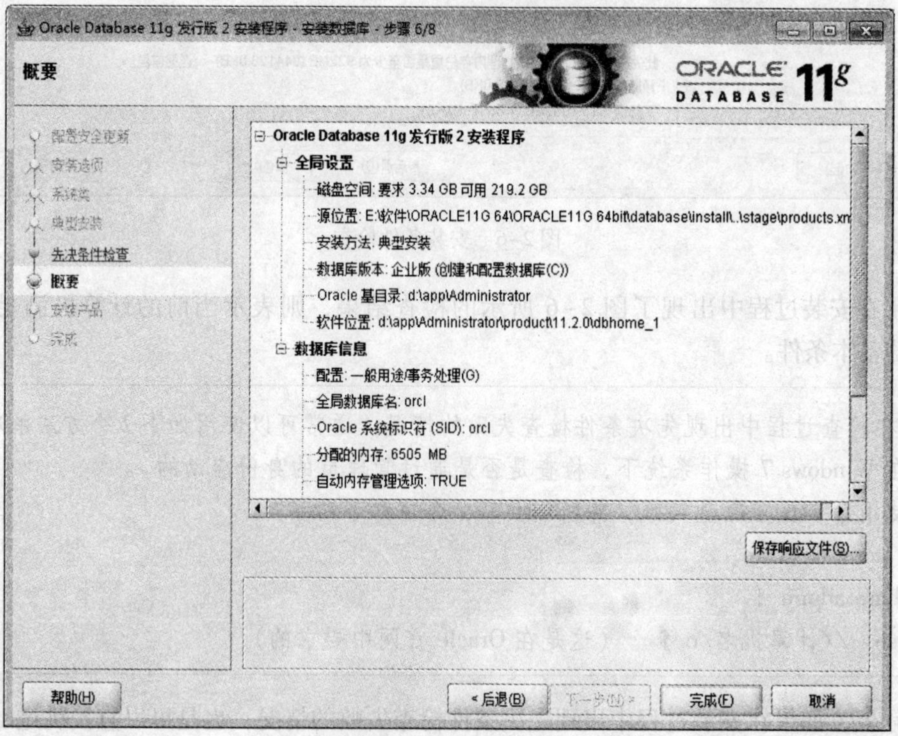

图 2-8　显示概要信息

（8）开始安装

单击"完成"按钮，即可进入数据库的安装过程，如图 2-9 所示。

待 Oracle 数据库软件安装完成后，会出现数据库配置的界面，如图 2-10 所示。

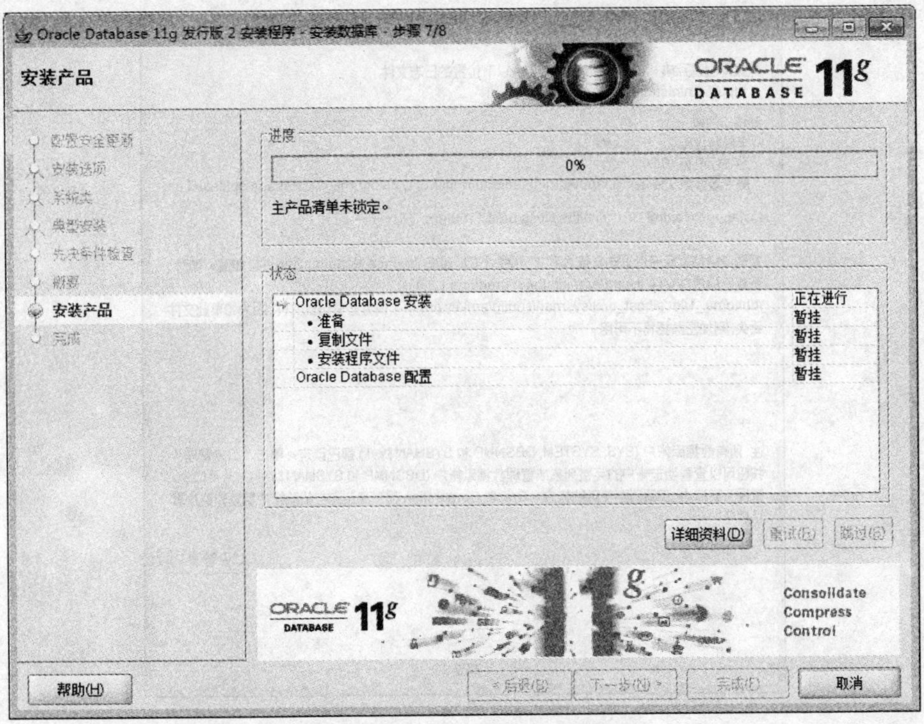

图 2-9　开始安装 Oracle 数据库

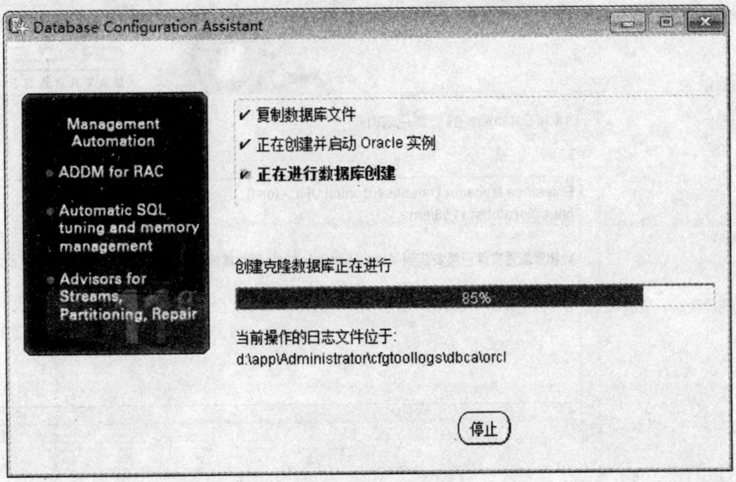

图 2-10　配置数据库

配置好数据库后，会出现如图 2-11 所示界面。

在图 2-11 所示界面中，可以单击“口令管理”按钮，为用户设置口令。建议在学习阶段可以将所有用户设置成统一的口令，方便记忆。

(9) 完成安装

单击“确定”按钮，出现安装成功界面，如图 2-12 所示。

此时，单击“关闭”按钮，即可完成 Oracle 数据库的安装操作。

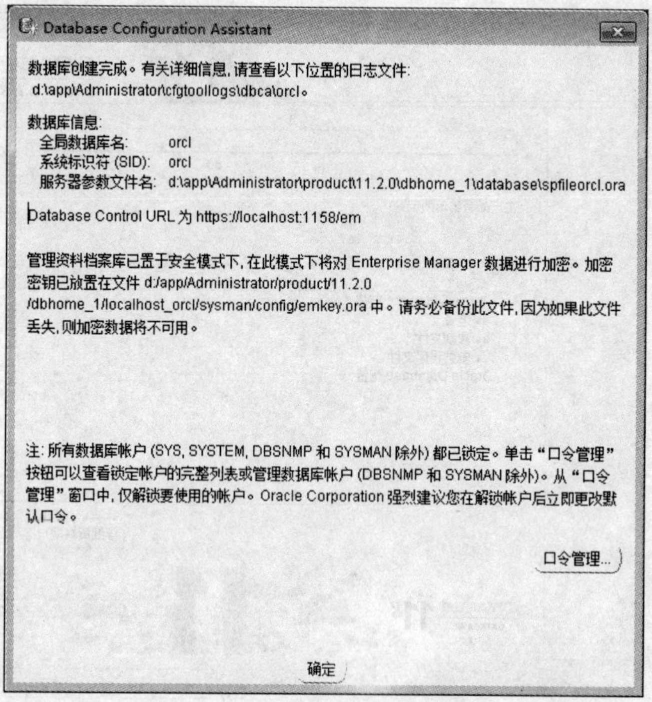

图 2-11 完成数据库创建

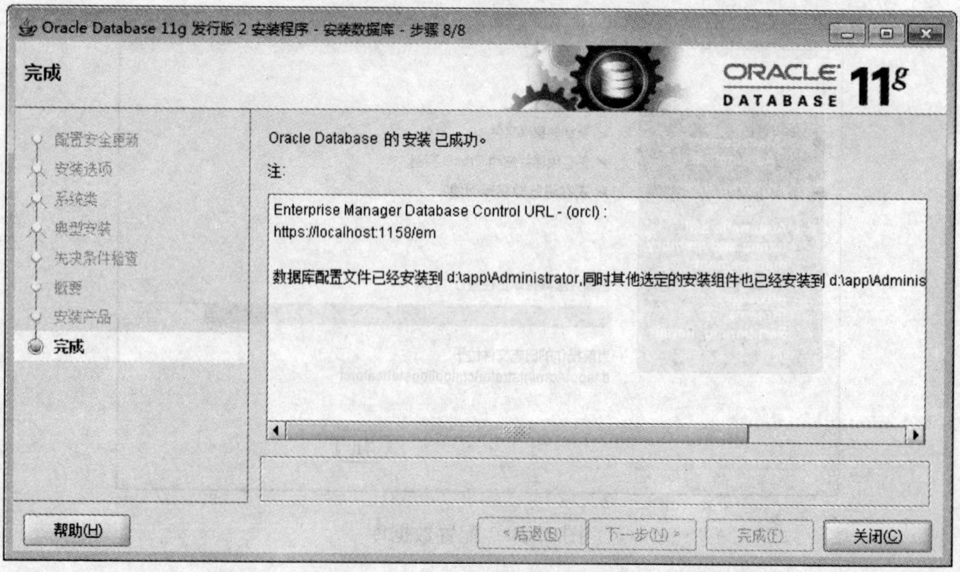

图 2-12 安装成功界面

2.2 卸载 Oracle 11g 数据库

Oracle 提供了卸载数据库的程序。在 Oracle 11g 的 R2 版本中，提供了一个专门卸载 Oracle 数据库的批处理程序。该程序在安装目录下的 deinstall 文件夹中，在该文件夹中有一个

deinstall. bat 文件，如图 2-13 所示。

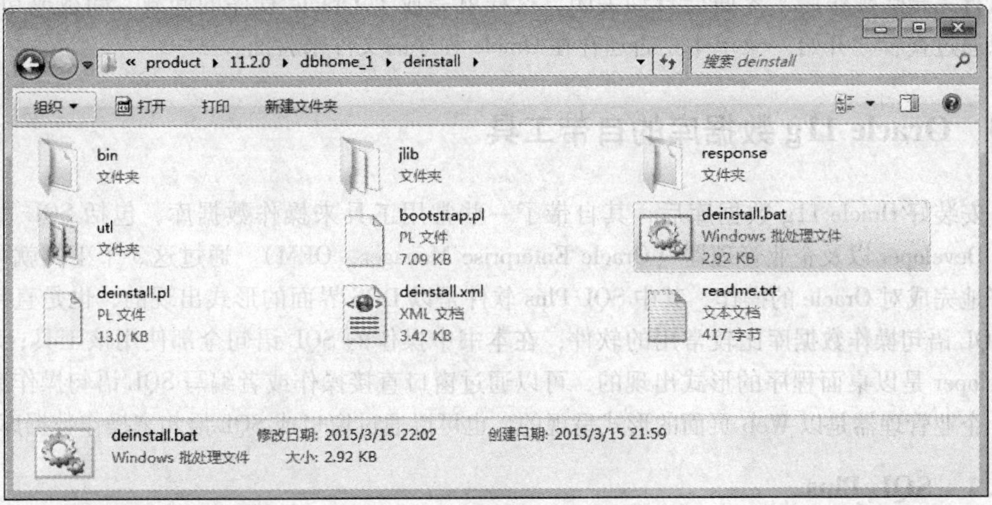

图 2-13　deinstall. bat 文件

单击该文件后，即可进入如图 2-14 所示的 DOS 界面。

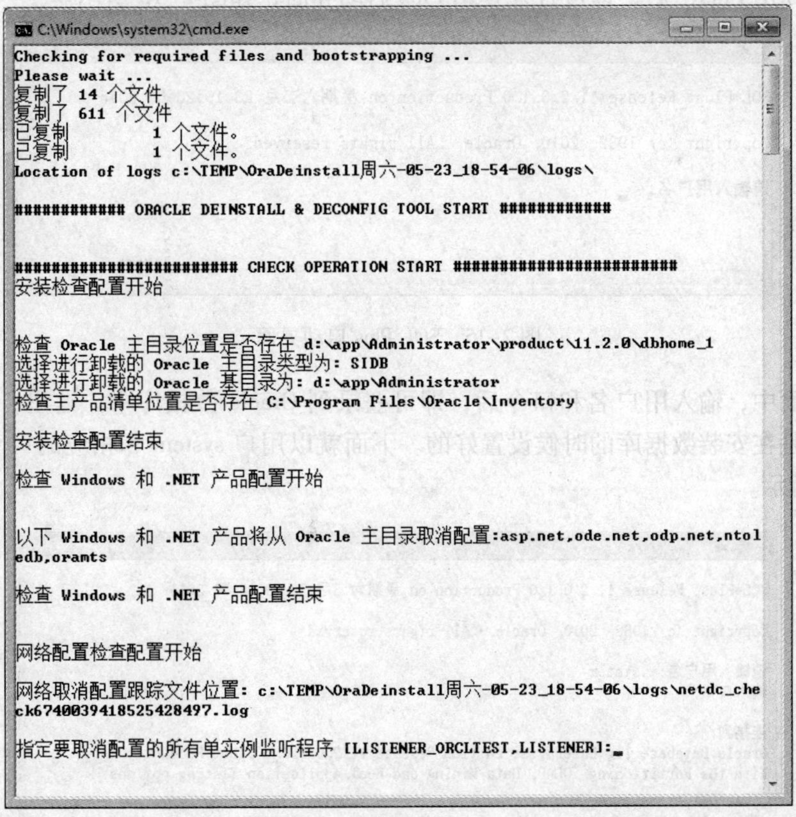

图 2-14　卸载文件启动界面

在该界面中，可以安装提示选择要取消配置的监听程序，如果都需要取消，就直接按

〈Enter〉键即可。接着，还会有一系列的操作选择，可以根据需要进行选择。最后，当该界面执行完删除操作后，界面会自动关闭，这样就完成了 Oracle 程序的卸载。卸载成功后，可以通过查看“开始”菜单中是否还存在 Oracle 程序的文件来验证。

2.3 Oracle 11g 数据库的自带工具

安装好 Oracle 11g 数据库后，其自带了一些常用工具来操作数据库，包括 SQL Plus、SQL Developer 以及企业管理器（Oracle Enterprise Manager，OEM）。通过这 3 个工具就可以很好地完成对 Oracle 的操作，其中 SQL Plus 软件是以 DOS 界面的形式出现的，也是直接使用 SQL 语句操作数据库比较常用的软件，在本书中操作的 SQL 语句全部使用该工具；SQL Developer 是以桌面程序的形式出现的，可以通过窗口直接操作或者编写 SQL 语句操作数据库；企业管理器是以 Web 页面的形式呈现的，也可以通过窗口或 SQL 语句来操作数据库。

2.3.1 SQL Plus

SQL Plus 是学习 Oracle 数据库必不可少的工具，它可以快速地启动并执行 SQL 语句。在安装 Oracle 后，依次选择“开始”→“程序”→Oracle - OraDb11g_home1→“应用程序开发”→“SQL Plus”后，即可打开 SQL Plus 启动界面，如图 2-15 所示。

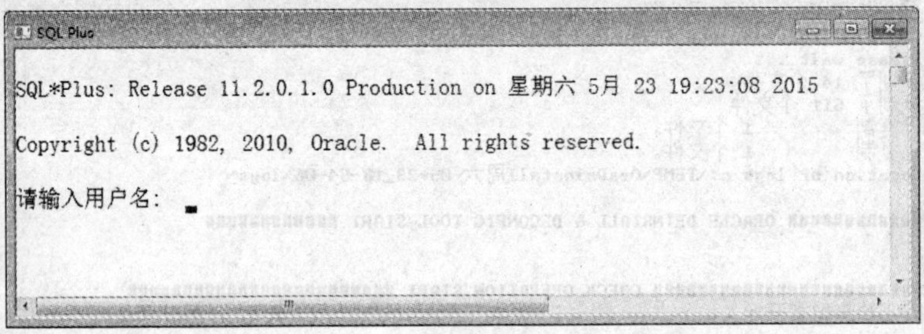

图 2-15　SQL Plus 启动界面

在该界面中，输入用户名和口令后，即可登录到 Oracle 数据库中。这里，使用的用户名和口令就是在安装数据库的时候设置好的。下面就以用户 system 和相应的口令进行登录，如图 2-16 所示。

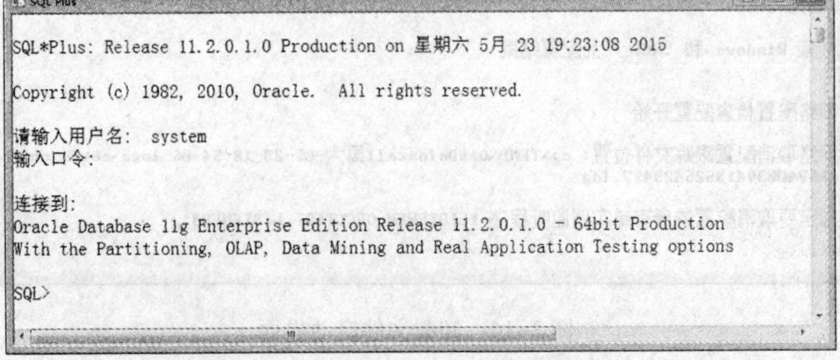

图 2-16　使用用户 system 登录 SQL Plus

此时，就可以在该界面中编写 SQL 语句来操作数据库了。

如果需要关闭 SQL Plus 工具，可以在“SQL >”后面直接输入 exit 或者是 quit 命令，并按〈Enter〉键即可退出该工具。当然，也可以直接单击窗口的关闭按钮退出该工具。

SQL Plus 中常用的命令及说明如表 2-3 所示。

表 2-3　SQL Plus 中常用的命令及说明

序号	命　令	说　明
1	CONN(NECT)[username]/[password][@connectname]	用于连接 SQL Plus。这里，CONNECT 可以简写成 CONN；username 和 password 就是连接 Oracle 数据库的用户名和密码；connectname 是一个可选项，如果连接的是本机的数据库，就可以省略该选项；否则就需要填写要连接的数据库的连接名。关于连接名将在第 3 章的内容中讲解
2	DISC[ONNECT]	断开数据库的连接。这里 DISCONNECT 可以简写成 DISC
3	A[PPEND] text	在当前行的末尾加上文本。这里 APPEND 可以简写成 A
4	C[HANGE] /old text/new text	将原来的文本替换成新文本。这里 CHANGE 可以简写成 C
5	C[HANGE] /old text/	省略了替换的新值，就相当于将原来的文本删除
6	DEL	删除当前行
7	DEL n	删除第 n 行
8	DEL m n	删除第 m 行到第 n 行
9	CL[EAR] BUFF[ER]	清空缓冲区。这里 CLEAR BUFFER 可以简写成 CL BUFF
10	L[IST] [n/LAST/]	显示缓冲区的内容。如果省略后面的参数就代表查询缓冲区全部的内容；n 代表显示缓冲区中指定行的内容；LAST 代表查询出缓冲区中最后一行语句。这里，可以将 LIST 简写成 L

表格中列出的所有命令都可以直接在 SQL Plus 工具中使用。除了上面列出的命令，还有一些命令是用于格式化和编辑 SQL 的命令，这里就不一一说明了，有兴趣的读者可以在 Oracle 的官网上查看相关的内容。

2.3.2　SQL Developer

SQL Developer 工具也是 Oracle 的自带工具之一，在实际的开发中应用也是比较多的。SQL Developer 与 SQL Plus 工具都是存放在 Oracle 安装目录下的“应用程序开发”菜单中，在该菜单中选择“SQL Developer”选项后，界面如图 2-17 所示。

在此界面中的右侧的部分，“教程”“联机演示”“文档”等按钮都是可以直接单击查看的。通过对这些文档的学习，可以很快地掌握 SQL Developer 工具的使用方法。

图 2-17 SQL Developer 启动界面

在该界面中，如果要使用 SQL Developer 工具来连接数据库，那么，需要右击左侧窗格中的“连接”选项，在弹出的快捷菜单中选择“新建连接”选项，弹出如图 2-18 所示的“新建/选择数据库连接”对话框，填入相应的连接名、用户名以及口令等内容即可。

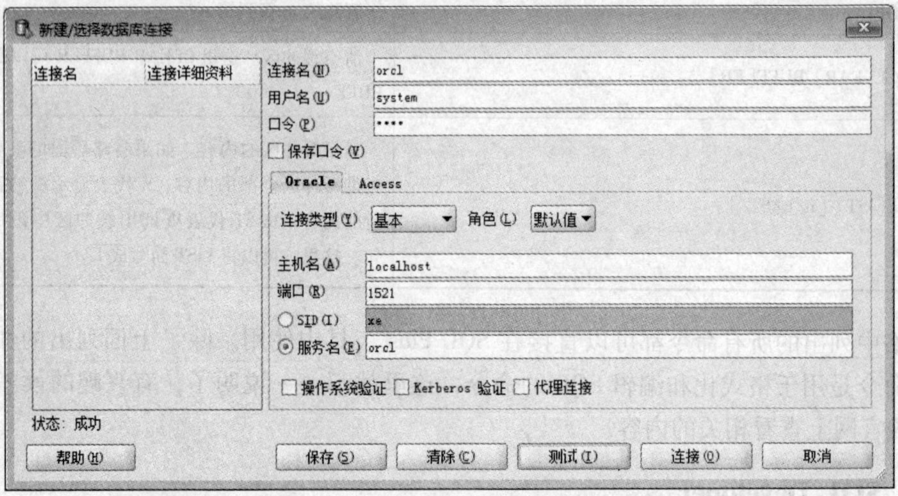

图 2-18 “新建/选择数据库连接”对话框

添加完成后，单击“测试”按钮，如果测试成功，就可以单击“连接”按钮，连接该数据库。连接后的效果如图 2-19 所示。

在图 2-19 所示的界面中，左侧窗格中列出的是连接的数据库中存在的对象，右侧是操作的区域。右侧区域中有两个选项卡，即“工作表”和“查询构建器”。“工作表”选项卡

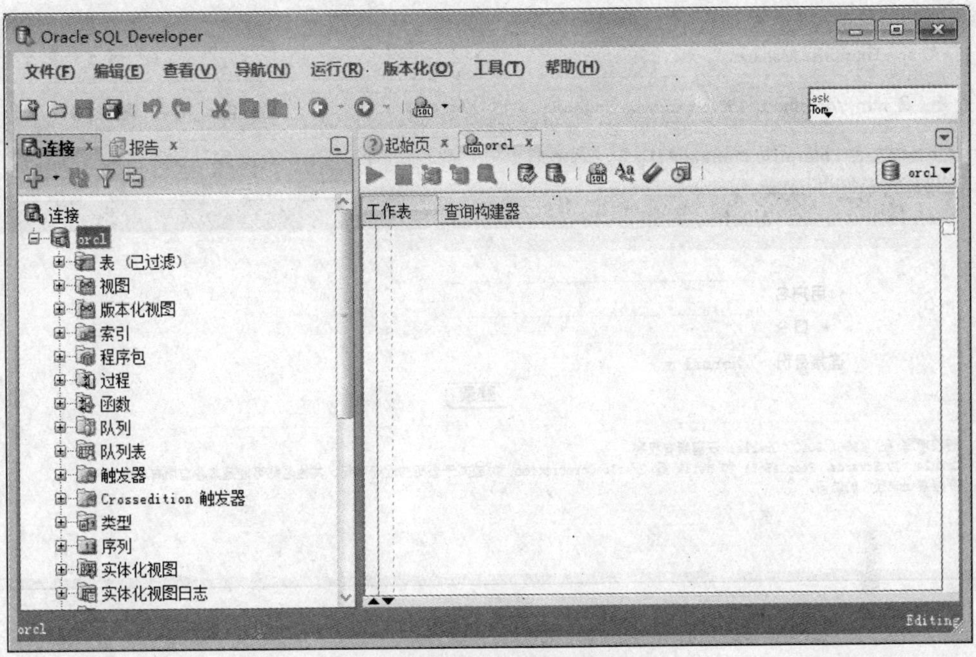

图 2-19　添加连接成功的 SQL Developer 界面

中的空白处可以用于输入 SQL 语句来操作 Oracle 中的对象；“查询构建器”选项卡，可以通过选择的方式来构造对表数据查询的 SQL 语句。此外，在该界面中，还提供了菜单栏供用户选择使用。

至此，就可以通过 SQL Developer 工具来操作数据库 orcl 了。在图 2-18 所示界面上的连接设置应该怎么写呢？实际上，很简单，当安装完数据库后，就会在 Oracle 的安装文件目录下有一个名为 tnsnames. ora 的文件，该文件中存放了数据库的连接信息，如图 2-20 所示。

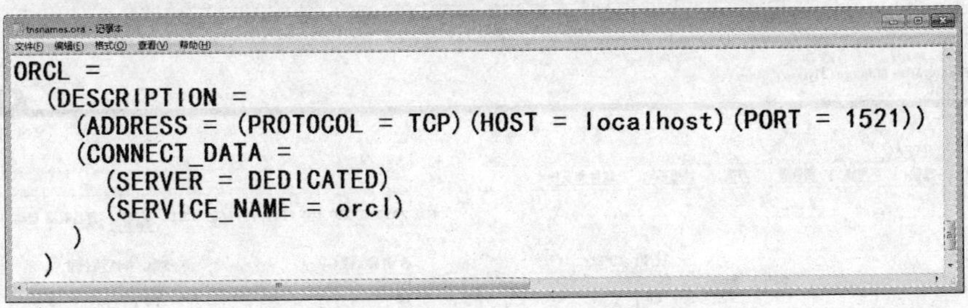

图 2-20　tnsnames. ora 文件

在此界面中，orcl 是服务名，同时也是连接名，并且主机是 localhost（本机），端口号是 1521。服务名的创建方法以及配置将在本书的第 3 章中详细介绍。

2.3.3　企业管理器（OEM）

本节介绍 Web 页面形式的企业管理器。企业管理器与前两个工具在开始菜单中的位置不同，它是直接在开始菜单中的 Oracle - OraDb11g_home1 选项中，单击 Database Control - orcl 选项，即可打开企业管理器，如图 2-21 所示。

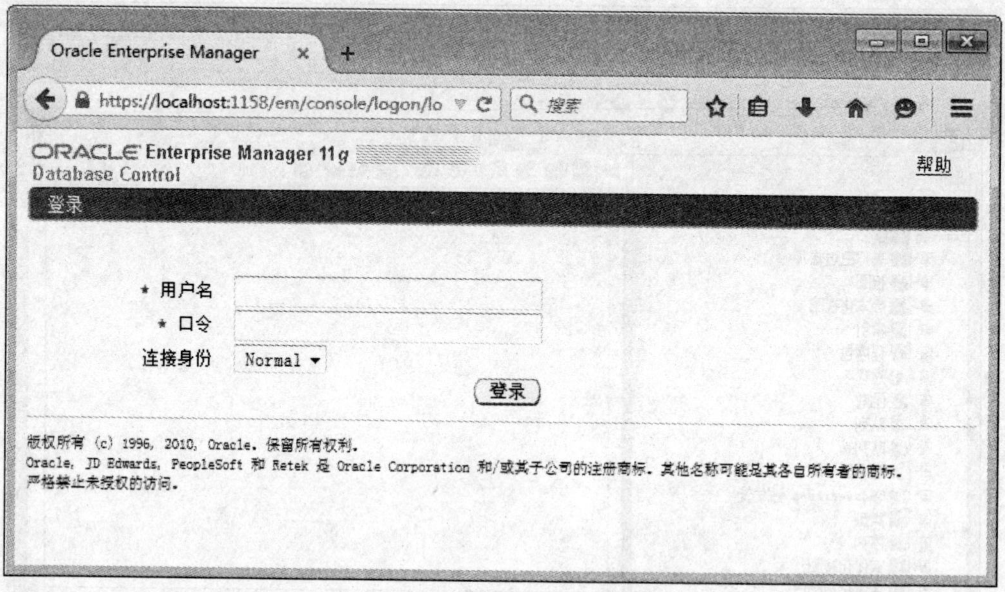

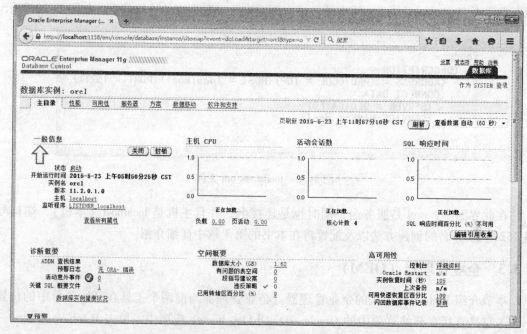

图 2-21　Oracle 企业管理器启动界面

📖 如果在 IE 浏览器中打开 Oracle 企业管理器时，出现“证书不安全”等类似无法打开该界面的提示时，可以换其他的浏览器打开，如火狐浏览器等。但是，在用其他浏览器时，也需要将该企业管理器的页面设置到浏览器的“例外”名单中。

在该界面中，输入用户名、口令，选择连接身份，单击“登录”按钮，即可登录到企业管理器的“主目录”选项卡，如图 2-22 所示。

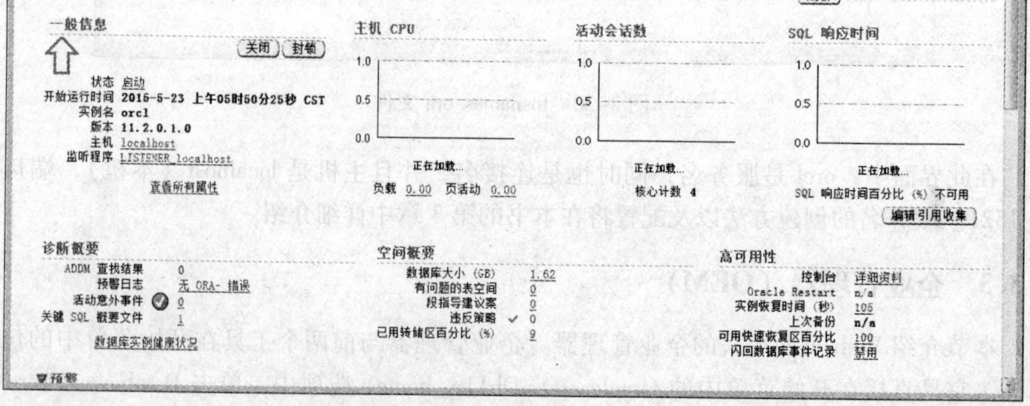

图 2-22　企业管理器主界面

在该界面中，可以看到登录数据库 orcl 后的一些基本信息。此外，还能够看到性能、可用性、服务器、方案、数据移动、软件和支持 6 个选项卡。

1. “性能”选项卡

“性能”选项卡如图 2-23 所示。

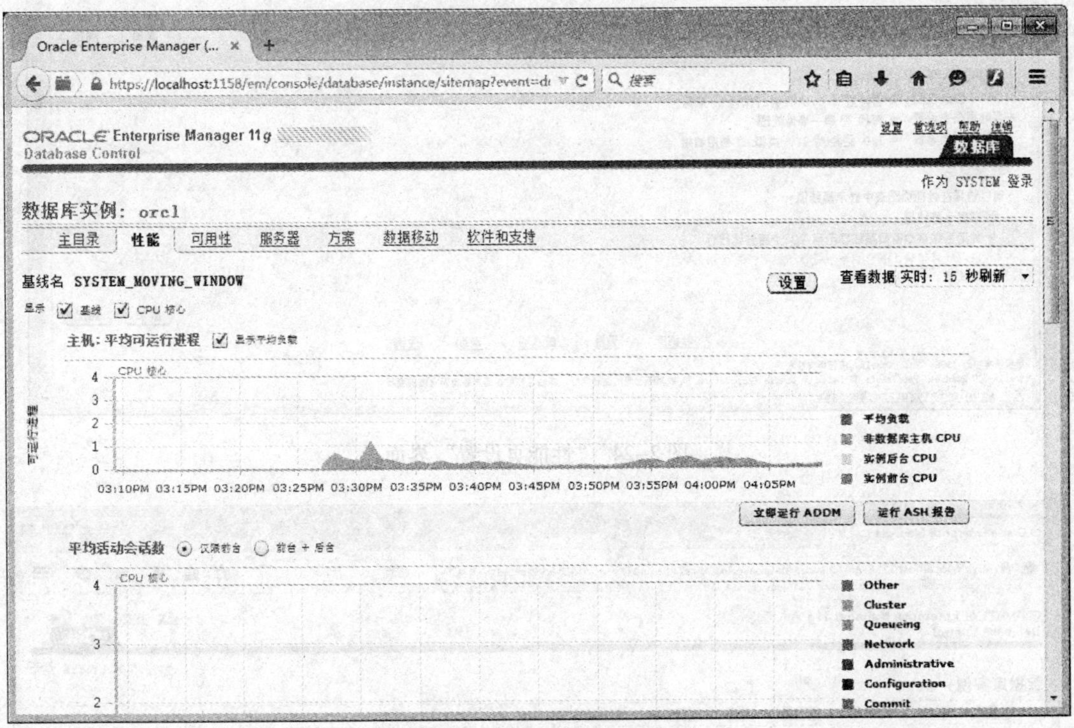

图 2-23 “性能”选项界面

在该界面中，可以查看到界面是以图表的形式显示数据库的运行状态，包括主机的 CPU 占用率、平均活动会话数等。

📖 需要注意的是，如果在运行该菜单时，出现了“未安装插件”提示，就需要在浏览器中安装 flash 插件。

另外，在该界面中显示的图表也可以重新设置，只需要单击“设置”按钮即可，界面如图 2-24 所示。

在该界面中，可以选择显示不同的性能指标。选择后，单击“确定”按钮，即可完成性能页的设置。

2. “可用性”选项卡

“可用性”选项卡如图 2-25 所示。

在该界面中，可以设置对 Oracle 数据库提供备份恢复的操作，并提供对备份、备份报告等内容的管理操作。

3. “服务器”选项卡

“服务器”选项卡如图 2-26 所示。

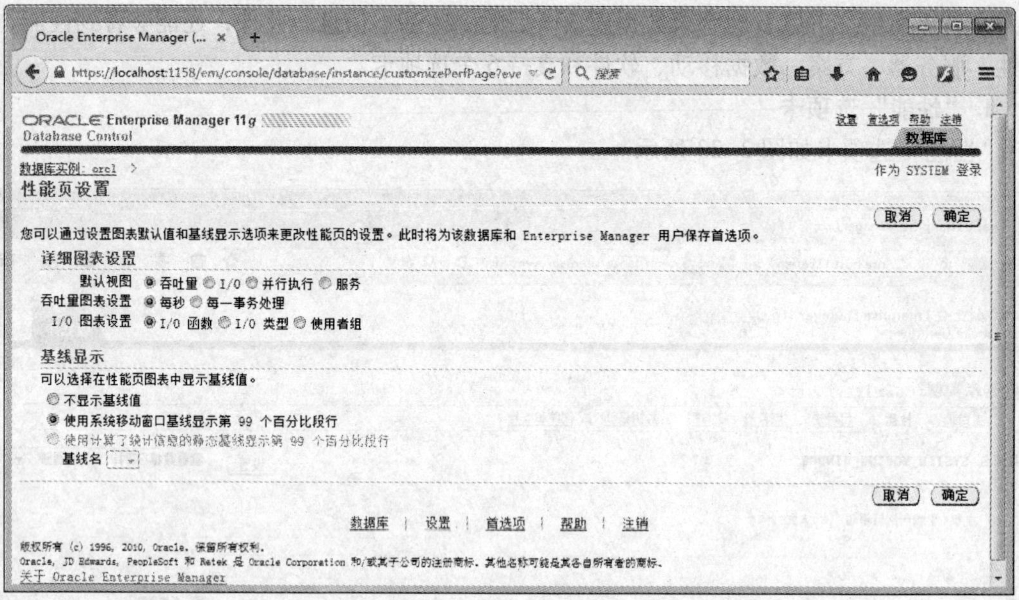

图 2-24 “性能页设置”界面

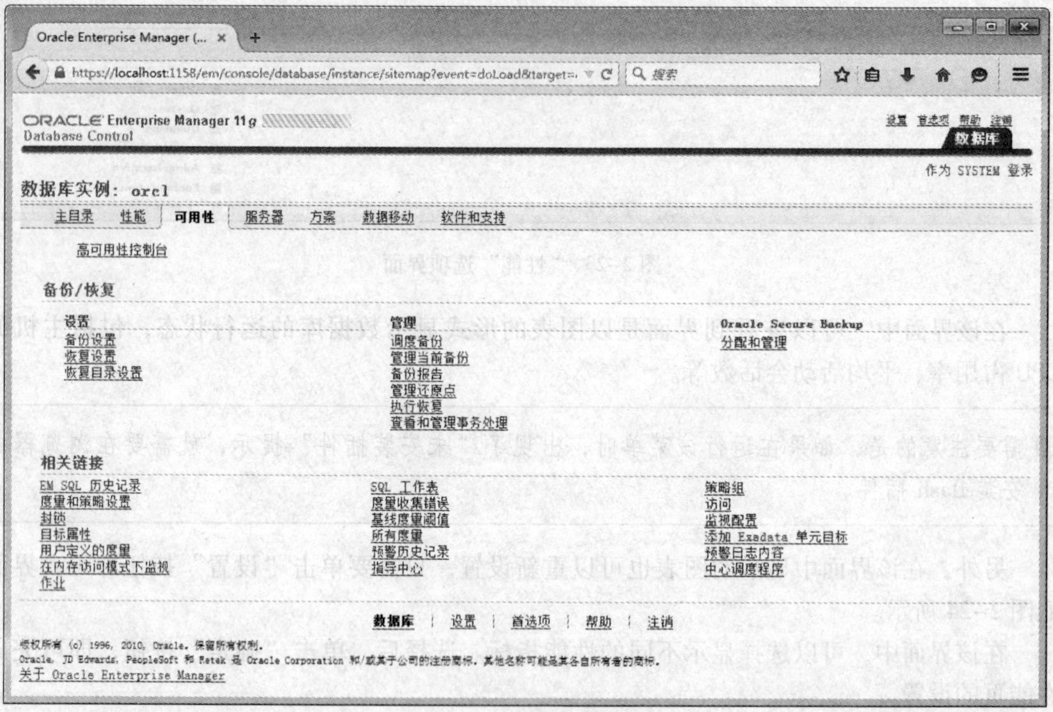

图 2-25 “可用性”选项卡

在该界面中，提供对存储对象的操作，比如其中的控制文件、表空间、数据文件等；提供数据库的配置以及 Oracle 的自动化任务设置。

4. “方案”选项卡

“方案”选项卡如图 2-27 所示。

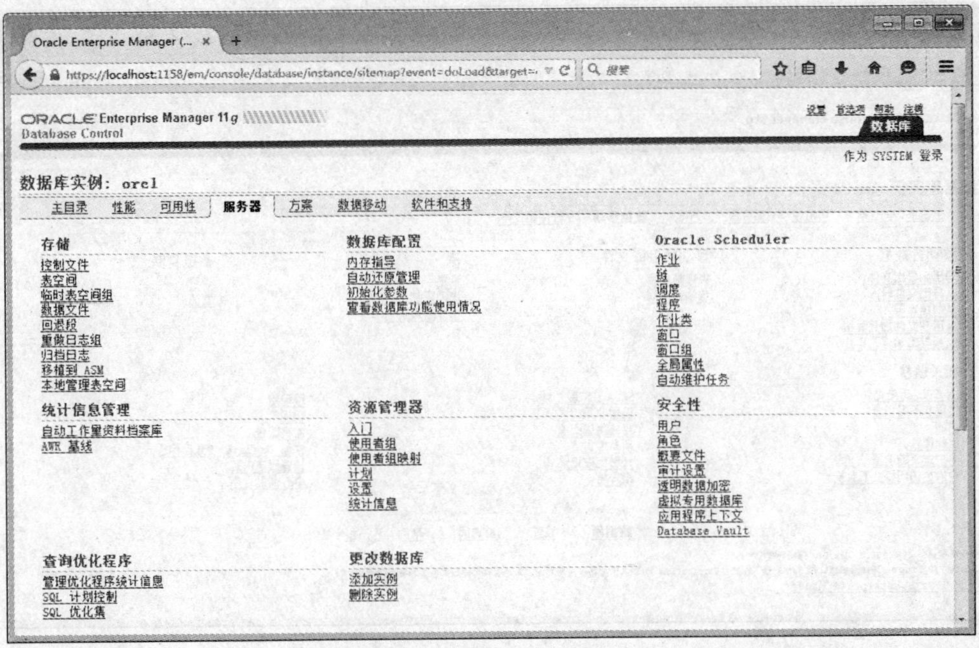

图 2-26 “服务器”选项卡

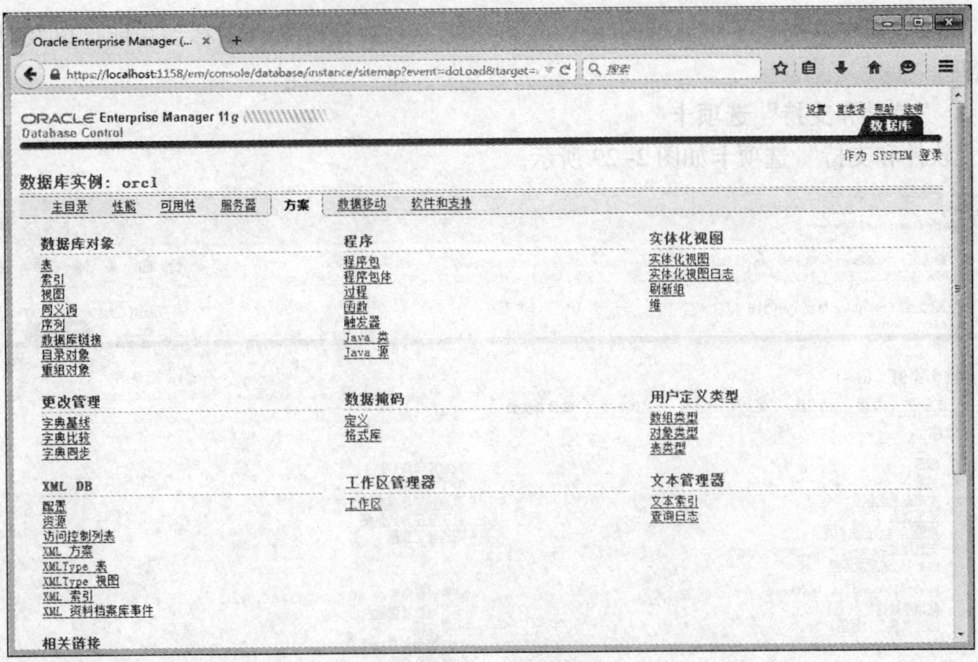

图 2-27 “方案”选项卡

在该界面中，提供对数据库对象的操作，比如其中的表、索引、视图等；提供对程序内容的管理，比如其中的程序包、过程、函数等；提供对实体化视图的操作，以及用户自定义数据类型等操作。

5. “数据移动”选项卡

“数据移动”选项卡如图 2-28 所示。

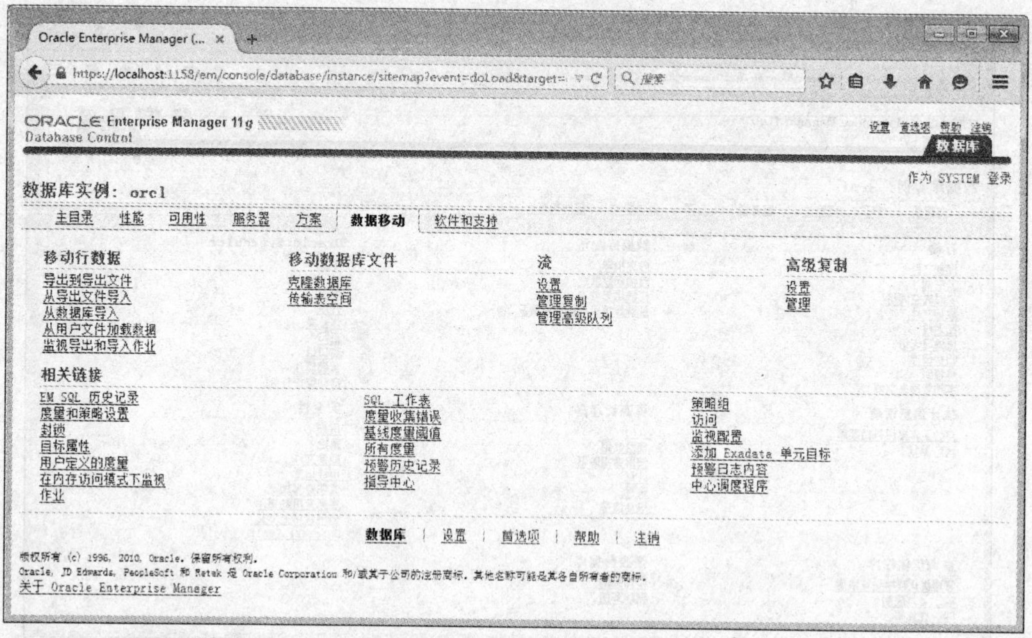

图 2-28 “数据移动”选项卡

在该界面中，提供了对数据的导入/导出功能，对数据库文件的移动功能，以及对复制的管理。

6. “软件和支持”选项卡

“软件和支持”选项卡如图 2-29 所示。

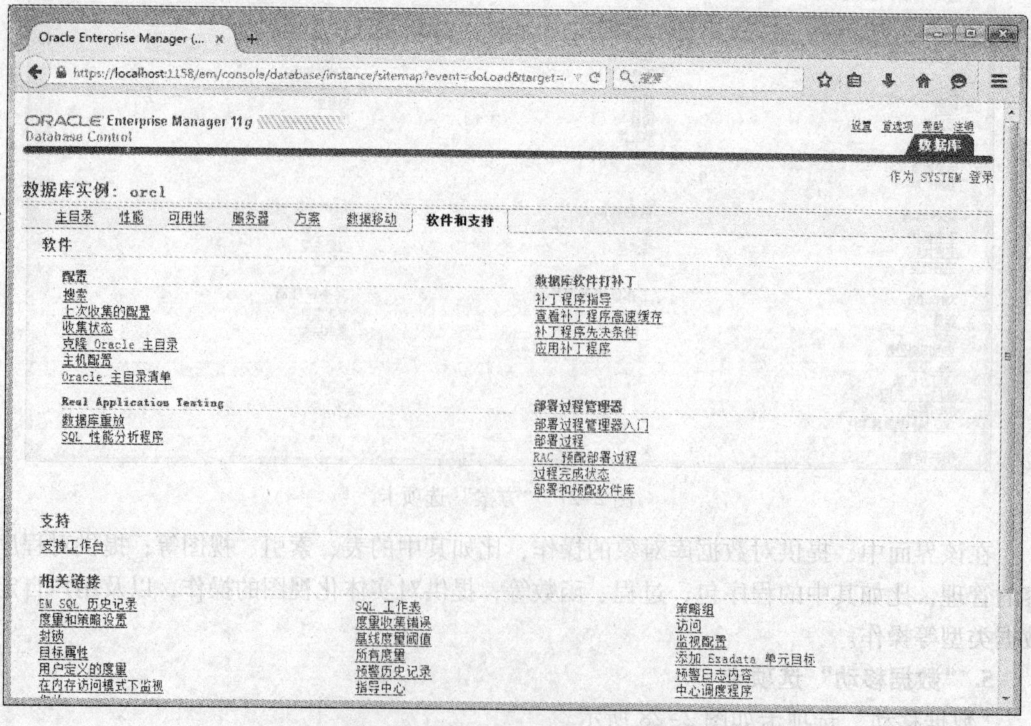

图 2-29 “软件和支持”选项卡

在该界面中，提供了 Oracle 数据库中的收集状态，对 Oracle 主目录菜单的配置操作，以及对数据库软件打补丁的操作。

2.4 本章小结

通过本章的学习，读者能够熟练地安装 Oracle 11g 数据库，并掌握数据库的卸载操作。同时，也能够对 Oracle 自带的工具有所了解，包括在 DOS 下使用的 SQL Plus 工具、窗体界面的 SQL Developer 工具、Web 页面显示形式的企业管理器（OEM）。

2.5 习题

1. 问答题

1）安装 Oracle 数据库时，计算机的操作系统需要满足的条件是什么？

2）卸载 Oracle 11g 数据库时，使用的批处理文件在什么位置？

3）在哪个文件中可查找到 SQL Developer 中所需的连接配置？

2. 操作题

1）安装并卸载 Oracle 11g 数据库。

2）在 SQL Developer 工具中新建连接并测试。

3）在 SQL Plus 中使用 CONNECT 命令连接数据库。

第3章　数据库管理、配置与维护

安装完 Oracle 11g 数据库，接着就要在其中创建数据库、维护数据库以及在数据库中创建和管理表空间。

本章的学习目标如下。

- 掌握使用 DBCA 工具创建数据库的过程。
- 掌握数据库的配置和维护操作。
- 掌握表空间的创建和管理方法。

3.1　管理 Oracle 11g 数据库

安装好 Oracle 11g 数据库后，系统会自动创建的一个名为 orcl 的数据库。如果还需要创建其他的数据库，在 Oracle 数据库中，一般不使用语句来创建数据库，而是使用 DBCA 来创建。

3.1.1　使用 DBCA 创建数据库

所谓 DBCA 就是指 Oracle 11g 中自带的数据库配置工具（Database Configuration Assistant）。在该工具中存放了创建数据库所需要的模板，因此，使用该工具可以很方便的创建数据库。使用该工具创建数据库需要如下步骤。

（1）打开 DBCA

依次选择"开始"→"所有程序"→Oracle - OraDB11g_home1"→"配置和移植工具"命令，单击 Database Configuration Assistant 选项，打开 DBCA，如图 3-1 所示。

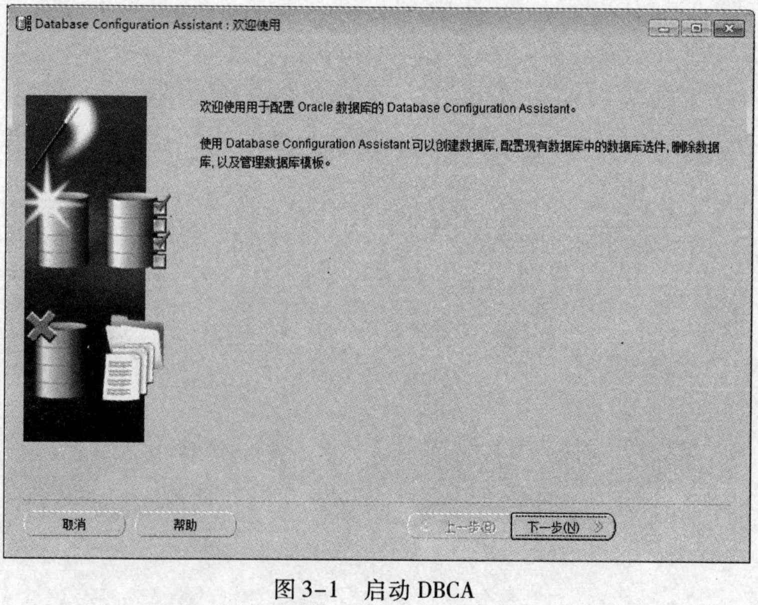

图 3-1　启动 DBCA

该界面中的显示文字就描述了 DBCA 的具体功能，即创建数据库、配置数据库、删除数据库以及管理数据库模板。

(2) 打开选择操作界面

单击“下一步”按钮，进入选择操作界面，如图 3-2 所示。

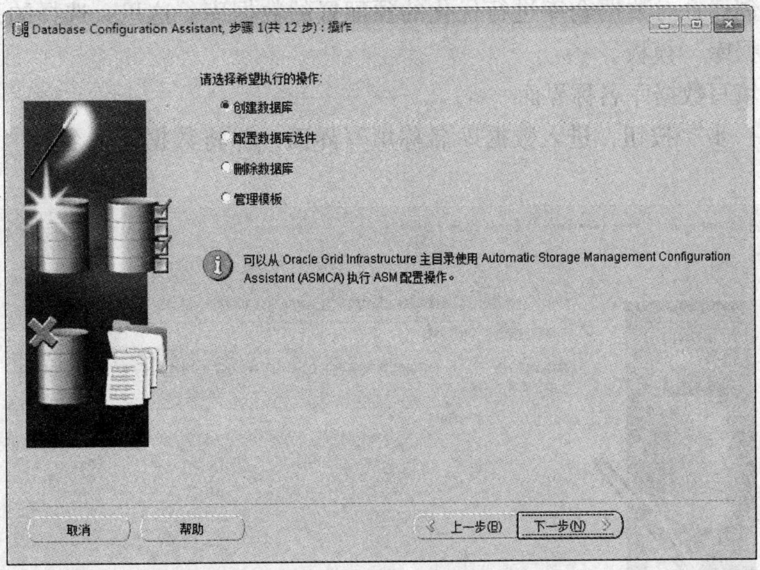

图 3-2　选择操作

在该界面中，可以根据需求选择创建数据库、配置数据库选件、删除数据库以及管理模板的操作。本节讲解的是创建数据库，因此，这里选择“创建数据库”选项。

(3) 打开选择数据库模板界面

单击“下一步”按钮，进入选择数据库模板界面，如图 3-3 所示。

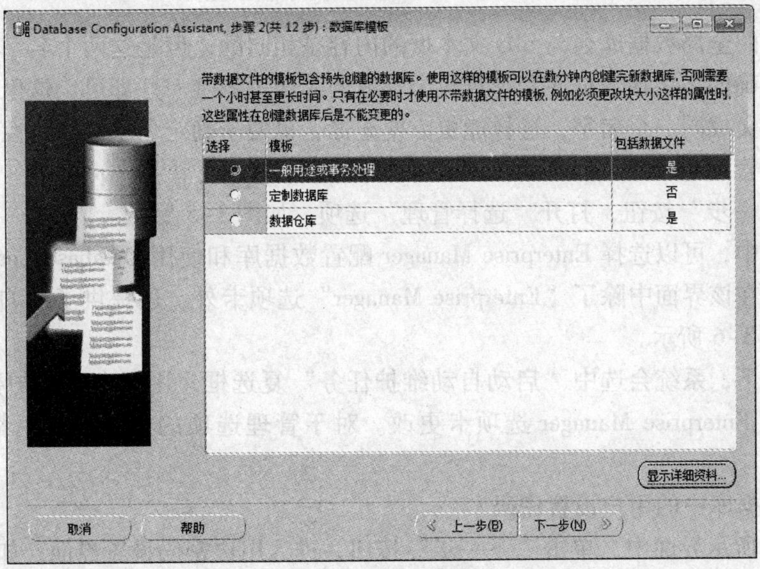

图 3-3　选择数据库模板

在该界面中，可以看到 Oracle 数据库提供的 3 个模板，即“一般用途或事务处理”、“定制数据库”和“数据仓库”。“一般用途或事务处理”和“数据仓库”两个模板中都包括了数据文件。“一般用途或事务处理”模板主要是用于创建针对一般用途或事务处理用途进行优化的预配置数据库；“定制数据库”模板主要是在自定义数据库时使用；“数据仓库”模板主要用于创建针对数据仓库进行优化的预配置的数据库。这里，选择的是“一般用途或事务处理数据库”模板。

(4) 打开填写数据库名称界面

单击“下一步”按钮，进入数据库名称填写界面，并将数据库命名为“OrclTest”，如图 3-4 所示。

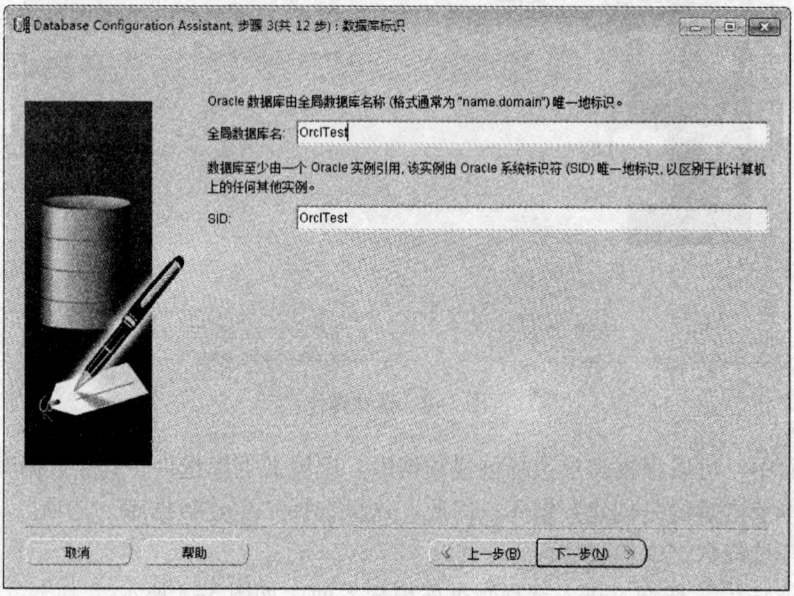

图 3-4　添加数据库名称

这里添加的全局数据库名与 SID 文本框的内容是相同的，但是这两个名字也是可以不同的，只要是能确保名字在数据库和计算机中存放的实例里的唯一性即可。这里，建议读者将这两个名字定义成同一个名字，这样能更方便记忆，也便于确定名字的唯一性。

(5) 选择管理选项

单击“下一步”按钮，打开“选择管理”选项，如图 3-5 所示。

在该界面中，可以选择 Enterprise Manager 配置数据库和使用 Database Control 配置本地管理。另外，在该界面中除了“Enterprise Manager”选项卡外，还提供了“自动维护任务”选项卡，如图 3-6 所示。

默认情况下，系统会选中“启动自动维护任务”复选框，用于自动维护数据库。维护任务可以通过 Enterprise Manager 选项卡更改。对于管理选项的选择，这里都直接使用默认值。

(6) 为数据库中的用户设置密码

在图 3-5 所示界面中，单击“下一步”按钮，进入用户密码设置界面，如图 3-7 所示。

在该界面中，可以使用两种方式为用户设置密码，一种是为数据库中的用户设置统一的

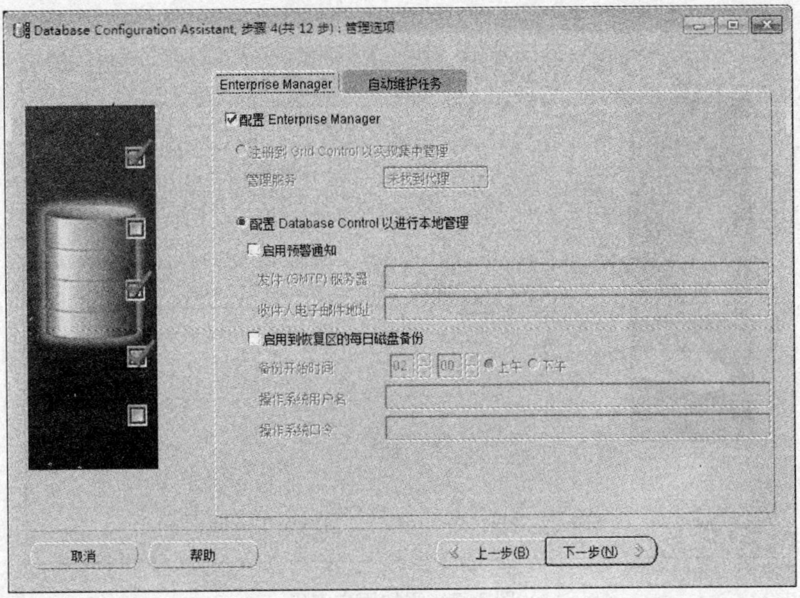

图 3-5　管理选项

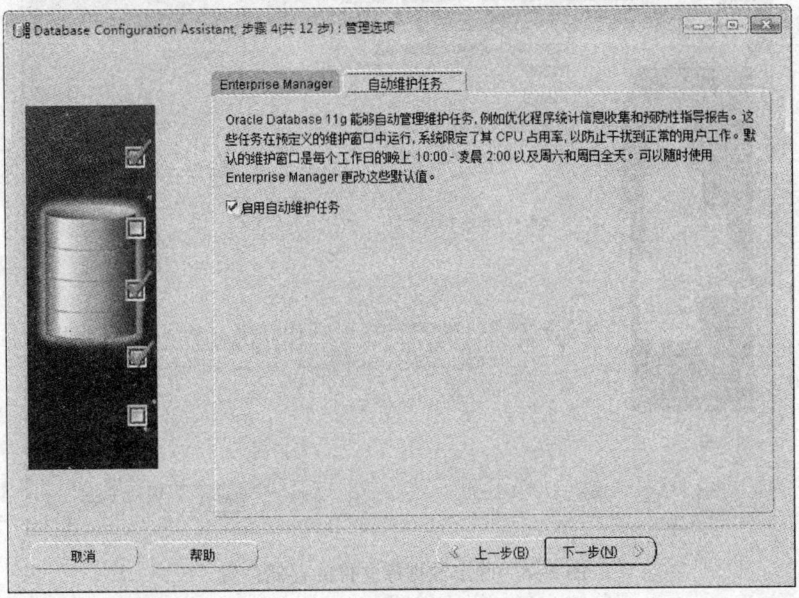

图 3-6　“自动维护任务”选项卡

密码；另一种是为每一个用户设置不同的密码。Oracle 数据库要求密码至少由 8 个字符构成，并且至少包括一个大写字符，一个小写字符以及一个数字。这里，建议为所有数据库用户设置相同的密码，便于记忆。

(7) 确定数据文件存储位置

单击“下一步”按钮，进入数据文件存储位置设置界面，如图 3-8 所示。

在该界面中，可以指定数据库文件的存储类型和位置。存储类型包括“文件系统”和“自动存储管理”，这里选择“文件系统”。“存储位置”部分有 3 个选项，“使用模板中的

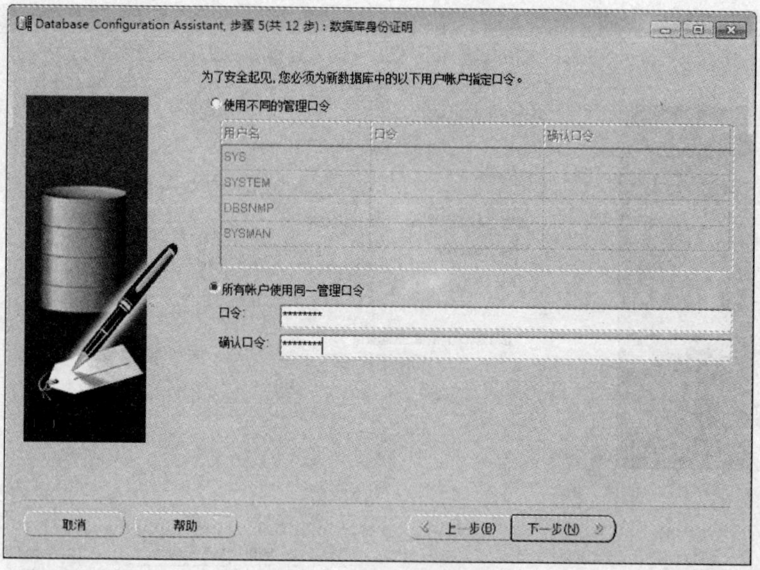

图 3-7　添加用户密码

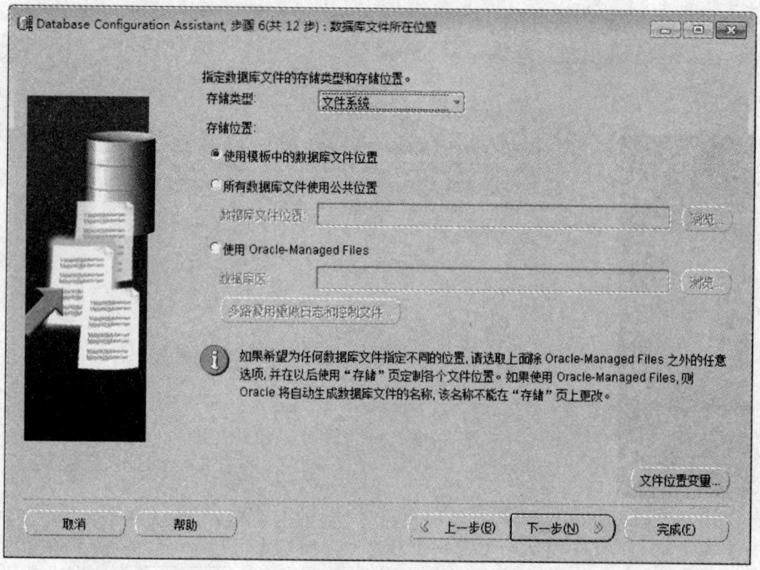

图 3-8　确定数据库文件的存储位置

数据库文件位置”是指在模板中预定的位置来存储数据文件；“所有数据库文件使用公共位置”是指可以由用户自定义存储文件的位置；使用 Oracle - Managed Files 选项是指数据库文件是由 Oracle 管理的，例如在删除表空间时，也会将表空间所在的数据文件删除。这里，选择默认的“使用模板中的数据库文件位置”选项。如果需要查看模板中数据库文件的位置，可以单击“文件位置变量”按钮来查看具体的位置信息。

在完成了上面的设置后，如果不需要其他的设置，可以直接单击“完成”按钮，完成数据库的创建操作。在此步骤后面的选项都是创建数据库的自主选项，可由读者自行选择。为了让读者对创建数据库每一个步骤的内容都清楚的了解，本节会将所有的步骤都加以说明。

(8) 选择数据库的恢复选项

单击“下一步”按钮，进入数据库恢复选项选择界面，如图 3-9 所示。

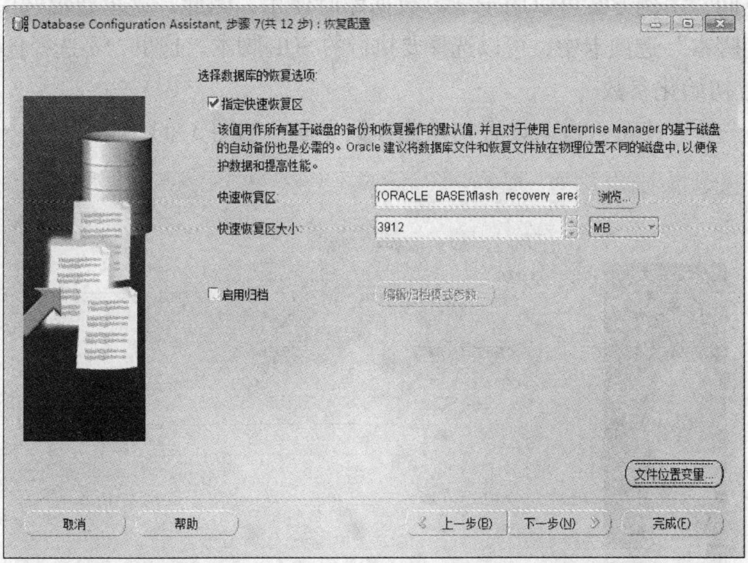

图 3-9　选择数据库的恢复选项

在该界面中，选择数据库的恢复选项，包括“指定快速恢复区”和“启用归档”两个复选框。选择“指定快读恢复区”复选按钮时需要指定选择快速恢复区文本框的大小。选择“启用归档”复选按钮时，要设置好归档模式所需要的参数。同样，如果需要知道文件位置信息时，也可以通过单击“文件位置变量”按钮来查看。这里，仍然使用默认的选项，不做更改。

(9) 添加数据库内容

单击“下一步”按钮，进入添加数据库内容界面，如图 3-10 所示。

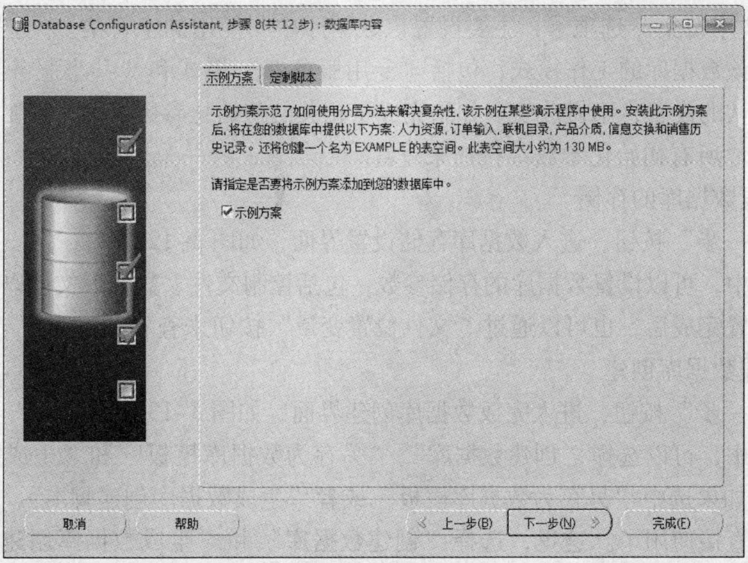

图 3-10　添加数据库内容

在该界面中，有两个选项卡，一个是“示例方案”，另一个是“定制脚本”。“示例方案”选项卡中提供了一个示例数据库，包括人力资源、订单输入、联机目录等记录，并会创建一个EXAMPLE 表空间。示例方案可以用于学习数据库时使用，因此，这里建议选中“示例方案”复选框。“定制脚本”选项卡中，可以选择要执行的 SQL 脚本。这里，不选择任何脚本。

（10）设置初始化参数

单击“下一步”按钮，进入设置初始化参数界面，如图 3-11 所示。

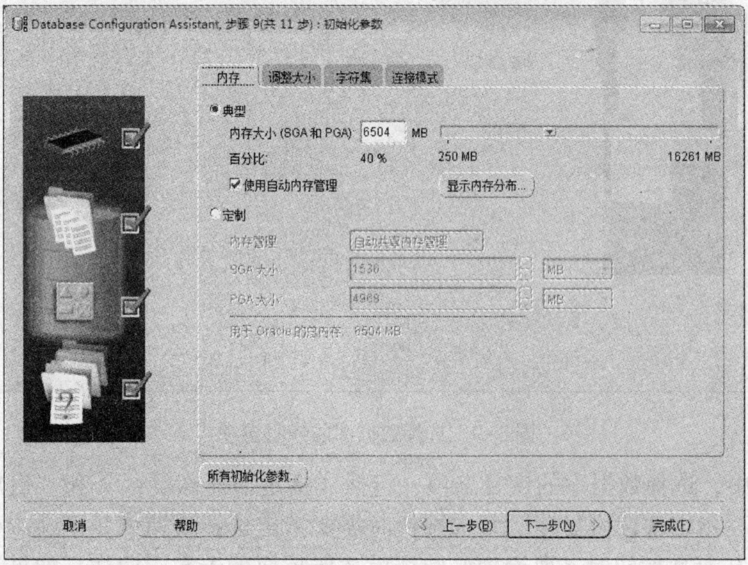

图 3-11　设置初始化参数

在该界面中，包括“内存”、“调整大小”、“字符集”和“连接模式”4 个选项卡。“内存”选项卡，主要设置该数据库实例的内存大小，可以选择“典型”或者是“定制”2 种方式。“调整大小”选项卡，主要设置该数据库标准数据块的大小和连接数据库用户的最大数量的个数。“字符集”选项卡，主要设置该数据库中所使用的字符集。“连接模式”选项卡，主要设置该数据库的工作模式，包括“专用服务器”模式和“共享服务器”模式。这里，都使用默认的设置，不做改变。如果完成了相关的初始化参数设置，需要查看相关的参数，可以单击“所有初始化参数”按钮来查看。

（11）设置数据库的存储

单击“下一步”按钮，进入数据库存储设置界面，如图 3-12 所示。

在该界面中，可以设置数据库的存储参数，包括控制文件、数据库文件以及重做日志组中的信息。设置完成后，也可以通过“文件位置变量”按钮来查看。

（12）完成数据库创建

单击“下一步”按钮，进入完成数据库创建界面，如图 3-13 所示。

在该界面中，可以选择“创建数据库”、“另存为数据库模板”和“生成数据库创建脚本”复选框。如果选中“另存为数据库模板”或者“生成数据库创建脚本”，则下次创建数据库时就可以直接使用了。这里，选择“创建数据库”和“生成数据库创建脚本”2 个复选框。单击“完成”按钮，可以查看数据库的信息确认界面，如图 3-14 所示。

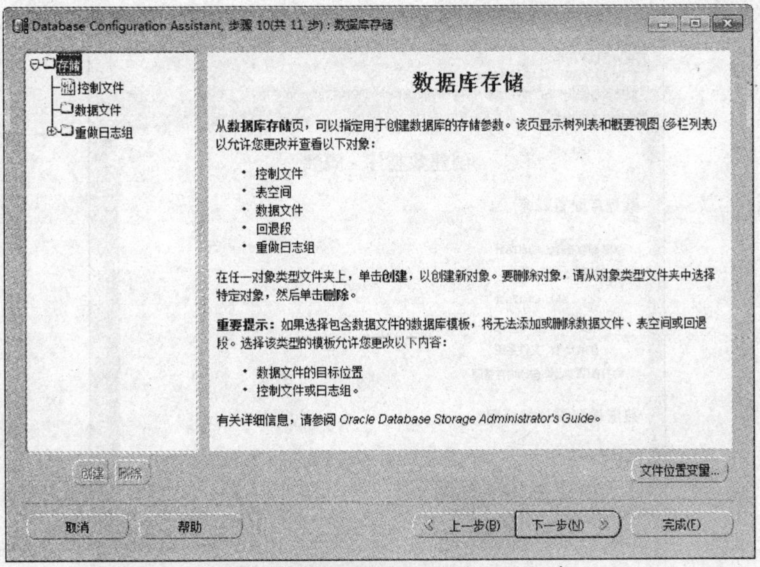

图 3-12　设置数据库存储

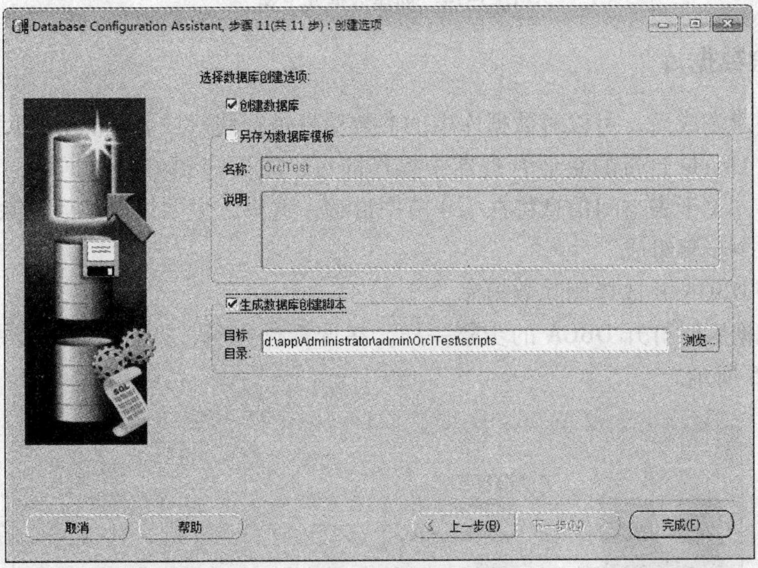

图 3-13　完成数据库创建界面

单击“确定”按钮，就完成了 OrclTest 数据库的创建，并将创建的脚本存放到指定的文件中。

📖 说明：除了使用 DBCA 的方式来创建数据库外，也可以通过语句来创建数据库，但是步骤非常烦琐，需要指定数据库的名称和实例名称、初始化参数文件的设置、启动实例，然后通过 CREATE DATABASE 语句等步骤来创建数据库。CREATE DATABASE 中涉及的语法比较复杂，有兴趣的读者可以在 Oracle 11g 的官方文档中查看。

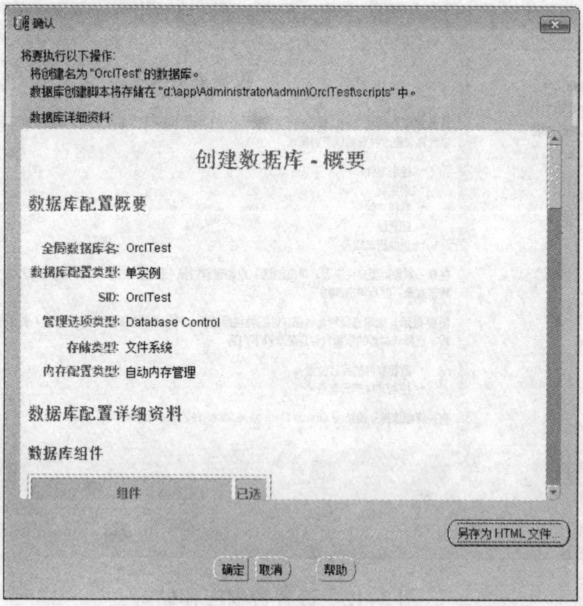

图 3-14　创建数据库 - 概要

3.1.2　删除数据库

数据库创建完成后，可以对数据库中的参数信息进行修改或者删除数据库。修改数据库的操作直接在 Oracle 自带的企业管理器中操作即可，主要包括修改数据库的数据文件以及表空间等信息，关于表空间信息将在 3.4 节中讲解。这里，主要讲解如何删除数据库，具体步骤由如下 2 个步骤组成。

(1) 打开 DBCA 并选择删除数据库

与创建数据库时打开 DBCA 的步骤一样，在选择操作时，选择“删除数据库”单选按钮，如图 3-15 所示。

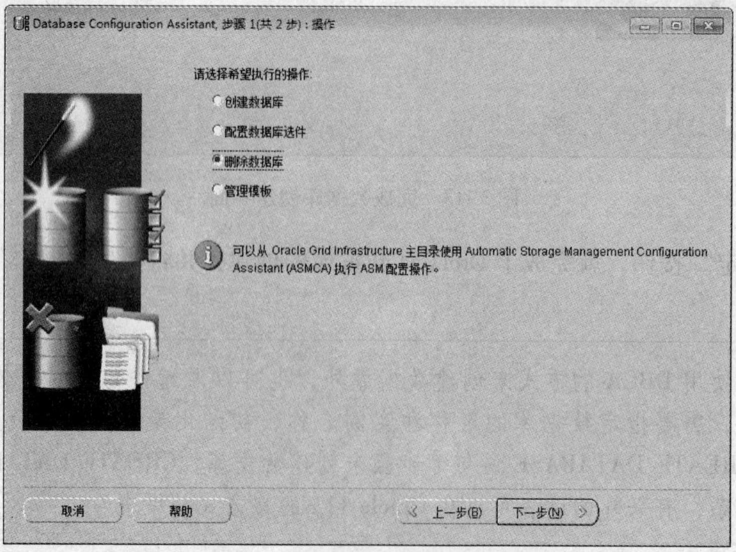

图 3-15　选择“删除数据库”

(2) 选择要删除的数据库

单击“下一步”按钮，进入选择删除数据库界面，如图 3-16 所示。

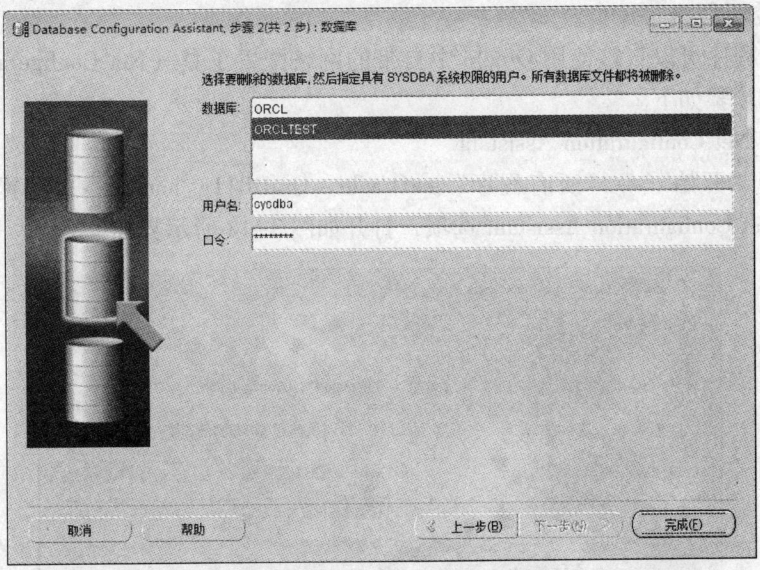

图 3-16　选择要删除的数据库

在该界面中，可以看到现在 Oracle 中已存在的两个数据库，选择其中要删除的数据库，然后，需要添加该数据库所对应的具有 SYSDBA 权限的用户名和口令来删除数据库。这也是对数据库安全性的保障。这里，选择新创建的 ORCLTEST 数据库，然后输入用户名和口令，这里用 sysdba 用户来删除该数据库。

单击“完成”按钮后，弹出如图 3-17 所示界面，用于确认是否删除数据库。

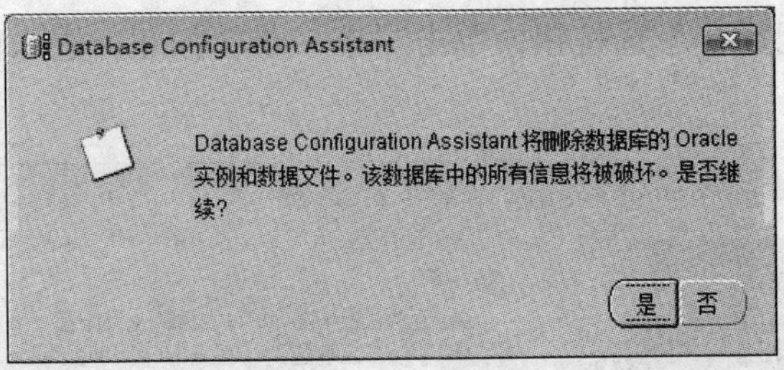

图 3-17　确认是否删除数据库

在该界面中，单击“是”按钮，即可将该数据库删除。

3.2　配置数据库

数据库在创建完成后，可以配置数据库的监听服务以及网络服务名，便于用户更好地使用数据库。

3.2.1　配置监听服务

监听服务在数据库中的作用就是帮助用户来创建客户端到服务器之间的连接。配置监听服务可以分为两部分，首先需要配置监听程序；然后需要为该监听程序配置监听服务用于监听某个数据库。

1. 配置监听程序

配置监听程序可以直接使用 Oracle 中自带的网络配置工具（Net Configuration Assistant）来完成。具体步骤如下。

（1）打开 Net Configuration Assistant

依次选择“开始”→“所有程序”→Oracle－OraDB11g_home1→“配置和移植工具”选项，单击 Net Configuration Assistant 选项，打开如图 3-18 所示界面。

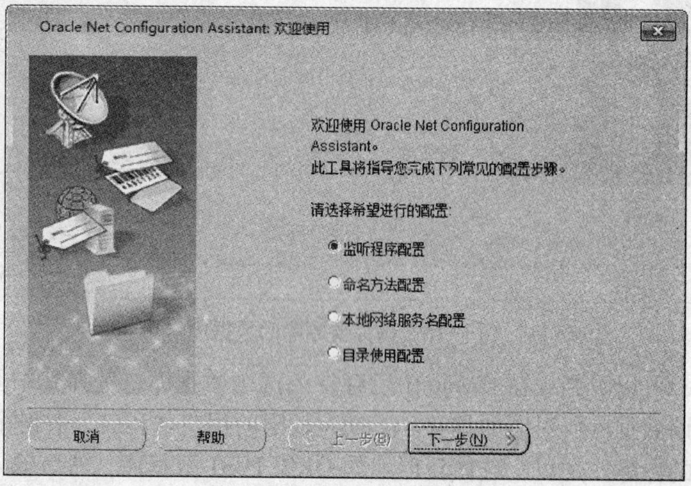

图 3-18　启动 Net Configuration Assistant

（2）选择添加监听程序

选择“监听程序配置”单选按钮，单击“下一步”按钮，进入监听程序配置界面，如图 3-19 所示。

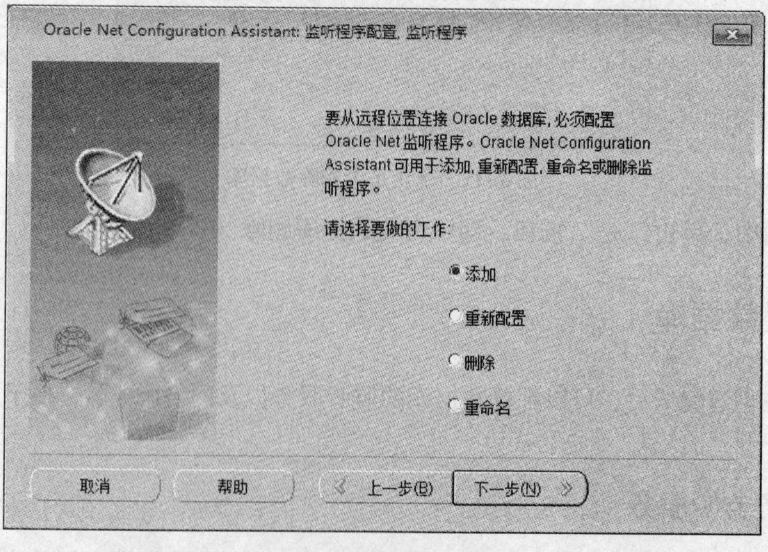

图 3-19　监听程序配置

在该界面中，可以选择对监听程序的添加、重新配置、删除以及重命名的操作。

（3）添加监听程序名称

选择“添加”单选按钮，单击“下一步”按钮，进入添加监听程序的界面，如图3-20所示。

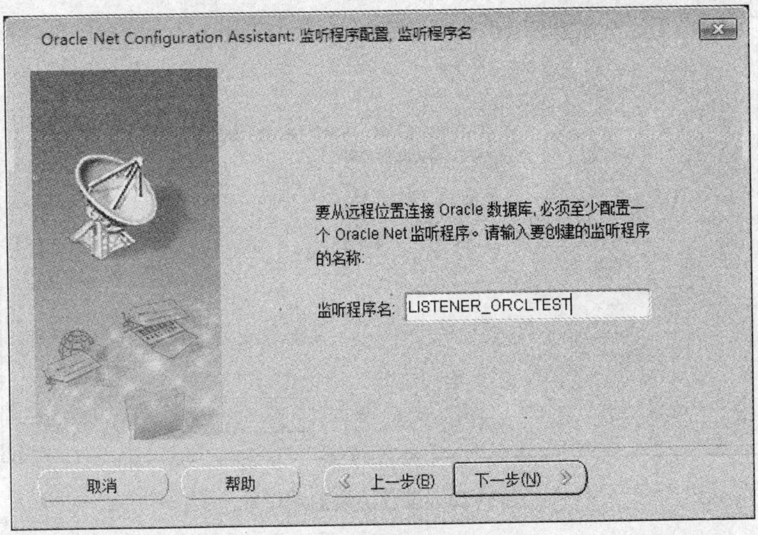

图3-20　添加监听程序

在该界面中，添加一个监听程序的名称即可。通常监听程序的名称都以 LISTENER 开头，这样比较容易区分。这里，在“监听程序名”文本框中输入“LISTENER_ORCLTEST”。

（4）选择协议

单击“下一步”按钮，进入选择协议界面，如图3-21所示。

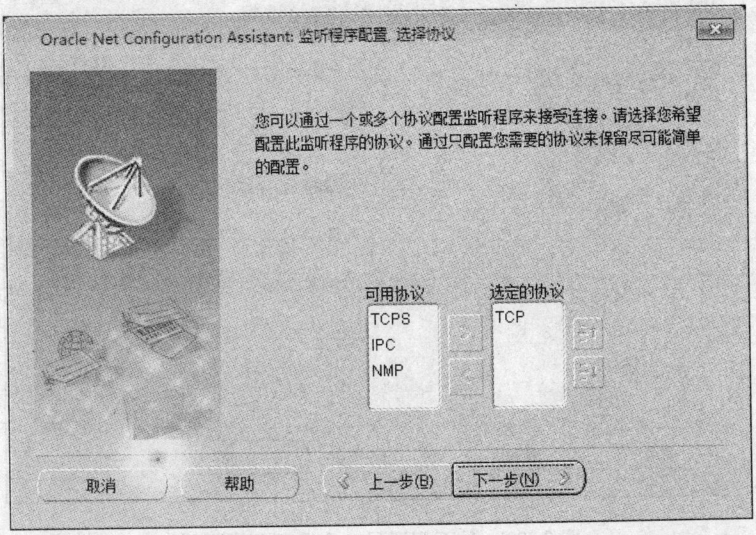

图3-21　选择协议

在该界面中，可以在可用协议的选择框中选择协议添加到选定的协议中，这里选择默认的选定协议 TCP。

(5) 设置协议的端口号

单击“下一步”按钮，进入设置协议的端口号界面，如图 3-22 所示。

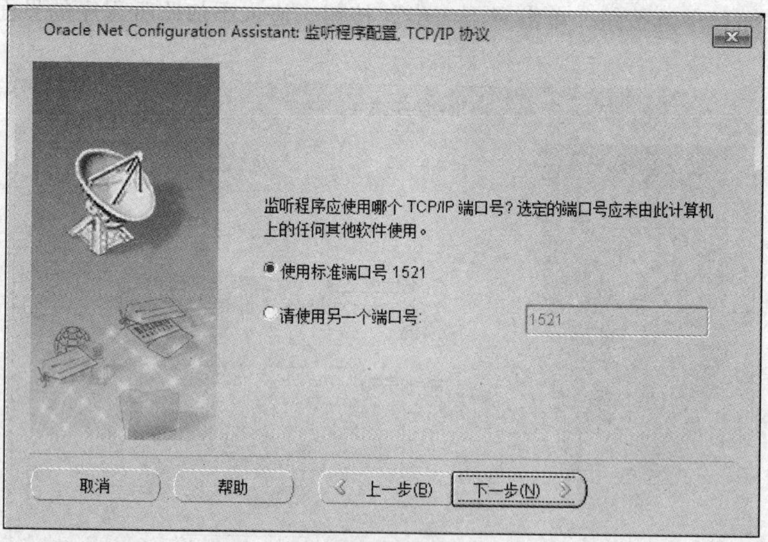

图 3-22　设置协议的端口号

在该界面中，可以选择 Oracle 中默认的标准端口号 1521，也可以自行设置端口号。但是，设置端口号时不要与其他的软件的端口号重复。这里，选中“请使用另一个端口号”单选按钮，在其后的文本框中输入“1621”。

(6) 完成监听程序的配置

单击“下一步”按钮，进入图 3-23 所示界面。

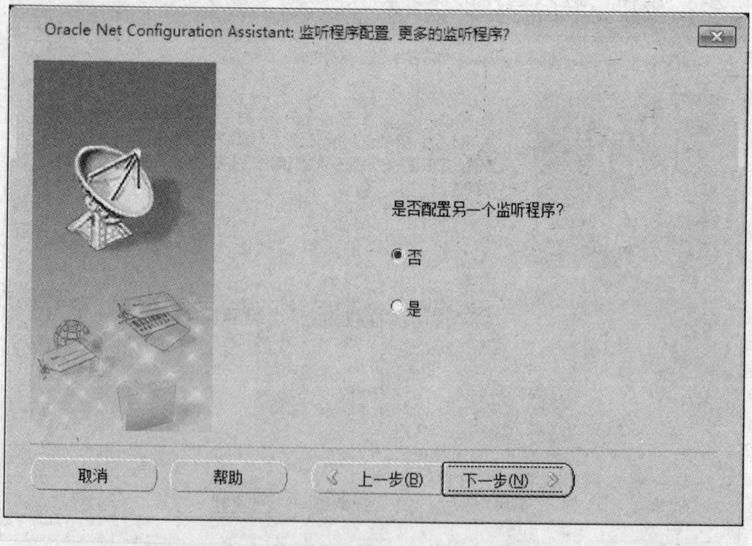

图 3-23　是否配置另一个监听程序提示

通常一台计算机中只需要配置一个监听程序，因此，不需要再配置其他监听程序了。这里，选择“否”单选按钮，单击“下一步”按钮，即可完成监听程序的配置，如图 3-24

所示。

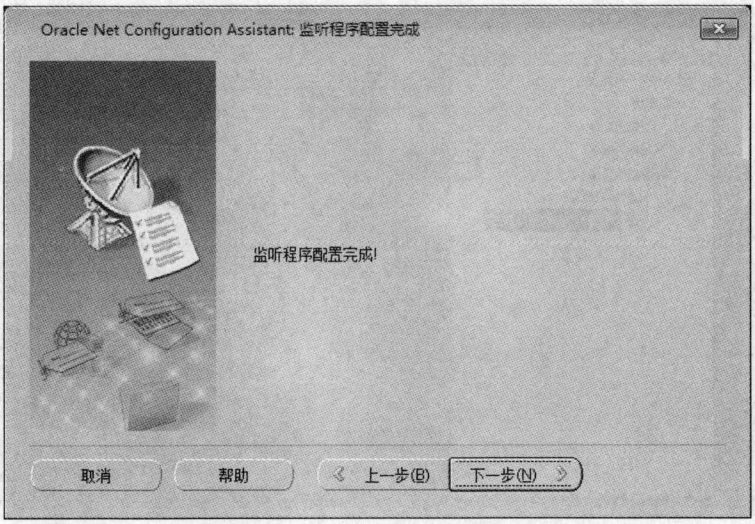

图 3-24　完成监听程序配置

2. 配置监听服务

要想配置监听服务首先要清楚监听程序的名称，这个名称实际上就是创建监听程序时设置的，在本节中所创建的监听程序 LISTENER_ORCLTEST。使用 Net Manager 工具配置监听服务的步骤如下所示。

(1) 打开 Net Manager 工具

依次选择“开始”→“所有程序”→Oracle - OraDB11g_home1→“配置和移植工具”选项，然后单击“Net Manager”选项，界面如图 3-25 所示。

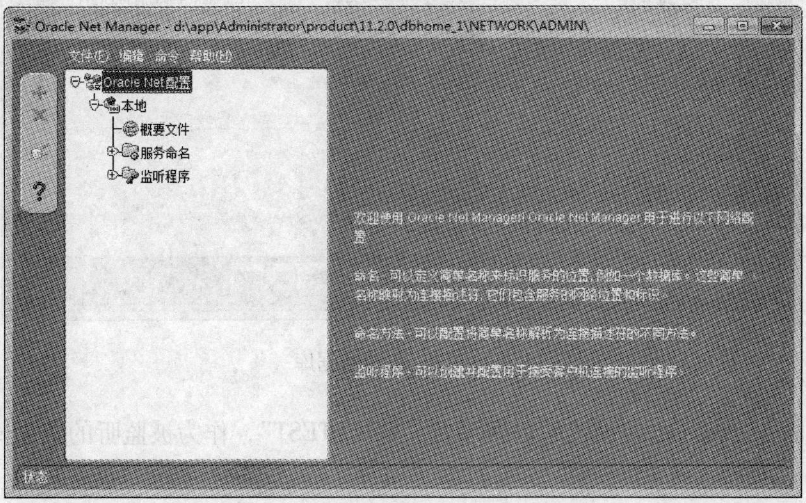

图 3-25　启动 Net Manager 工具

(2) 选择监听程序

展开“监听程序”选项，并选择其中的 LISTENER_ORCLTEST 监听服务，并在右侧的下拉列表框中选择“数据库服务”选项，如图 3-26 所示。

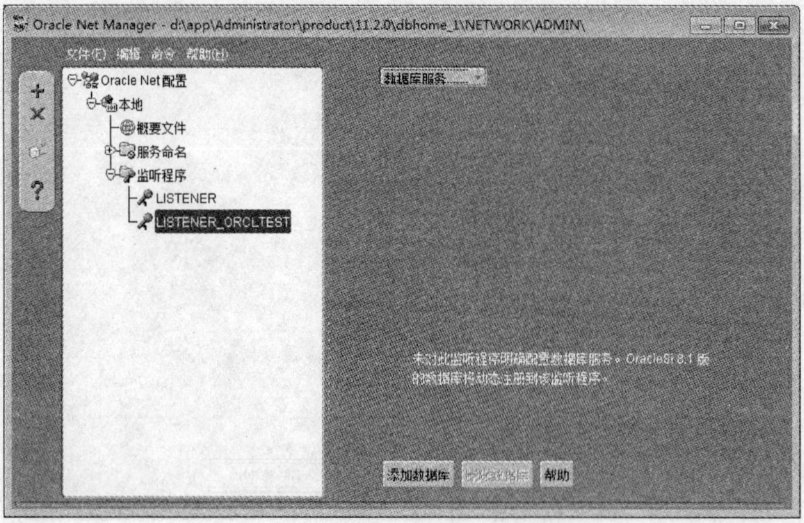

图 3-26　选择监听程序

从该界面可以看出，LISTENER_ORCLTEST 监听程序还没有配置数据库服务。

(3) 添加数据库

单击“添加数据库”按钮，界面如图 3-27 所示。

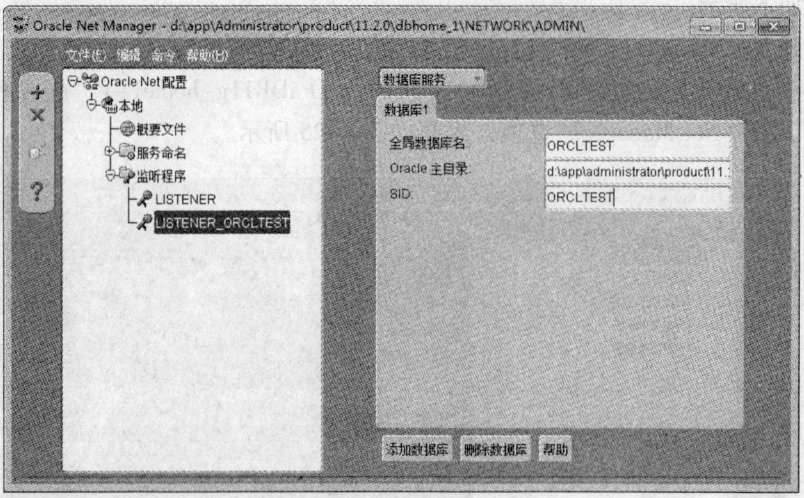

图 3-27　添加数据库

在该界面上，输入之前创建的数据库名“ORCLTEST”，作为被监听的数据库。

(4) 保存配置

在图 3-27 所示界面中，选择“文件”→“保存网络配置”命令，即可保存该配置。实际上，配置文件都会保存到在 Oracle 数据库的安装目录下的 listener. ora 文件中。除了配置监听服务的数据库外，还会存放之前配置的监听程序，另外，在该文件中，可以存放一个或多个监听程序。

📖 在实际工作中，大多数的数据库管理人员都会直接对数据库安装目录下的 listener. ora 文件进行修改，用于替代前面的操作步骤，这样可以大大减少工作量。

3.2.2 启动和停止监听服务

监听服务是会占用 CPU 资源的，也会影响其他程序的运行速度。因此，这就需要根据实际情况来设置监听服务的启动和停止。监听服务可以直接在 Windows 操作系统下的“管理工具”→“服务”中，启动或停止服务，也可以在 DOS 界面上直接使用命令来启动或停止监听服务。

在 Windows 操作系统下启动和停止监听服务比较简单，只需要在服务列表中找到需要操作服务，右击该服务名称，并在弹出的菜单中选择“启动”或“停止”即可。如图 3-28 所示，就是操作监听服务 LISTENER 的界面。在 Oracle 11g 数据库中，每一个监听服务都会产生一个服务名，因此，服务名是不能重复的。

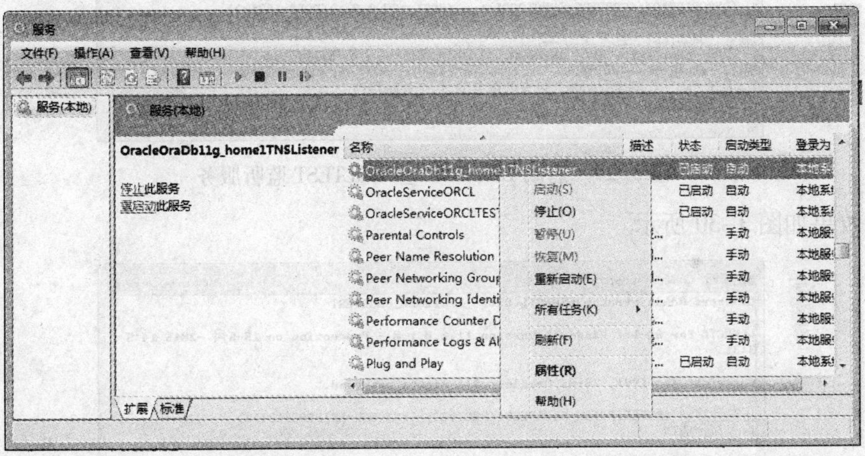

图 3-28　启动或停止监听服务

下面就来学习如何在 DOS 环境下设置启动和停止监听服务。

（1）启动监听服务

在 Oracle 数据库中，控制监听服务的命令实际上只有一个，就是在安装目录 bin 文件夹中的 LSNRCTL. EXE。启动监听服务的命令如下。

```
LSNRCTL START 监听服务名
```

如果不指定启动监听服务名，则系统默认启动 LISTENER 监听服务。命令不区分大小写。

在 DOS 环境下，运行命令启动 LISTENER_ORCLTEST 监听服务，如图 3-29 所示。

（2）停止监听服务

停止监听服务的命令与启动监听服务的命令类似，具体命令如下。

```
LSNRCTL STOP 监听服务名
```

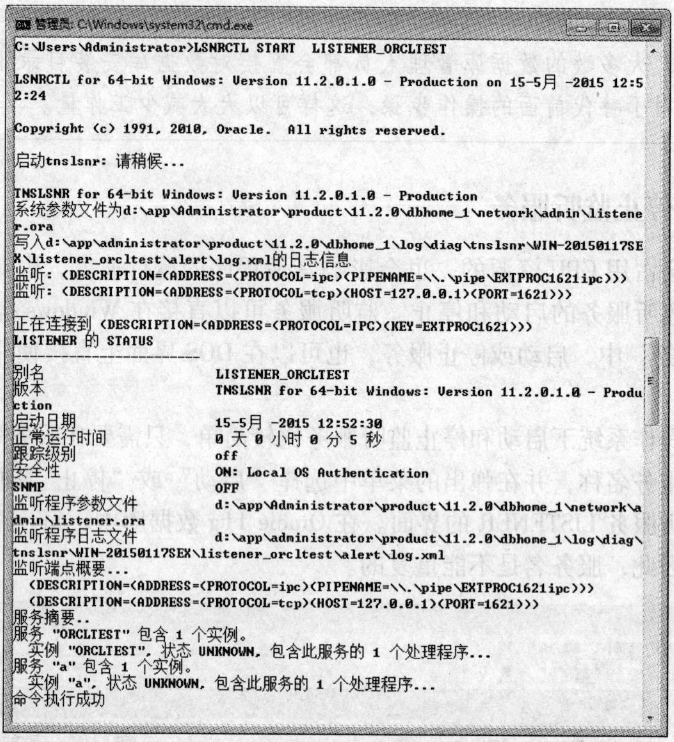

```
管理员: C:\Windows\system32\cmd.exe
C:\Users\Administrator>LSNRCTL START  LISTENER_ORCLTEST

LSNRCTL for 64-bit Windows: Version 11.2.0.1.0 - Production on 15-5月 -2015 12:5
2:24

Copyright (c) 1991, 2010, Oracle.  All rights reserved.

启动tnslsnr: 请稍候...

TNSLSNR for 64-bit Windows: Version 11.2.0.1.0 - Production
系统参数文件为d:\app\Administrator\product\11.2.0\dbhome_1\network\admin\listene
r.ora
写入d:\app\administrator\product\11.2.0\dbhome_1\log\diag\tnslsnr\WIN-20150117SE
X\listener_orcltest\alert\log.xml的日志信息
监听: (DESCRIPTION=(ADDRESS=(PROTOCOL=ipc)(PIPENAME=\\.\pipe\EXTPROC1621ipc)))
监听: (DESCRIPTION=(ADDRESS=(PROTOCOL=tcp)(HOST=127.0.0.1)(PORT=1621)))

正在连接到 (DESCRIPTION=(ADDRESS=(PROTOCOL=IPC)(KEY=EXTPROC1621)))
LISTENER 的 STATUS
------------------------
别名                      LISTENER_ORCLTEST
版本                      TNSLSNR for 64-bit Windows: Version 11.2.0.1.0 - Produ
ction
启动日期                  15-5月 -2015 12:52:30
正常运行时间              0 天 0 小时 0 分 5 秒
跟踪级别                  off
安全性                    ON: Local OS Authentication
SNMP                      OFF
监听程序参数文件          d:\app\Administrator\product\11.2.0\dbhome_1\network\a
dmin\listener.ora
监听程序日志文件          d:\app\administrator\product\11.2.0\dbhome_1\log\diag\
tnslsnr\WIN-20150117SEX\listener_orcltest\alert\log.xml
监听端点概要...
  (DESCRIPTION=(ADDRESS=(PROTOCOL=ipc)(PIPENAME=\\.\pipe\EXTPROC1621ipc)))
  (DESCRIPTION=(ADDRESS=(PROTOCOL=tcp)(HOST=127.0.0.1)(PORT=1621)))
服务摘要..
服务 "ORCLTEST" 包含 1 个实例。
  实例 "ORCLTEST", 状态 UNKNOWN, 包含此服务的 1 个处理程序...
服务 "a" 包含 1 个实例。
  实例 "a", 状态 UNKNOWN, 包含此服务的 1 个处理程序...
命令执行成功
```

图 3-29　启动 LISTENER_ORCLTEST 监听服务

执行效果如图 3-30 所示。

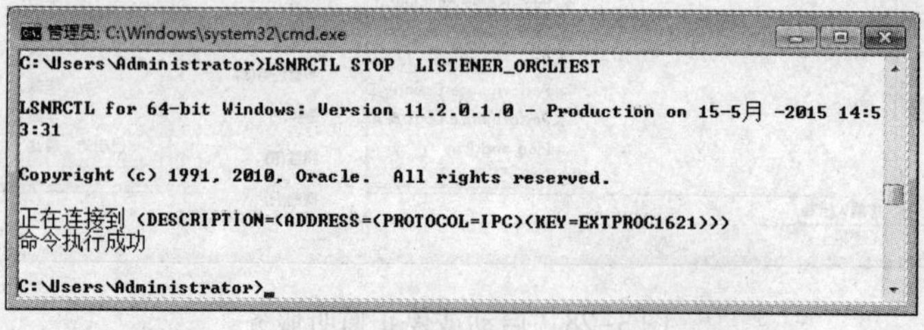

```
管理员: C:\Windows\system32\cmd.exe
C:\Users\Administrator>LSNRCTL STOP  LISTENER_ORCLTEST

LSNRCTL for 64-bit Windows: Version 11.2.0.1.0 - Production on 15-5月 -2015 14:5
3:31

Copyright (c) 1991, 2010, Oracle.  All rights reserved.

正在连接到 (DESCRIPTION=(ADDRESS=(PROTOCOL=IPC)(KEY=EXTPROC1621)))
命令执行成功

C:\Users\Administrator>_
```

图 3-30　停止 LISTENER_ORCLTEST 监听服务

除了启动或停止服务外，还可以使用命令来查看监听服务的状态，命令如下。

```
LSNRCTL STATUS 监听服务名
```

📖 说明：如果需要查看 LSNRCTL 命令的全部功能，可以使用 LSNRCTL　HELP 命令来查看。

3.2.3　配置网络服务名

在实际的软件开发中，并不需要每一个客户端都安装 Oracle 数据库的服务端和客户端，而只需要一个专门的服务器来安装 Oracle 服务端，然后，每一个客户端只需要安装 Oracle 客户端即可。这样既可以保证在开发过程中数据库的共享性也可以方便开发人员开发。每一个 Oracle 客户端使用网络服务名来访问 Oracle 数据库的服务端。配置网络服务名与配置监听程序一样，也可以使用 Oracle 自带的 Net Configuration Assistant 来创建配置。具体操作可以分为如下几个步骤。

(1) 打开 Net Configuration Assistant

依次选择“开始”→“所有程序”→Oracle - OraDB11g_home1→“配置和移植工具”选项，然后单击“Net Configuration Assistant”选项，打开如图 3-31 所示界面。

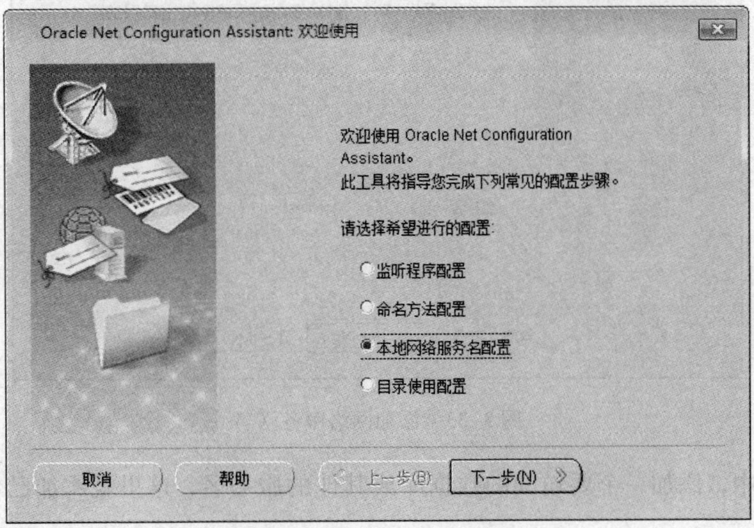

图 3-31 启动 Net Configuration Assistant

在该界面中，选中“本地网络服务名配置”单选按钮。

(2) 选择网络服务名的操作

单击“下一步”按钮，进入图 3-32 所示界面。

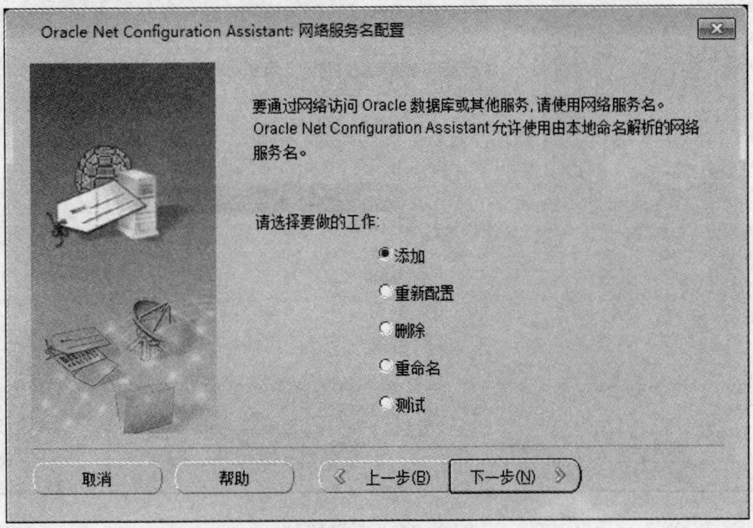

图 3-32 选择网络服务名配置操作

这里，由于是第一次配置网络服务名，因此，这里选中“添加”单选按钮。

(3) 添加要连接的数据库名或服务名

单击“下一步”按钮，进入图3-33所示界面。

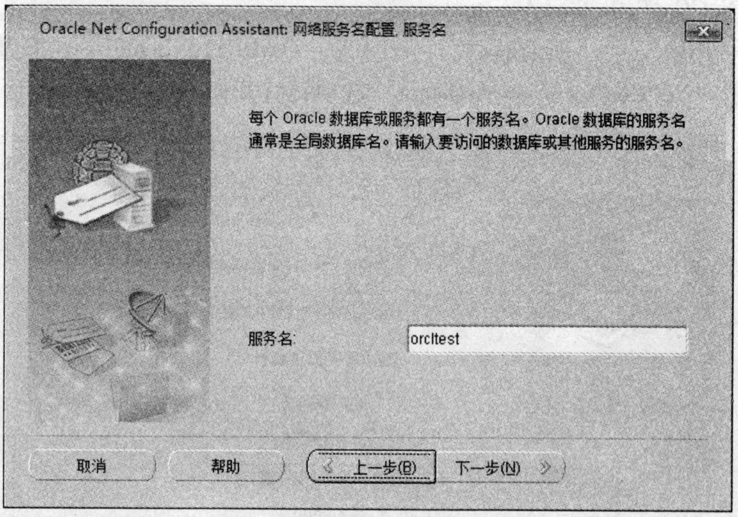

图3-33　添加网络服务网名

在该界面中，添加一个要访问的数据库或其他的服务名，这里就添加已创建的数据库orcltest。

(4) 选择协议

单击“下一步”按钮，进入图3-34所示的选择协议界面。

在该界面中，选择“TCP”选项来访问Oracle服务器。

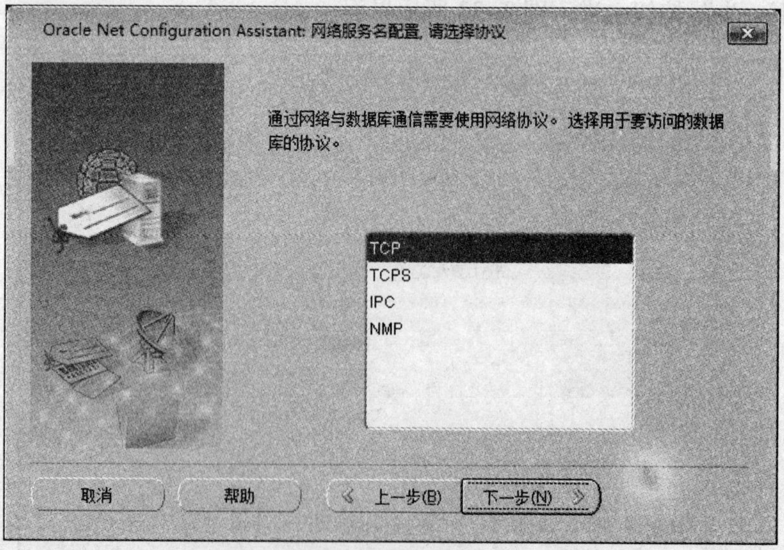

图3-34　选择协议

(5) 输入主机名和端口号

单击“下一步”按钮，进入图3-35所示界面。

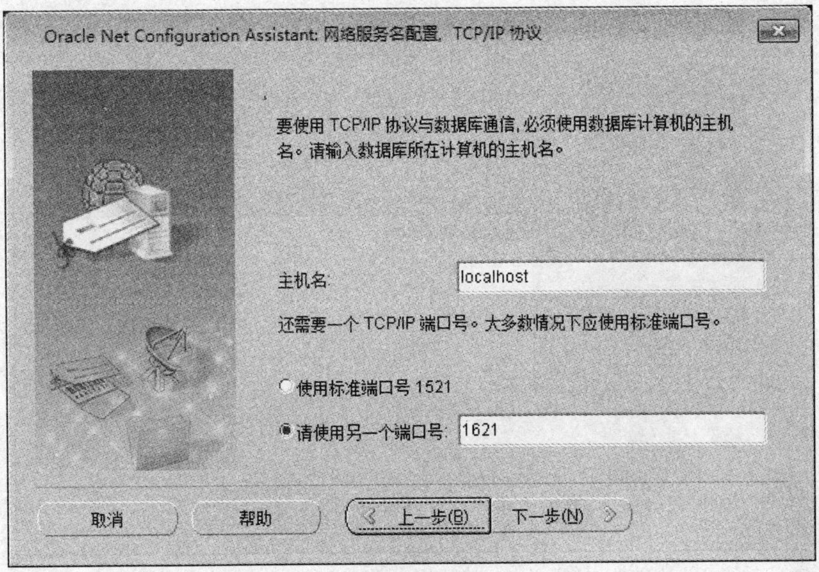

图 3-35　添加主机名和端口号

在该界面中，主机名可以添加 Oracle 服务器所在的计算机的名称或者是 IP 地址，这里由于使用的是本地计算机，因此，直接使用 localhost 即可。端口号就是创建数据库时使用的端口号，由于在创建 orcltest 数据库时使用端口号是 1621，所以这里输入“1621”。

（6）测试网络服务名

单击“下一步”按钮，进入图 3-36 所示界面。

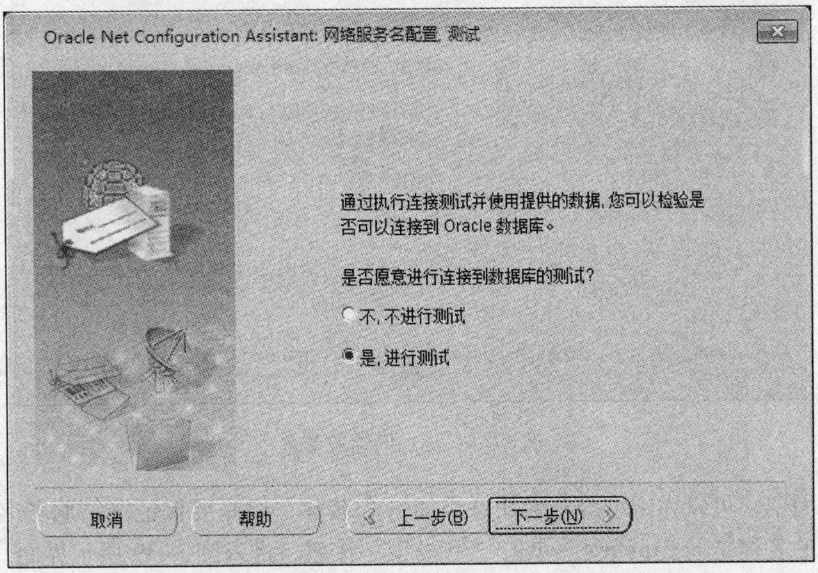

图 3-36　是否测试数据库连接提示界面

在该界面中，可以选择是否对使用网络服务名连接数据库进行测试，这里，选择“是，进行测试”单选按钮。单击“下一步”按钮，出现测试成功界面，如图 3-37 所示。

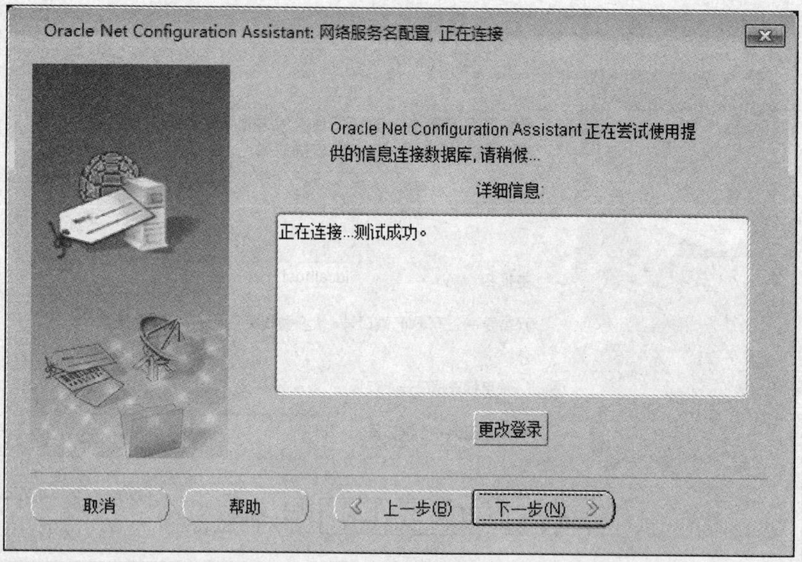

图 3-37　测试成功

（7）填写网络服务名

单击“下一步”按钮，进入图 3-38 所示界面。

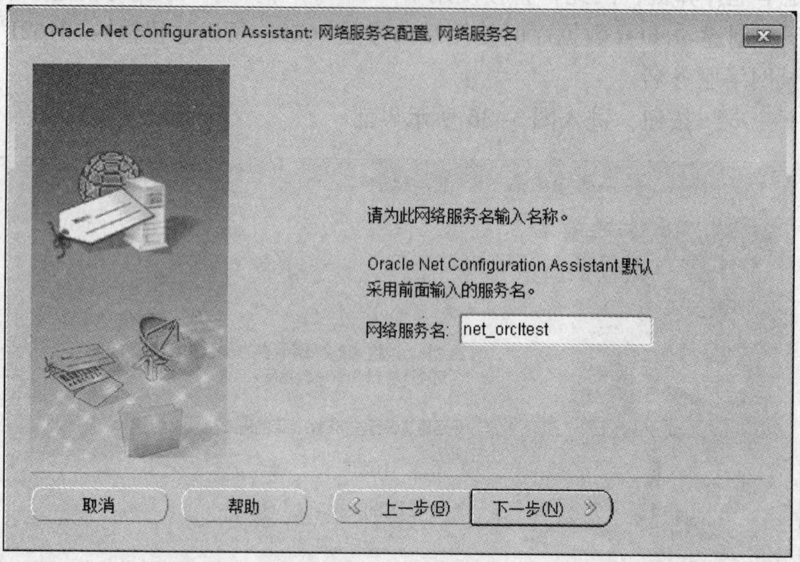

图 3-38　添加网络服务名

在该界面中，可以为网络服务名任意添加一个名称，但是要保证网络服务名是唯一的，这里，添加的名称是 net_orcltest。单击“下一步”按钮，进入图 3-39 所示界面。

在该界面中，选择“否”单选按钮，这样就完成了网络服务名配置。Oracle 会自动将配置信息写到 Oracle 安装目录下的 tnsnames. ora 文件中。因此，如果需要配置和修改网络服务名时，则可以直接更改该配置文件。

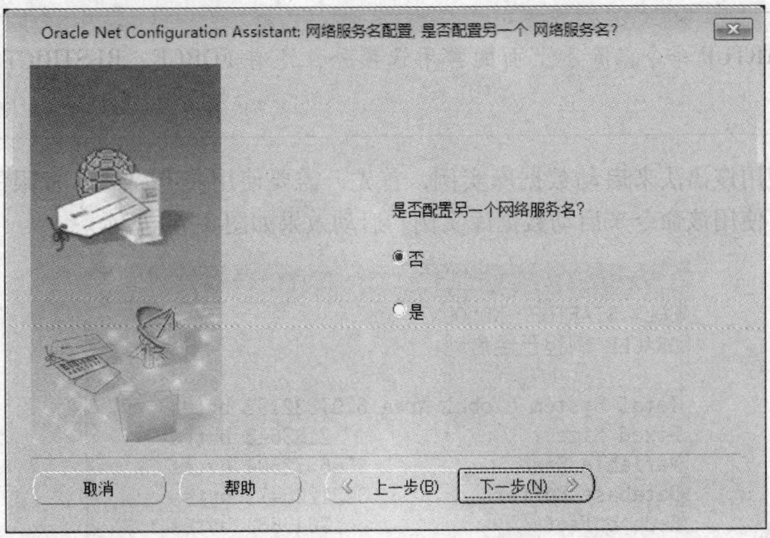

图 3-39　是否配置另一个网络服务名提示

3.3　管理数据库服务

在创建好数据库后，Oracle 也会为其自动生成一个数据库服务，是否使用该数据库都取决于该数据库的服务状态。在本节中将讲述如何启动和停止数据库服务和数据库实例，以及如何更改数据库的启动的模式。

3.3.1　启动和停止数据库

在 Oracle 中可以创建很多的数据库，但是在实际应用中并不会一次使用这么多数据库，因此，这就需要停止不使用的数据库服务，并启动要使用的数据库。

1. 启动数据库服务和数据库实例

创建好数据库后，在 Windows 操作系统中的服务中都会新增一个服务，并且默认都是自动启动。如果停止了数据库服务后，可以选择直接在 Windows 操作系统的服务中启动，也可以在 DOS 界面通过命令的方式启动。在 Windows 操作系统中启动数据库服务与前面提到的启动数据库监听服务是类似的，启动服务的命令是“net start 服务名”。

使用命令启动数据库实例，可以在 Oracle 自带的工具 SQL Plus 中启动。具体的命令如下所示。

```
STARTUP [NOMOUNT|MOUNT|OPEN]
```

其中：

- NOMOUNT：只启动数据库实例。
- MOUNT：启动实例并加载数据文件。
- OPEN：默认的数据库启动方式。在启动实例时，加载数据文件并打开。在该方式下也提供了两个选项，一个是 OPEN READ ONLY（使用只读模式打开数据库），另一个是 OPEN READ WRITE（使用读写模式打开数据库）。

📖 说明：STARTUP 命令，除了上面的常用选项外，还有 FORCE、RESTRICT、PFILE 等选项供参考。

现在就使用该语法来启动数据库实例，首先，需要使用具有 sysdba 权限的用户连接数据库，然后再使用该命令来启动数据库实例。启动效果如图 3-40 所示。

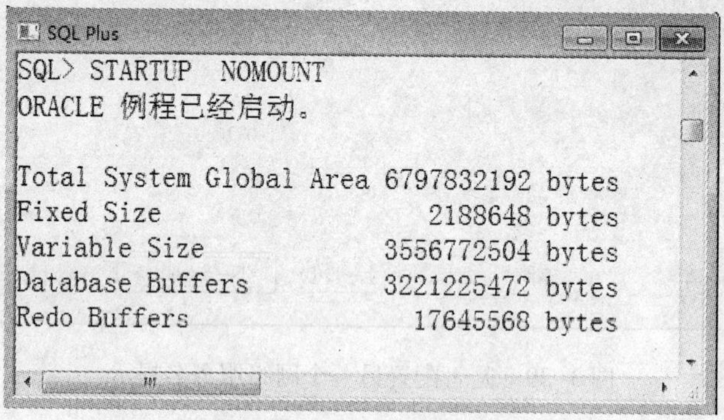

图 3-40　启动数据库服务

如果登录数据库后，数据库的服务已经处于启动状态时，则会出现该数据库已经启动的提示。

2. 停止数据库服务和数据库实例

数据库启动后，可以通过 Windows 操作系统里的“服务”来停止数据库服务，也可以直接在 DOS 界面使用命令来停止数据库服务。停止数据库服务的命令是“net stop 服务名”。下面重点学习如何使用命令来停止数据库实例，具体命令如下所示。

```
SHUTDOWN [IMMEDIATE | NOMAL |TRANSACTIONAL | ABORT]
```

其中：

- IMMEDIATE：立即关闭数据库，将所有的事务回滚。
- NOMAL：默认选项。选择该选项则停止数据库服务。不允许再创建数据库连接，当用户断开连接后，数据库就会自动关闭。
- TRANSACTIONAL：以事务的方式来关闭数据库。等待用户的事务完全执行完成后再关闭数据库服务。
- ABORT：中止所有正在执行的事务，立即停止数据库服务。这个选项是最快停止数据库服务的方式，但是再次启动该数据库服务时就会用比较多的时间。

使用 SYSDBA 权限的用户登录到 SQL Plus 中，然后使用命令停止数据库实例，效果如图 3-41 所示。

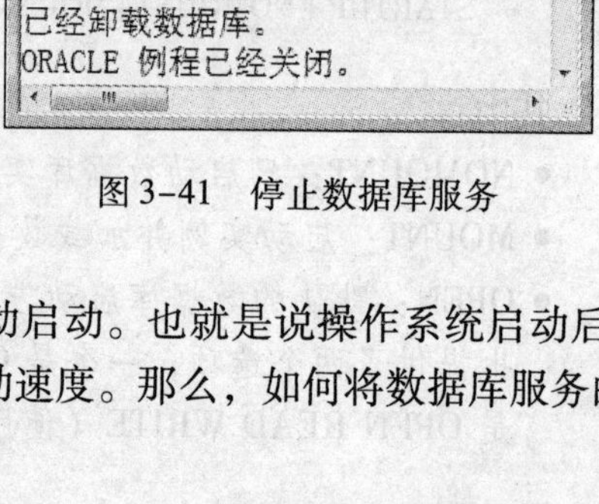

图 3-41　停止数据库服务

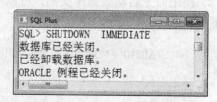

3.3.2　更改数据库的启动类型

数据库在创建完成后，数据库服务的启动方式是自动启动。也就是说操作系统启动后，就会启动该数据库服务，这样就会大大降低计算机的启动速度。那么，如何将数据库服务的启动方式从自动启动更改成手动启动呢？很简单，只需要在 Windows 操作系统中的“服务”里操作即可。具体操作步骤如下。

（1）打开查看服务界面

在 Windows 操作系统的控制面板中，找到“服务”选项，界面如图 3-42 所示。

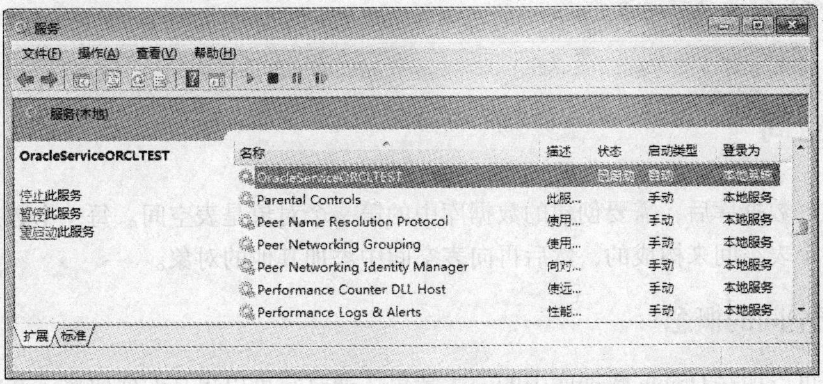

图 3-42　服务界面

在该界面中，就可以看到第一个选中的数据库服务“OracleServiceORCLTEST”的“启动类型”是“自动”。

（2）查看数据库服务的属性

在服务界面中，右击“OracleServiceORCLTEST”服务，在弹出的快捷菜单中选择“属性”选项，出现图 3-43 所示界面。

在该界面中，可以查看到该服务的类型以及服务的状态，因此，可以直接在这里更改启动类型和更改服务的状态。

（3）更改服务的启动类型

将“启动类型”从“自动”更改为“手动”即可，效果如图 3-44 所示。

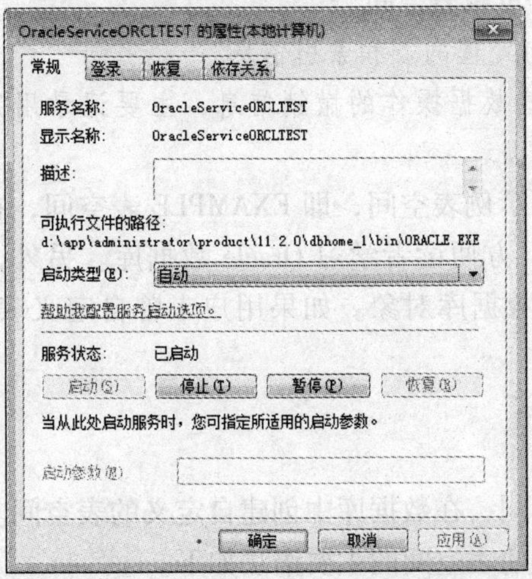

图 3-43　OracleServiceORCLTEST 的属性

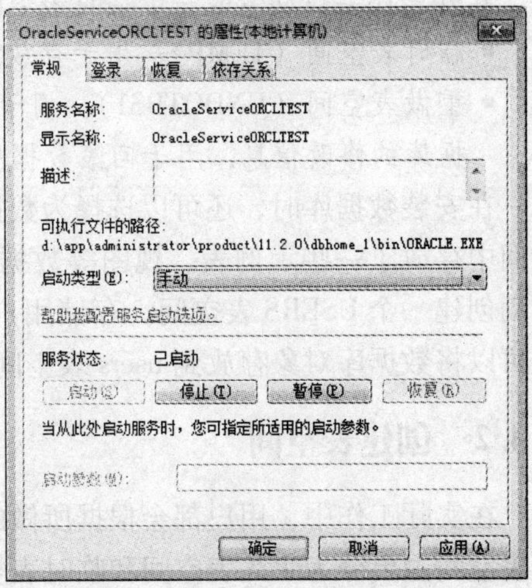

图 3-44　更改数据库服务的启动类型

单击“确定”按钮，即可完成数据库服务启动类型的更改。

> 📖 提示：数据库服务的“启动类型”不仅有“自动”和“手动”两种方式，还有“禁用”“自动”（延迟启动）方式。另外，在 Windows 操作系统中，如果要查看服务，也可以直接单击“开始”菜单后，选中“开始搜索”选项，在文本框中输入 services. msc，然后按〈Enter〉键来查看服务。

3.4 表空间

在创建好数据库后，需要创建的数据库中的第一个对象是表空间。每一个数据库中都是由一个或多个表空间来构成的，然后再向表空间中添加其他的对象。

3.4.1 表空间的概念

表空间可以说是 Oracle 数据库中的一大特色，通过它可以提高 I/O 效率，并能根据需要选择备份不同的表空间。数据库可以看成是一栋房子，但是每栋房子中会有不同的房间，在每一个房间中可以根据需要存放不同的东西，这样就能够方便数据的存取。在 Oracle 数据库中所创建的表空间实际上是由多个逻辑区域构成的，也就是把数据库分成了不同的区域，每个表空间中都存放多个数据文件，也就是在每个区域中存放不同的数据文件。

在 Oracle 数据库中，表空间由系统表空间和非系统表空间组成。通常在安装完数据库后，就会自带如下两个系统表空间。

- SYSTEM：用于存放数据库中系统表和数据字典数据以及数据库中其他对象的定义，由于 SYSTEM 是系统默认的表空间，因此，该表空间不能重命名或者删除。
- SYSAUX：用于存放数据库组件的数据和特征等信息，辅助 SYSTEM 表空间来存储信息，这样就可以减少 SYSTEM 表空间存储的空间。

此外，还会自动生成一个临时表空间和一个重做表空间。

- 临时表空间（TEMP）：用于存放 SQL 语句处理的表和索引信息。
- 重做表空间（UNDOTBS1）：用于存放一些数据操作的撤销信息，主要记录用户对数据库的修改信息，用于回滚数据库中的数据。

在安装数据库时，还可以选择为数据库安装示例表空间，即 EXAMPLE 表空间，在该表空间中存放了一些示例表、视图等数据库对象，方便读者学习 Oracle 数据库。另外，还会自动创建一个 USERS 表空间，存储用户创建的数据库对象。如果用户未曾自定义表空间，则可以将数据库对象存放到 users 表空间中。

3.4.2 创建表空间

在实际工作中，用户都会根据所做的项目不同，在数据库中创建自定义的表空间。自定义表空间主要分为永久表空间和临时表空间。创建表空间的主要语法如下。

```
CREATE [TEMPORARY] TABLESPACE tablespace_name
    TEMPFILE |DATAFILE 'xx. dbf' SIZE integer[K|M]
```

```
[AUTOEXTEND [OFF|ON[NEXT integer[K|M] | MAXSIZE [UNLIMITED|integer[K|M]]
|MINMUN EXTENT integer[K|M]]]]
[ONLINE|OFFLINE]
```

其中：

- [TEMPORARY]：用于创建临时表空间，否则创建的就是永久表空间。
- tablespace_name：表空间的名称。表空间的名称最好具有实际意义，并且名称不能超过 30 个字符，且必须以字母开头。
- TEMPFILE | DATAFILE：创建表空间中的临时文件或数据文件。如果创建的是临时表空间，则使用 TEMPFILE 子句来创建临时文件；如果创建的是永久表空间，则使用 DATAFILE 子句来创建数据文件。无论是临时表空间还是永久表空间，文件的扩展名都是“dbf”。文件的大小都是千字节（KB）或兆字节（MB）为单位的。
- AUTOEXTEND OFF：不允许自动扩展数据文件大小。
- AUTOEXTEND ON：允许扩展数据文件的大小。如果在后面加上了 NEXT 子句，则可以在数据文件不够大时，系统按需要分配给数据文件空间大小；如果在后面加上了 MAXSIZE 子句，就是设置数据文件最大值，其中选择 UNLIMITED，是不限制文件的最大值，也可以选择给定具体的数据文件最大值，但是这个最大值不能比数据文件本身的大小还小；如果在后面加上了 MINMUM EXTENT 子句，就是指定数据文件的最小长度，默认是系统自动确定的，这个选项用户一般不需要使用。需要注意的是，在 AUTOEXTEND ON 子句后面可以加多个子句。
- ONLINE | OFFLINE：选择 ONLINE 时，表空间创建完成后可以直接使用；选择 OFFLINE 时，表空间创建完成后则暂时不能使用，只有将表空间状态更改成 ONLINE 状态时才能使用。默认情况下，创建完的表空间就是 ONLINE 状态。

【例 3-1】 创建一个名为 tablespace_test 的表空间，并且不允许自动扩展数据文件的大小。

根据题目要求，创建表空间的命令和执行效果如图 3-45 所示。

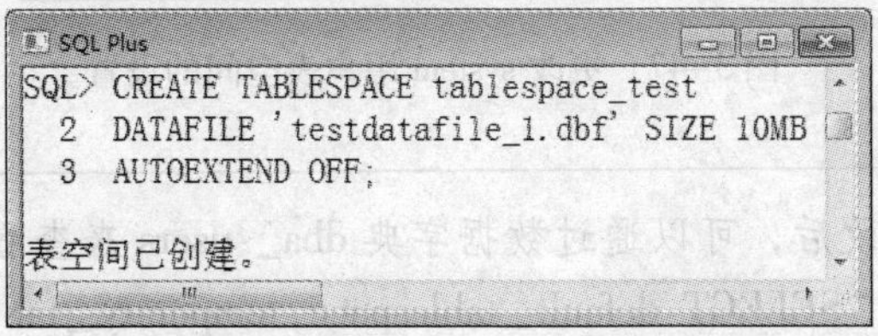

```
SQL> CREATE TABLESPACE tablespace_test
  2  DATAFILE 'testdatafile_1.dbf' SIZE 10MB
  3  AUTOEXTEND OFF;

表空间已创建。
```

图 3-45　创建 tablespace_test 表空间

【例 3-2】 创建临时表空间 tablespace_ temp，并且不允许自动扩展数据文件的大小。

根据题目要求，以及例 3-1 中创建的语句，创建临时表空间的命令和执行效果如图 3-46 所示。

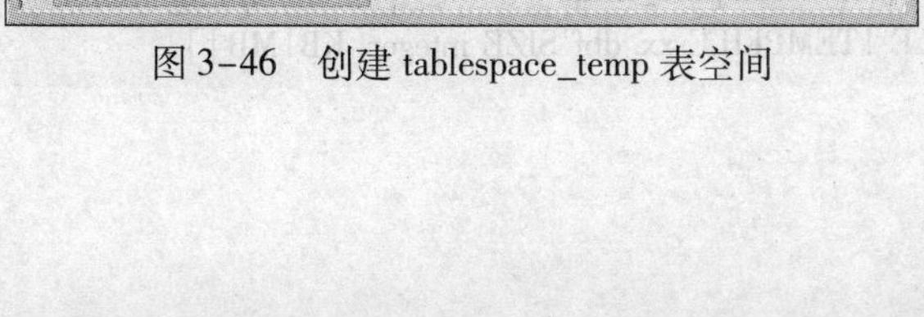

```
SQL> CREATE TEMPORARY TABLESPACE tablespace_temp
  2  TEMPFILE 'testtemp_1.dbf' SIZE 10MB
  3  AUTOEXTEND OFF;

表空间已创建。
```

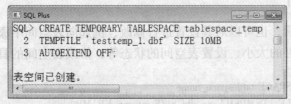

图 3-46　创建 tablespace_temp 表空间

3.4.3 设置默认表空间与临时表空间

Oracle 数据库默认情况下，已经为用户指定了相应的默认表空间和临时表空间，比如，system 用户的默认表空间是 SYSTEM，临时表空间是 TEMP。因此，如果不更改默认的设置，使用 system 用户登录后，所创建的数据库对象都会保存在默认表空间 SYSTEM 中，需要备份表空间时只需要备份该表空间即可。

但是，在开发软件时，都希望使用自己定义的表空间来存放数据库对象。那么，如何设置一个用户的默认表空间和临时表空间呢？很简单，只需要使用下面的语句就可以更改用户的表空间设置。具体的语句如下所示。

```
ALTER USER username
DEFAULT|TEMPORARY TABLESPACEtablespace_name;
```

其中，DEFAULT 关键字代表的是默认表空间，默认表空间必须是永久表空间；TEMPORARY 关键字代表的是临时表空间。

【例 3-3】将 system 用户的默认表空间更改成 tablespace_test，并将其临时表空间更改成 tablespace_temp。

根据题目要求，更改默认表空间和临时表空间的语句和执行效果如图 3-47 所示。

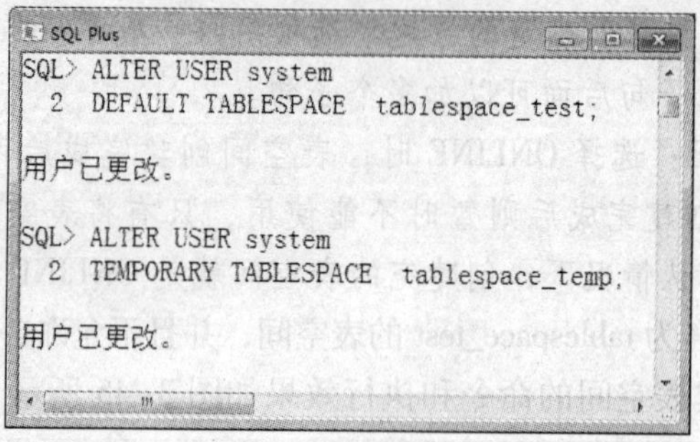

图 3-47 更改 system 用户表空间的设置

提示：完成表空间更改后，可以通过数据字典 dba_ users 来查看。查询默认表空间和临时表空间的语句为“SELECT default_tablespace, temporary_tablespace FROM dba_users WHERE username ='SYSTEM'”，有兴趣的读者可以执行这个语句来验证更改后的效果。这部分的内容，还会在本书的第 12 章的用户部分详细讲解。

3.4.4 修改表空间

表空间创建完成后，也可以对其设置进行修改，例如向表空间中添加数据文件、添加临时文件、修改数据文件的大小、设置表空间的状态等。修改表空间的具体语法如下所示。

```
ALTER TABLESPACE tablespace_name
[ADD DATAFILE |TEMPFILE xx. dbf'SIZE integer[KB|MB]]
```

```
        [DROP DATAFILE | TEMPFILE file_name]
    [RENAME oldname TO newname]
      [AUTOEXTEND [OFF|ON  [NEXT integer[KB|MB] | MAXSIZE [UNLIMITED|integer[KB|
MB]]
        |MINMUN EXTENT integer[KB|MB]]]]
        [ONLINE|OFFLINE]
```

上面的语句形式与创建表空间的语法形式类似，对相同的地方这里就不再赘述了。这里只说明一些不同之处。

- 将创建表空间中使用的 CREATE 关键字换成了 ALTER 关键字。
- ADD 子句：用于添加数据文件。
- DROP 子句：用于删除数据文件，但是不能删除表空间中第一个数据文件。
- RENAME 子句：用于重命名表空间。

下面就使用如下 3 个示例来说明如何修改表空间。

【例 3-4】 在表空间 tablespace_test 中添加一个名为 test_datafile1 的数据文件。

根据题目要求，具体的语句和执行效果如图 3-48 所示。

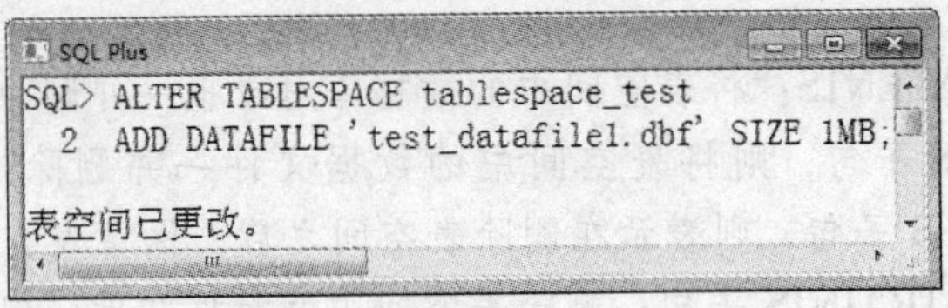

图 3-48　为表空间添加数据文件

【例 3-5】 移除 tablespace_test 表空间中的数据文件 test_datafile1，并且将该表空间的状态设置成 OFFLINE。

根据题目要求，要对表空间进行两处修改操作，并且这两处操作不能同时进行，因此要分成如下两条语句来执行，一条语句用于删除表空间的文件，一条语句用于修改表空间的状态，效果如图 3-49 所示。

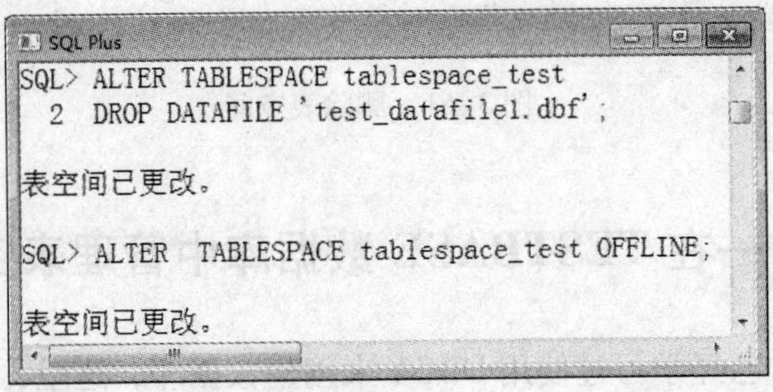

图 3-49　修改表空间中的文件和状态

【例 3-6】 将 tablespace_test 表空间重命名成 new_tablespace。

根据题目要求，具体的语句和执行效果如图 3-50 所示。

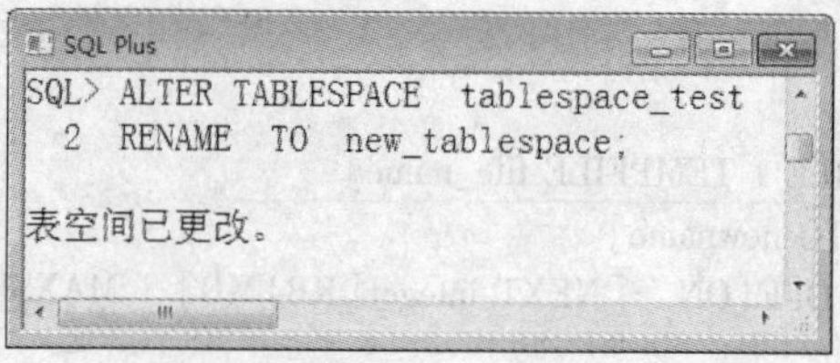

图 3-50　重命名表空间

3.4.5　删除表空间

如果数据库中的某个表空间不再使用了，也可以将表空间删除，但是，需要注意的是删除后的表空间是不能够恢复的。因此，删除前，最好先对表空间中的内容做一个备份或者是不直接删除表空间而是将表空间的状态暂时先修改为 OFFLINE 状态。

删除表空间的具体语法如下所示。

```
DROP TABLESPACE tablespace_name
[INCLUDING CONTENTS[{AND|KEEP} DATAFILES]]
[CASCADE CONSTRAINTS]
```

其中：

- INCLUDING CONTENTS：将表空间中的数据库对象也一并删除；如果在其后面加上了 AND DATAFILES 子句，则将表空间中的数据文件一并删除；如果在其后面加上了 KEEP DATAFILES 子句，则表示在删除表空间之后，保留表空间中的数据文件。
- CASCADE CONSTRAINTS 子句：删除表空间中的数据文件，但是只能删除表空间中最新创建的数据文件。

【例 3-7】删除表空间 tablespace_test，且将其中的数据文件一并删除。

根据题目要求，具体语句和执行效果如图 3-51 所示。

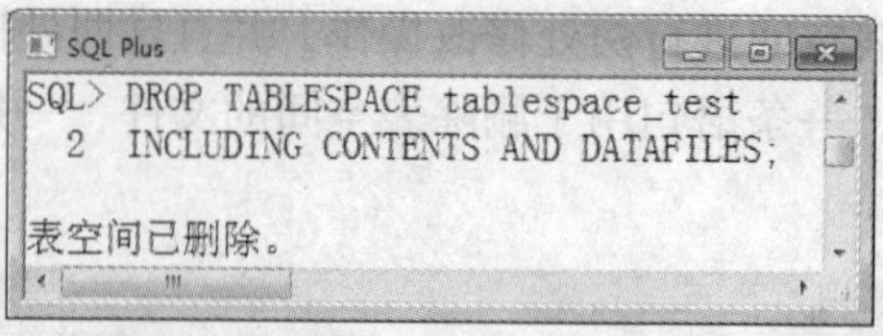

图 3-51　删除表空间

3.5　实例演练——在 TESTBASE 数据库中管理表空间

在前面的内容中，已经学习过使用 DBCA 来创建数据库，这里，首先要使用该工具创建一个数据库 TESTBASE。具体的创建步骤这里就不再演示了，参考 3.1.1 节即可。

1. 任务要求

完成了 TESTBASE 数据库创建后，要在该数据库中对表空间做如下操作。

1）创建一个名为 TS_TESTBASE 的表空间，数据文件大小为 5 MB，并且设置数据文件的最大值为 10 MB。

2）为 TS_TESTBASE 表空间添加一个数据文件 TS_DATAFILE1。

3）将表空间的状态设置成脱机状态。

4）将数据文件 TS_DATAFILE1 移除。

5）将表空间重命名为 NEW_TESTBASE。

6）删除表空间并将数据文件也一并删除。

2. 操作步骤

1）创建表空间就使用 CREATE TABLESPACE 语句即可，具体语句和执行效果如图 3-52所示。

```
SQL> CREATE TABLESPACE TS_TESTBASE
  2  DATAFILE 'TS_DATAFILE.dbf' SIZE 5MB
  3  AUTOEXTEND  ON  MAXSIZE 10MB;

表空间已创建。
```

图 3-52　创建表空间 TS_TESTBASE

2）在表空间中添加数据文件使用 ALTER TABLESPACE 语句即可，具体语句和执行效果如图 3-53 所示。

3）将表设置成脱机状态使用的也是 ALTER TABLESPACE 语句完成的，具体语句和执行效果如图 3-54 所示。

```
SQL> ALTER TABLESPACE TS_TESTBASE
  2  ADD DATAFILE 'TS_DATAFILE1.dbf' SIZE 2MB;

表空间已更改。
```

图 3-53　向表空间中添加数据文件

```
SQL> ALTER TABLESPACE TS_TESTBASE OFFLINE;

表空间已更改。
```

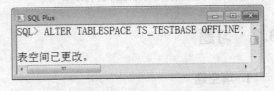

图 3-54　设置表空间为脱机状态

4）移除表空间中的数据文件，仍然使用的是 ALTER TABLESPACE 语句，但是在第 3）步操作中，已经将表空间设置成了脱机状态，因此就不能直接移除数据文件了。所以，需要在移除表空间的数据文件之前，先将表设置成联机状态，具体语句和执行效果如图 3-55 所示。

```
SQL> ALTER TABLESPACE TS_TESTBASE ONLINE;

表空间已更改。

SQL> ALTER TABLESPACE TS_TESTBASE
  2  DROP  DATAFILE 'TS_DATAFILE1.dbf';
表空间已更改。
```

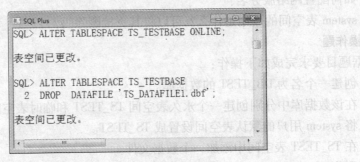

图 3-55　移除表空间中的数据文件

5）重命名表空间 TS_TESTBASE 的具体语句和执行效果如图 3-56 所示。

```
ALTER TABLESPACE TS_TESTBASE
RENAME  TO  NEW_TESTBASE;
```

6）根据题目要求，删除表空间 NEW_TESTBASE 的语句和执行效果如图 3-57 所示。

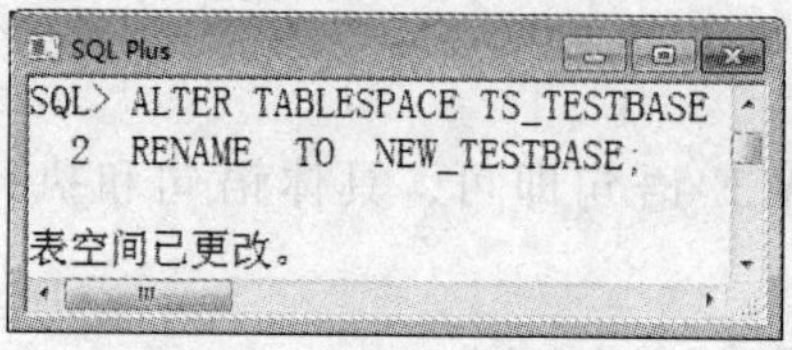

图 3-56　重命名表空间

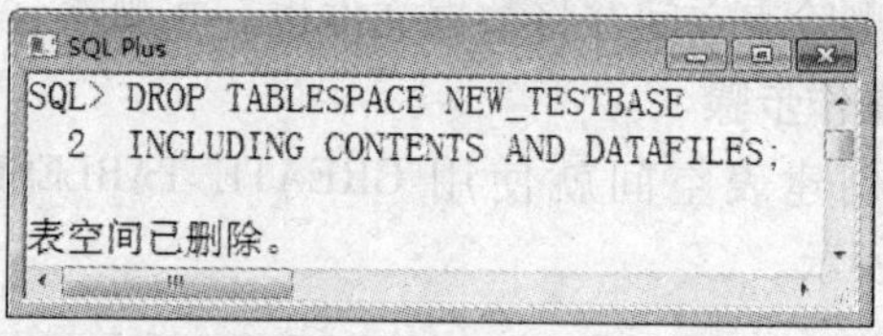

图 3-57　删除表空间及其数据文件

至此，就完成了该演练中的全部操作。

3.6　本章小结

通过本章的学习读者能够掌握使用 Oracle 自带的工具 DBCA 来创建数据库和管理数据库，掌握使用自带的 Net Configuration Assistant 工具和 Net Manager 工具进行监听程序和监听服务的配置，以及掌握通过自带的 Net Configuration Assistant 工具来配置网络服务名用以访问其他计算机上的 Oracle 数据库的服务器。此外，还应该掌握在数据库中创建和管理表空间以及操作表空间中的数据文件的语句。

3.7　习题

1. 填空题

1）Oracle 数据库的监听服务文件保存在________文件中。

2）Oracle 数据库的网络配置文件保存在________文件中。

3）一个表空间中至少有________个数据文件。

2. 简答题

1）如何开启和关闭数据库的服务？

2）如何配置网络服务名？

3）system 表空间的作用是什么？可以将其直接删除吗？

3. 操作题

根据题目要求完成如下操作：

1）创建一个名为 DB_TEST 的数据库。

2）在该数据库中分别创建一个永久表空间 TS_TEST 和临时表空间 TS_TEMP。

3）将 system 用户的默认表空间设置成 TS_TEST。

4）在 TS_TEST 表空间中添加一个数据文件。

5）删除 TS_TEST 和 TS_TEMP 表空间，并将其中的数据文件一并删除。

第4章 表 管 理

在 Oracle 数据库中，创建好表空间后，就可以向表空间中存放表了。在关系型数据库中，数据的存放都是以二维表的形式体现的。表设计的好坏都会直接影响到软件的开发过程，因此，表要根据软件的具体需求来设计。本章的学习目标如下。

- 了解 SQL 语句的分类。
- 掌握表中列的数据类型。
- 掌握创建表和管理表的语句。
- 掌握表中的约束管理。

4.1 SQL 语言分类

结构化查询语言（Structured Query Language，SQL）。SQL 语句结构化是指有固定格式的语句，它是在 1974 年由 Boyce 和 Chamberlin 在关系模型的基础上提出来的。国际标准化组织（International Organization for Standardization，ISO）在 1989 提出了 SQL89 标准，而后又分别在 1992 年和 1999 年提出了 SQL92 标准和 SQL99 标准。目前，Oracle 数据库中使用的标准就是 SQL99，但是也对一部分 SQL 语句进行了扩展。SQL 语句可以按照其功能划分成数据定义语言（Data Definition Language，DDL）、数据操纵语言（Data Manipulation Language，DML）、数据查询语言（Data Query Language，DQL）、事务控制语言（Transaction Control Language，TCL）以及数据控制语言（Data Control Language，DCL）。

（1）数据定义语言（DDL）

数据定义语言所完成的操作就是对数据库对象的创建、修改、删除的操作。所谓数据库对象就是指数据库中的表、视图、存储过程、触发器等。创建数据库对象使用 CREATE 语句，修改数据库对象使用 ALTER 语句，删除数据库对象使用 DROP 语句。

（2）数据操纵语言（DML）

数据操纵语言主要用于管理数据表中的数据。向表中添加数据使用 INSERT 语句，修改表中的数据使用 UPDATE 语句，删除表中的数据使用 DELETE 语句。

（3）数据查询语言（DQL）

数据查询语言用于查询数据库中的数据。在数据查询语言中只包括 SELECT 语句，但是 SELECT 语句的功能是非常强大的，可以根据不同的要求完成数据的查询操作。

（4）事务控制语言（TCL）

事务控制语言主要用于控制数据的一致性。在事务控制语言中，主要包括提交事务时使用的 COMMIT 语句、回滚事务时使用的 ROLLBACK 语句以及设置事务保存点的 SAVEPOINT 语句。

（5）数据控制语言（DCL）

数据控制语言用来控制用户访问数据库对象的安全性。在数据控制语言中，主要包括两条语句，一条是用于给用户授予权限的 GRANT 语句，另一条是用于收回用户权限的 REVOKE 语句。

📖 SQL 语言中的关键字是不区分大小写的。但是，在实际的编写中，通常都会将 SQL 语句中的关键字大写，以与其他非关键字加以区分。

4.2 数据类型

在 Oracle 数据库中的表中可以存放数字、字母、汉字以及图片等类型的数据。在将这些数据存放到表中之前，需要为这些数据根据其类型进行归类，这样才能够存放到数据表中。本节将介绍在 Oracle 11g 中所支持的数据类型。

4.2.1 数值型

数值型就是用来存放数字的数据类型，包括整数和小数。在 Oracle 11g 中常用的数值型有 NUMBER、FLOAT 以及 BINARY_FLOAT、BINARY_DOUBLE，具体的用法如表 4-1 所示。

表 4-1 数值型

数据类型	描述
NUMBER[(p[,s])]	用于存放固定长度的十进制的整数和小数。其中，p 代表的是精度（数字的总位数），取值范围是 1 到 38；s 代表的是小数的位数，范围是 -84 ~ 127。当 s>0 时，精确到小数点右边 s 位，当 s<0 时，精确到小数点左边 s 位，当 s=0 时，代表的是整数。该类型的返回值大小的是 1 ~ 22 字节。例如 NUMBER(7,3)代表的是数字的长度是 7，保留 3 位小数
FLOAT[(p)]	是 NUMBER 类型的子类型，只需要设置精度 p。FLOAT 类型的值实际上就是 NUMBER 类型的。p 的取值范围是从 1 到 126 的二进制数。如果想在 FLOAT 类型中存放一个十进制的数，FLOAT 类型将该十进制数乘以 0.30103 再存放。FLOAT 类型的返回值的大小是 1 ~ 22 字节
BINARY_FLOAT	存放 32 位浮点数。该类型的返回值大小是 4 字节
BINARY_DOUBLE	存放 64 位浮点数。该类型的返回值大小是 8 字节

📖 在实际应用中，使用最多的就是 NUMBER 类型。但是，一定要注意 NUMBER(p,s) 中 s 值的正负号。另外，在定义整数时可以将 s 省略，也就是直接写成 NUMBER(p)。

4.2.2 字符型

在数据库中，字符型的值是最多的，例如在商品信息表中，存放商品的名称、产地、类型等信息时，都需要字符型的值。在 Oracle 11g 中，常用的字符型主要有 VARCHAR2、NVARCHAR2、LONG、CHAR、NCHAR 类型，具体的用法如表 4-2 所示。

表 4-2 字符型

数据类型	描述
VARCHAR2(size)	用于存放可变长度的字符串，长度是 1 ~ 4000 字节

（续）

数据类型	描　述
NVARCHAR2(size)	用于存放可变长度的 Unicode 编码格式的字符串，也可以支持其他格式的编码，如 UTF8。但是，不论是存放的是哪种编码格式的字符串，最大长度也不能超过 4000 字节
LONG	用于存放可变长度的字符串，存放的字符串长度最大是 2 GB
CHAR(size)	用于存放固定长度的字符串，长度是 1 ~ 2000 字节
NCHAR(size)	用于存放固定长度的 Unicode 编码格式字符串，也可以支持其他类型的编码，与 NVARCHAR2 类似。存放的字符串长度是 1 ~ 2000 字节

📖 可变长度与固定长度数据类型的区别：如果定义一个 CHAR(10) 数据类型的列，向该列中存放值，如果字符串的长度小于 10，就直接在该字符串的左边用空格补齐，而用 VARCHAR2(10) 定义该列的数据类型后，当输入的字符串长度小于定义的长度大小时，就不会用空格补齐。因此，使用可变长度的字符类型能够减少数据的存放空间。

4.2.3 日期型

日期型数据也可以理解成是一种特殊的字符型数据，在网上购物系统中，购物的时间、商品的生产日期都需要用日期型来存放的。在 Oracle 11g 中，常用的日期类型有 DATE 和 TIMESTAMP 两种类型，具体用法如表 4-3 所示。

表 4-3　日期型

数据类型	描　述
DATE	用于存放日期和时间的数据，固定的长度是 7 个字节，可以表示从公元前 4712 年 1 月 1 日到公元 9999 年 12 月 31 日
TIMESTAMP(n)	用于存放日期时间的数据，其中的 n 代表的是秒的小数位数，取值范围是 0 ~ 9

📖 在实际应用中，如果不考虑秒的精度，都使用 DATE 类型来表示日期类型。也可以将日期类型直接用字符型来表示。

4.2.4 其他数据类型

除了上面介绍的几个基本类型外，在 Oracle 中还有一些其他的类型，例如当数据比较多时，使用 BLOB 或者 CLOB 类型存放，以及存二进制文件时，使用 BFILE 类型等。这些类型的具体用法如表 4-4 所示。

表 4-4　其他类型

数据类型	描　述
BLOB	用于存放二进制的且数据量大的对象，最大为 4 GB
CLOB	用于存放字符串的且数据量大的对象，最大为 4 GB

（续）

数据类型	描　述
BFILE	用于存放二进制文件，大小取决于操作系统
ROWID	用于标识行在表中的物理地址，在创建表时，Oracle 会自动为该表创建一个 ROWID 类型的列。通过该列可以快速检索表中的数据

4.3 创建表

表是数据库中重要的数据对象之一，对表的创建、修改以及删除的操作都是通过 SQL 语句中的 DDL 语句完成的。创建表使用的是 CREATE 语句。本节主要介绍创建表的基本语法形式以及如何根据要求创建数据表。

4.3.1 基本语法

Oracle 数据库中，创建的表是要存放到表空间中的，但是创建表的用户要有 CREATE TABLE 权限的，默认情况下可以使用管理员用户登录数据库创建，而对于其他用户的权限设置，可以参考本书的第 12 章内容。创建表的一般语法形式如下所示。

```
CREATE TABLE table_name
(
    column_name1    datatype default    defaultvalue ,
    column_name2    datatype,
    …
    [constraint]
)[TABLESPACE tablespace_name]
```

其中：

- table_name：表名。在一个数据库中，表的名字是唯一的。表名通常用英文或者拼音，最好有一些实际意义，这样能够增加表的可读性，不能直接使用数字命名。比如，创建一个学生表，可以将其表命名为 stuinfo 或 student。
- column_name1：列名。列名在一张表中也是唯一的，并且也要有一些实际意义，不能用数字命名。
- datatype：指定列的数据类型。列的数据类型就是 4.2 节中讲述的数据类型。但是需要注意的是在使用字符类型时，一定要根据这个列所需要的长度来定义，否则添加到该列的值超过定义的字符型的长度时就会出现错误。
- default：设置列的默认值。所谓默认值就是当列没有输入值时，使用默认值来填充。需要注意的是，为列设置的默认值的数据类型要与列的数据类型相匹配。
- constraint：约束。为表中的列设置约束，约束的作用就是保证表中列值的正确性，约束的相关内容可以参考 4.6 节中的内容。
- tablespace：表空间。用于指定表存放的表空间，如果不指定表空间，则将表直接存放到用户的默认表空间中。

4.3.2 使用语句创建表

有了创建表的语法，现在就可以使用上面学习过的语法来创建表了，下面分别使用例4-1和例4-2来演示如何在默认表空间和指定表空间中创建表。

【例4-1】 在system用户的默认表空间中创建物品评价信息表（productrating），表中的列信息，如表4-5所示。

表4-5 物品评价信息表（productrating）

序 号	列 名	数据类型	描
1	id	varchar2(20)	编号
2	proname	varchar2(20)	物品名称
3	rating	number	评分
4	contents	varchar2(800)	内容
5	ratingtime	date	评价时间
6	username	varchar2(20)	评价人

根据题目要求，创建表的语句和执行效果如图4-1所示。

【例4-2】 在system用户中的users表空间中创建物品评价信息表（productrating1），表中的列信息与表4-5相同。

根据题目要求，创建表的语句和执行效果如图4-2所示。

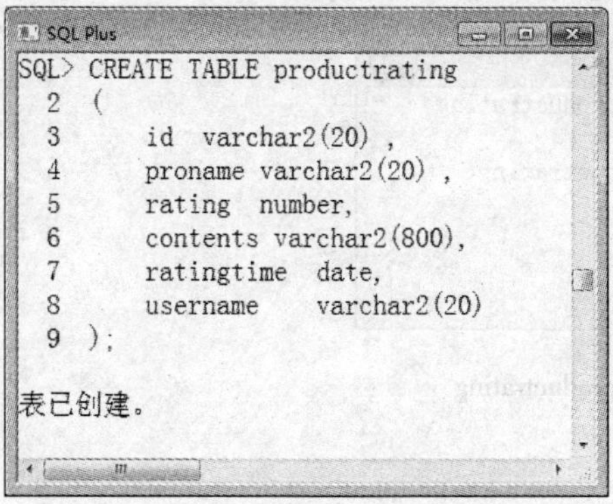

```
SQL> CREATE TABLE productrating
  2  (
  3       id  varchar2(20) ,
  4       proname varchar2(20) ,
  5       rating  number,
  6       contents varchar2(800),
  7       ratingtime  date,
  8       username    varchar2(20)
  9  );

表已创建。
```

图4-1 在默认表空间中创建表

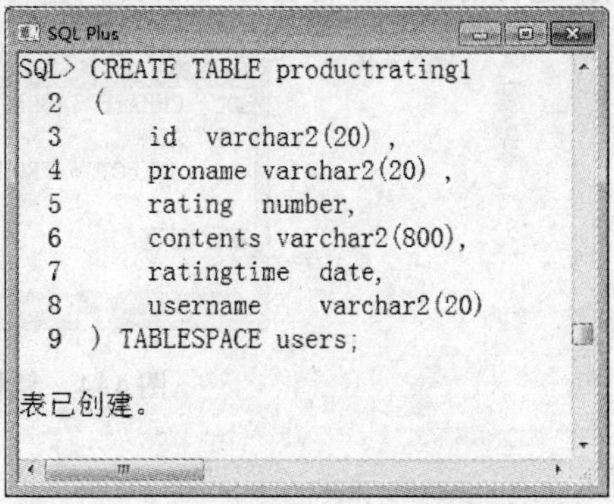

```
SQL> CREATE TABLE productrating1
  2  (
  3       id  varchar2(20) ,
  4       proname varchar2(20) ,
  5       rating  number,
  6       contents varchar2(800),
  7       ratingtime  date,
  8       username    varchar2(20)
  9  ) TABLESPACE users;

表已创建。
```

图4-2 将表创建到指定的表空间中

通过上面的语句就可以将表创建到users表空间中。查看users表空间中是否存在该表，在dba_tables数据字典视图中查询即可，语句和执行效果如图4-3所示。

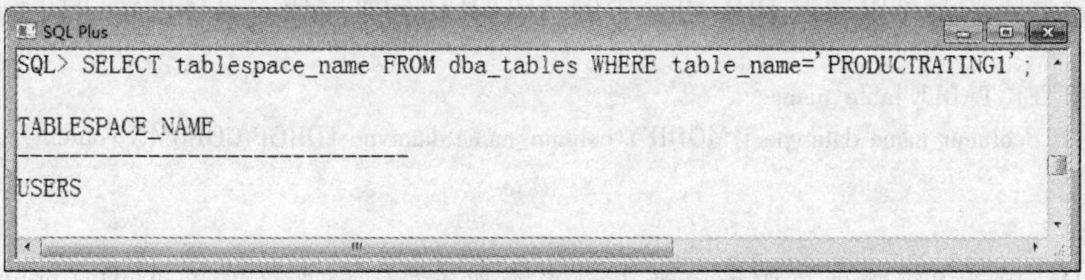

```
SQL> SELECT tablespace_name FROM dba_tables WHERE table_name='PRODUCTRATING1';

TABLESPACE_NAME
------------------------------
USERS
```

图4-3 查询PRODUCTRATING1表所在的表空间

这里，需要注意的是在 dba_tables 数据字典视图中存放的值都是大写的，因此，查询的表名也必须是大写才可以。

🕮 虽然是将表创建到同一个用户下的不同表空间中，但是表名也不能重复。另外，使用 dba_tables 数据字典视图查询表的信息时，必须是有管理员权限的用户登录后才可以查看。如果是普通用户登录，则只能通过 user_tables 数据字典视图来查看。

4.3.3 复制表

复制表的结构以及数据可以使用 CREATE TABLE 语句来完成。具体的语法形式如下所示。

```
CREATE TABLE table_name1
AS
SELECT column_name1,column_name2 | * FROM table_name2
```

这里，table_name1 是要创建的新表，table_name2 是原来的表。在 SELECT 语句后面列出的是要复制 table_name2 中的列名；如果在 SELECT 后面直接用“*”，就是复制表中的所有列。

【例 4-3】 复制表 productrating。

根据题目要求，复制表的执行效果如图 4-4 所示。

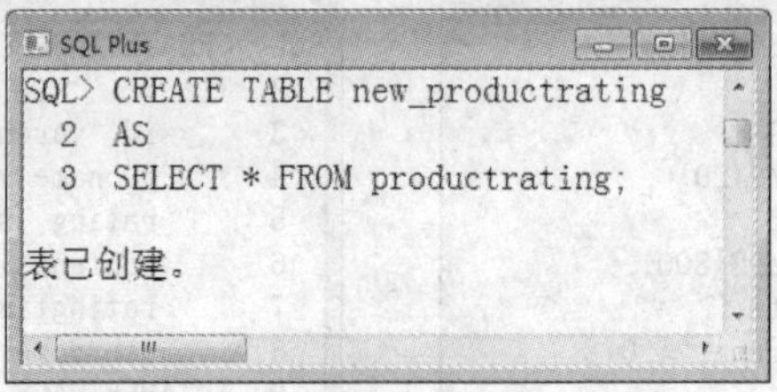

图 4-4 复制表 productrating

4.4 修改表

在表创建完成后，经常会遇到修改表结构的问题，比如，在创建表时没有考虑到实际数据的规模，需要更改列的数据类型；在创建表中时没有考虑到列名的实际意义，需要更改列的名字。这些需求都可以通过 DDL 语言中的 ALTER 语句来完成。具体的语法如下所示。

```
ALTER TABLE table_name
ADD column_name datatype | MODIFY column_name datatype |DROP COLUMN column_name
```

其中：

- ADD：向表中添加列。如果向表中一次添加多列，则可以使用 ADD（column1 datatype1，column2 datatype2，…）的形式来完成。

● MODIFY：用来修改表中已经存在的列信息。

● DROP COLUMN：删除表中的列。如果要一次删除表中的多列，则可以使用 DROP（column1，column2，…）的形式来完成。

📖 上面给出的修改表结构的语法，只是一种最基本的格式，在修改表中还可以为表设置约束以及默认值，在本节后面的内容中将涉及这些内容。

4.4.1　修改列

在表创建完成后，修改列的类型时可以包括两方面内容，一方面是修改列的类型长度，另一方面是更改列的类型。但是，在修改列的类型之前，必须要注意的就是在该列中是否已经存放了数据。如果存放了数据，在修改列的类型时，就不能随意地减少此列的长度，以及设置一些不能满足现有数据的数据类型。例如，如果要修改的列中还有一个字符型的值，就不能将该列的类型改成是数值型。另外，除了修改列时修改数据类型外，还可以为表中列添加默认值。

【例 4-4】将物品评价表（productrating）中的评价内容列（contents）的长度改为 100。

根据题目要求，修改列的语句和执行效果如图 4-5 所示。

通过修改 contents 列的长度，将其长度从 800 改成了 100。

【例 4-5】为物品评价信息表（productrating）中的评价日期（ratingdate）列添加一个默认值即当前时间（获取当前时间使用函数 sysdate）。

根据题目要求，为列设置默认值的语句及效果如图 4-6 所示。

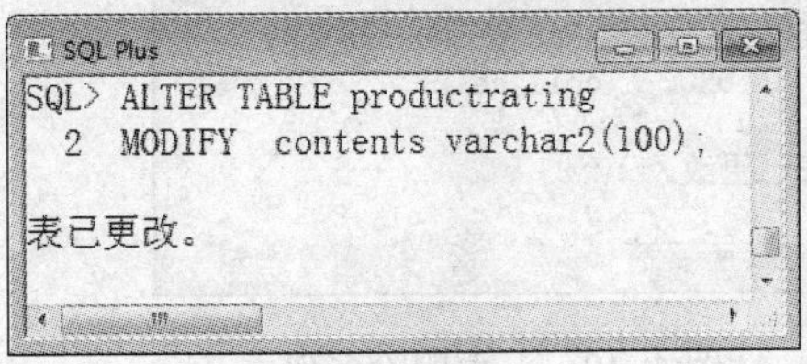

图 4-5　修改列的长度

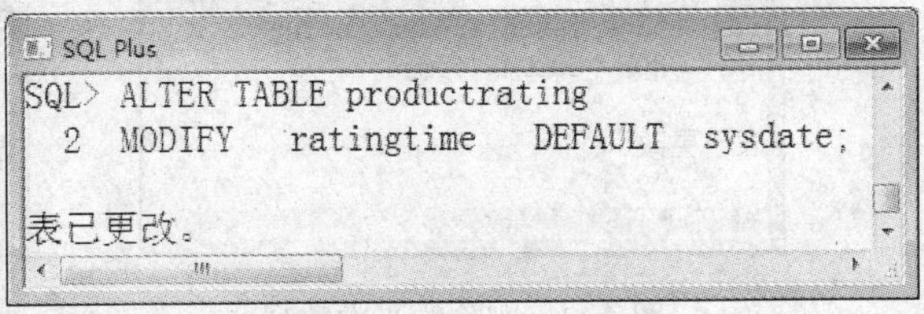

图 4-6　为列添加默认值

这样，在向该表添加数据时，如果没有给 ratingtime 列添加值，则系统会自动添加当前的日期。

4.4.2　添加列

向表中添加列时，可以一次添加一列，也可以一次添加多列，但是也要注意表中列名的唯一性。下面就用例 4-6 和例 4-7 来分别演示向表中添加一列和多列的操作。

【例 4-6】向物品评价表（productrating）添加一列“购买次数（times）”。

根据题目要求，语句及执行效果如图 4-7 所示。

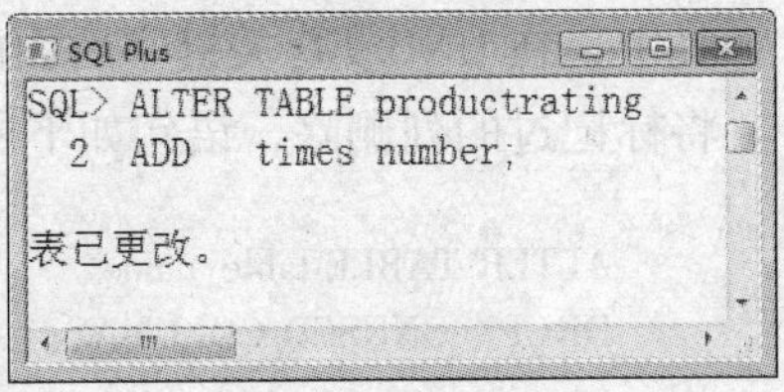

图 4-7　添加列

【例 4-7】向物品评价表（productrating）中添加

col1 和 col2 列。

根据题目要求，语句及执行效果如图 4-8 所示。

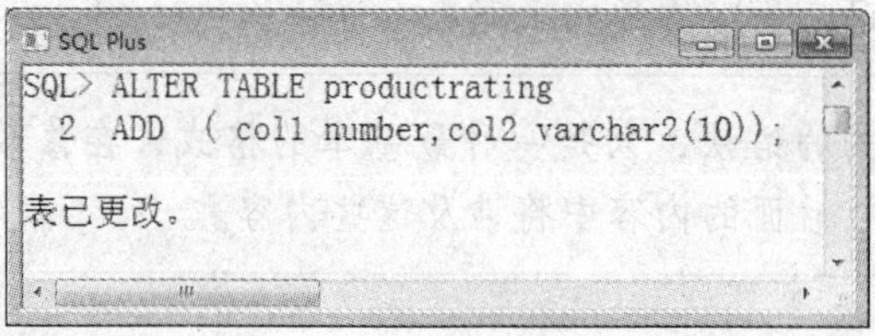

图 4-8　为表添加多列

4.4.3　删除列

当表中不再需要某列时，可以将该列删除。在删除列时，可以一次只删除一列也可以一次删除多列。在删除列时，经常会在删除列的语句后面加上 CASCADE CONSTRAINTS 子句，这样就可以把与该列相关的约束也一并删除。除了将列直接删除外，也可以将列的状态修改成不可用的状态，然后再将所有不可用的列删除。

【例 4-8】 将物品评价表（productrating）中的购买次数（times）列删除。

根据题目要求，语句及执行效果如图 4-9 所示。

需要注意的是，如果要删除一个列，需要在 DROP 语句后面要加上 COLUMN 关键字。

【例 4-9】 将物品评价表（productrating）中的 col1 和 col2 列一起删除。

根据题目要求，语句及执行效果如图 4-10 所示。

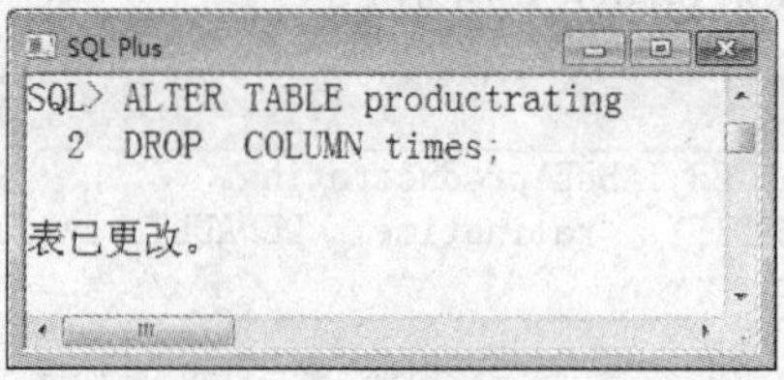

图 4-9　删除购买次数列

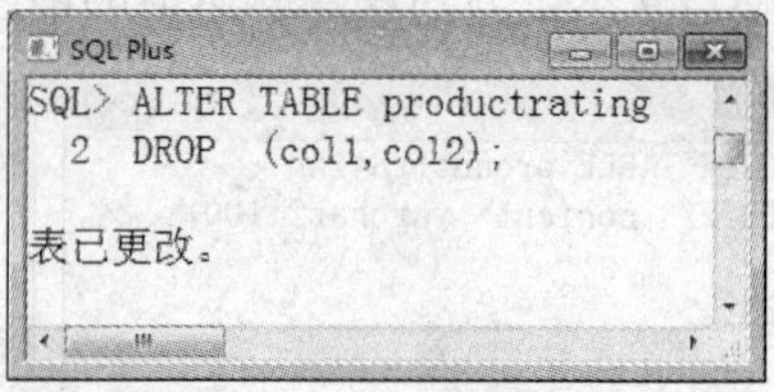

图 4-10　一次删除多列

删除表中的多个列时，不能在 DROP 语句后面使用 COLUMN 关键字。

上面的两个示例中，都是直接将表中的列删除。但在 Oracle 中也提供了一种先将不用的列进行标记，然后再删除的语句。标记表中不使用的列，语句如下所示。

```
ALTER TABLE table_name
SET UNUSED(column_name1,column_name2,…);
```

其中，在 UNUSED 关键字后面的括号里，标记的是不再使用的列名。

将标记过的列删除，语句如下所示。

```
ALTER TABLE table_name
DROP   UNUSED COLUMNS;
```

在上面的语句中，不必指明删除的具体列名。

【例 4-10】将物品评价表（productrating）中的 col1 和 col2 列先标记，然后再一并删除。

根据题目要求，语句及执行效果如图 4-11 所示。

如果将列标记为不使用的状态，再通过 DESCRIBE（简写 DESC）语句查看表结构，这些列将不再显示，语句及执行效果如图 4-12 所示。

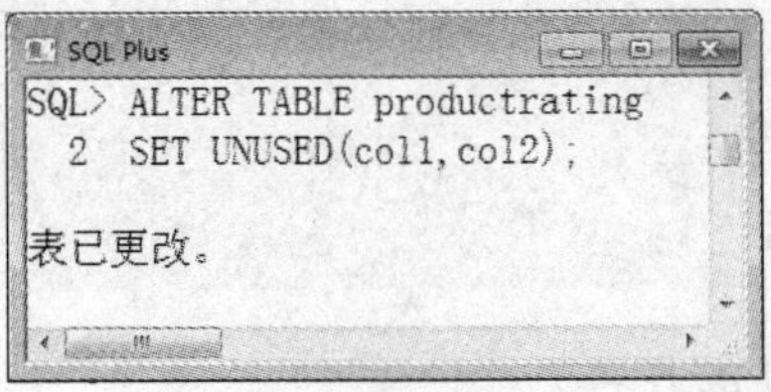

图 4-11 标记不使用的列

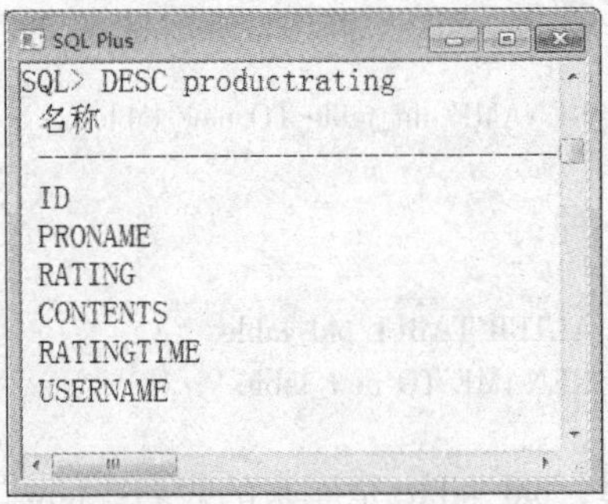

图 4-12 查看表 productrating 的结构

删除标记过的列，语句及执行效果如图 4-13 所示。

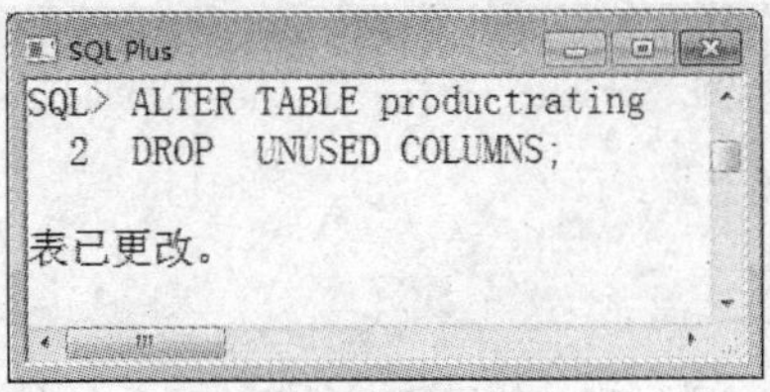

图 4-13 删除标记过的列

这样，col1 和 col2 列就被一并删除了。

4.4.4 重命名列

重命名列的操作是在 ALTER TABLE 语句后加上 RENAME COLUMN 子句完成的，具体的语句如下所示。

```
ALTER TABLE table_name
RENAME COLUMN old_name TO new_name;
```

这里，old_name 是原来的列名，new_name 是新的列名。

【例 4-11】将物品评价表（productrating）中的 username 列该成 userid。

根据题目要求，语句及执行效果如图 4-14 所示。

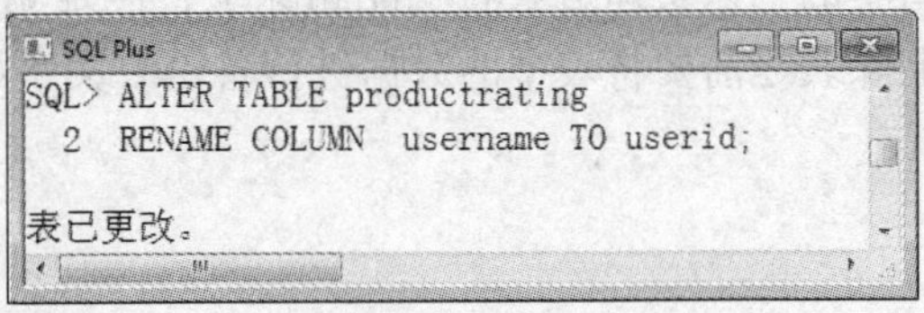

图 4-14 重命名列

将列更名后，再使用 username 列时就要用 userid 了。

4.4.5　重命名表

重命名表的操作与重命名列的操作有些类似，使用下面的两种语法形式都可以修改表名。

第 1 种：

```
RENAME old_table TO new_table
```

第 2 种：

```
ALTER TABLE old_table
RENAME TO new_table
```

这里，old_table 是原来的表名，new_table 是新的表名。

【例 4-12】分别使用两种方法将物品评价表（productrating）重命名为 new_ productrating。

根据题目要求，使用第 1 种方法，重命名的语句及执行效果如图 4-15 所示。

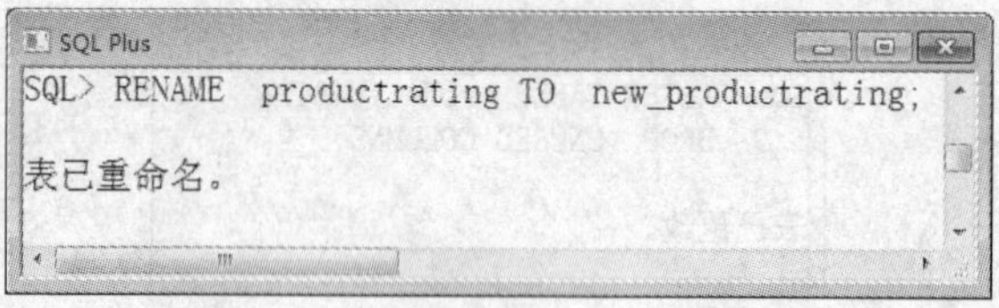

图 4-15　使用第 1 种方法重命名表

使用第 2 种方法，重命名的语句及执行效果如图 4-16 所示。

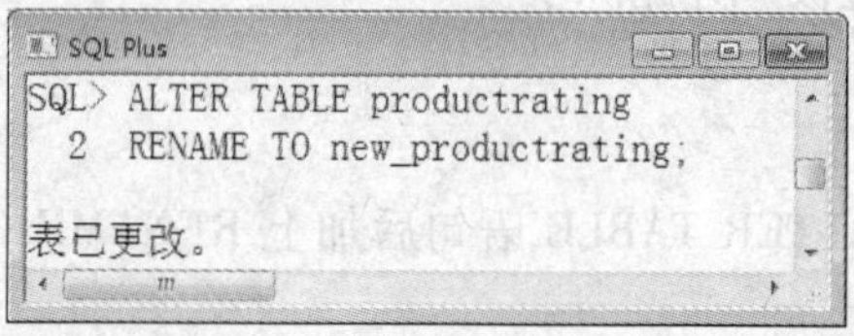

图 4-16　使用第 2 种方法重命名表

可以根据需要选择以上两种重命名表的方法的任一种。

4.5　删除表

删除表的操作是很简单的，只要知道表名就能删除了，但是删除后的表是不能恢复的，因此，在实际工作中，删除表之前要将表中的数据进行备份。关于如何备份表数据可以参考本书的第 13 章内容。

4.5.1　表删除操作

删除表的具体语法如下所示：

```
DROP  TABLE table_name[CASCADE CONSTRAINTS];
```

这里，table_name 是表名。CASCADE CONSTRAINTS 是用于删除与该表相关的约束，该语句可以省略。如果表中存在一些与其他表中的列的约束关系，而不使用该语句，就会在删除表时出现错误。

【例 4-13】将物品评价表（productrating）删除。

根据题目要求，语句及执行效果如图 4-17 所示。

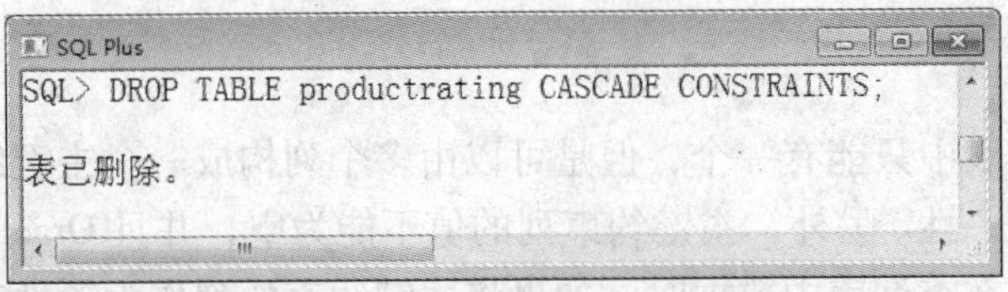

图 4-17　删除表

📖 虽然在表中还没有设置任何的约束，也可以加上 CASCADE CONSTRAINTS 子句。在实际应用中，删除表时都会加上该子句，以便保证表中数据的完整性。在完成了 4.6 节约束部分的学习后，读者可以尝试不使用 CASCADE CONSTRAINTS 子句查看删除带有约束表的效果。

4.5.2　表截断操作

如果仅是表中的数据不需要再使用时，除了将表直接从表空间删除外，也可以使用截断表的方式来将表中的数据全部清空。截断表的语句实际上也是 DDL 语言中的一部分，因此，在执行该语句时，会比在下一章中所讲的使用 DML 语言删除表中的数据速度快一些。但是，使用截断表的方式删除表中的全部数据，是不能恢复的。截断表的具体语法如下所示。

```
TRUNCATE TABLE table_name;
```

这里，table_name 是表名。

【例 4-14】截断物品评价表（productrating）。

根据题目要求，语句及执行效果如图 4-18 所示。

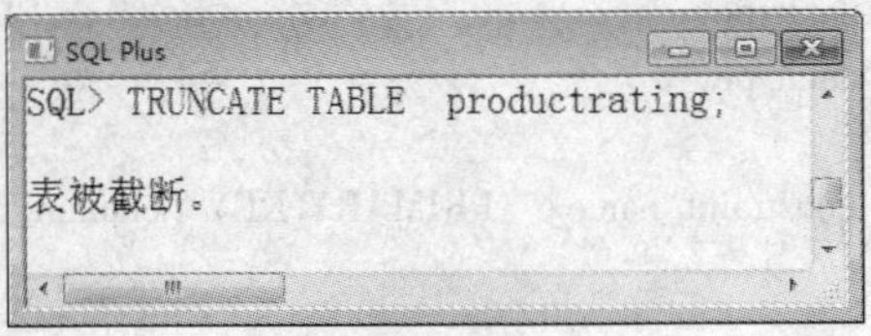

图 4-18　截断表

截断表后，表依然存在，只是表中数据不存在了。

4.6 表约束

在创建表的语句中已经涉及过约束的设置了，那么，约束在表中究竟有什么用呢？实际上，约束是用来束缚表中数据的，提高表中数据的完整性。在 Oracle 中，为表提供的约束有主键约束、非空约束、唯一约束、检查约束以及外键约束。下面就来分别讲解这 5 个约束的具体用法。

4.6.1 主键约束

主键约束在每个表中只能有一个，但是可以由多个列构成一个主键约束，它的主要作用是用来标识记录的唯一性。另外，主键约束列的值不能为空，并且 Oracle 会自动为主键约束列生成索引。这样，在查询表中数据时，如果将主键约束的列作为条件查询，会提高查询的速度。在本节将介绍如何添加和删除主键约束。

1. 添加主键约束

主键约束既可以在创建表时添加，也可以在修改表时添加。但是，在修改表时添加约束，最好是在表中没有数据的情况下，否则，数据不符合要求时就会出现错误。

（1）创建表时添加主键约束

在创建表时，添加主键约束有两种方式，一种是列级，另一种是表级。

在列级添加主键约束的语法如下所示。

```
CREATE TABLE   table_name
(
    column_name1    datatype [CONSTRAINT constrant_name]   PRIMARY KEY,
    column_name2    datatype,
    ……
);
```

在使用列级的方式设置主键约束时，只能为一个列设置，不能设置由多个列共同构成的主键约束。

在表级添加主键约束的语法如下所示。

```
CREATE TABLE table_name
(
    column_name1    datatype,
    column_name2    datatype,
    ……
    [CONSTRAINT   constraint_name]   PRIMARY KEY (column_name1,column_name2,…)
    );
```

这里，constraint_name 是主键约束名称，通常都是以 pk 开头的。省略[constraint constraint_name]子句，系统会自动为其生成主键约束的名称。

【例 4-15】 创建物品评价表（productrating），并将编号 id 列设置为主键。

根据题目要求，语句及执行效果如图 4-19 所示。

在为表设置好主键约束后，系统会自动为主键约束生成一个名称。使用管理员权限登录后，通过 dba_constraints 数据字典视图可以查看表中的约束名称。使用普通权限登录后，则可以通过 user_constraints 数据字典视图查看相关的约束信息。从 dba_constraints 中查看物品评价表（productrating）中的约束，语句及执行效果如图 4-20 所示。

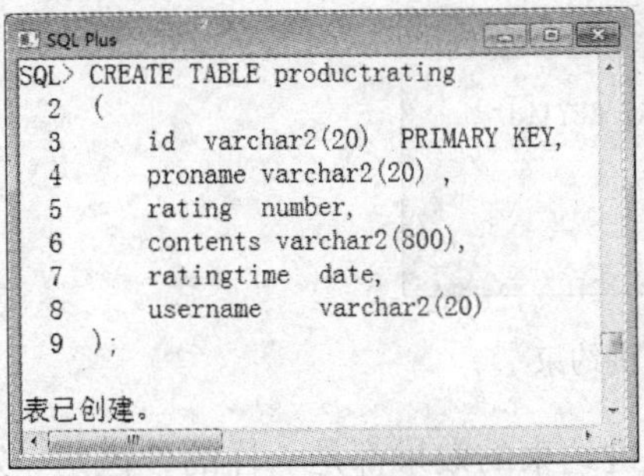

```
SQL> CREATE TABLE productrating
  2  (
  3      id  varchar2(20)  PRIMARY KEY,
  4      proname varchar2(20) ,
  5      rating  number,
  6      contents varchar2(800),
  7      ratingtime  date,
  8      username    varchar2(20)
  9  );

表已创建。
```

图 4-19　创建表并设置主键约束

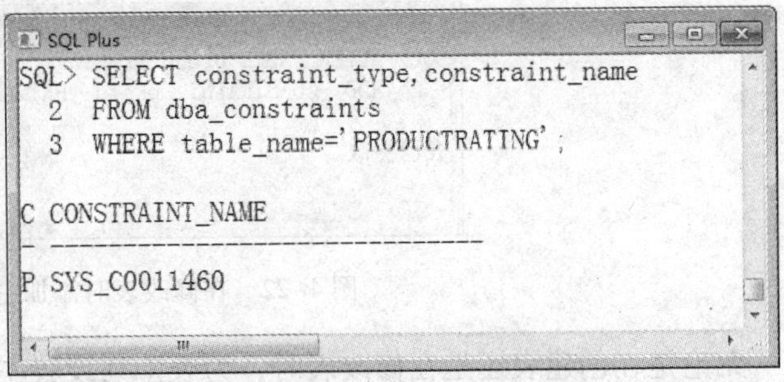

```
SQL> SELECT constraint_type, constraint_name
  2  FROM dba_constraints
  3  WHERE table_name='PRODUCTRATING';

C CONSTRAINT_NAME
- ------------------------------

P SYS_C0011460
```

图 4-20　查看物品评价表（productrating）的约束

从上面的查询结果可以看出，第 1 列是约束类型列，值为 P，代表的是主键约束。第 2 列是约束名称列，没有指定主键约束名称，系统自动为其生成名为 SYS_C0011460 的主键约束。

📖 需要注意的是，在 dba_constraints 和 user _constraints 数据字典视图中，存放的值都是大写的。因此，在查询某个表中的约束时，WHERE 语句后面的表名也是大写的。

【例 4-16】 使用表级约束设置的方式，创建物品评价表（productrating）并将 id 列设置为主键。

根据题目要求，语句及执行效果如图 4-21 所示。

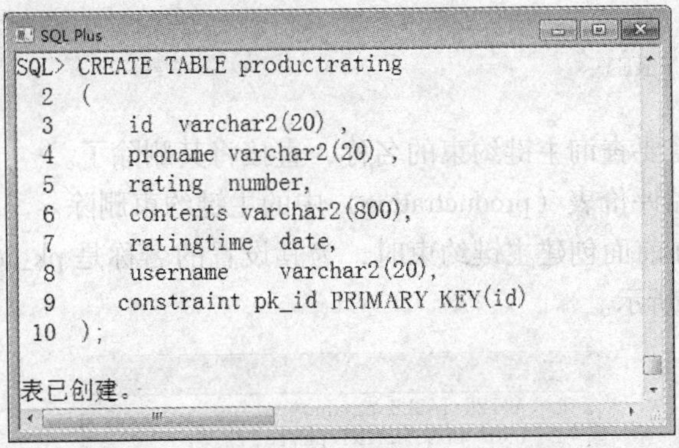

```
SQL> CREATE TABLE productrating
  2  (
  3      id  varchar2(20) ,
  4      proname varchar2(20),
  5      rating  number,
  6      contents varchar2(800),
  7      ratingtime  date,
  8      username    varchar2(20),
  9     constraint pk_id PRIMARY KEY(id)
 10  );

表已创建。
```

图 4-21　使用表级约束的方式设置主键约束

（2）修改表时添加主键约束

在修改表时，添加主键约束的语法如下所示。

```
ALTER TABLE table_name
ADD CONSTRAINT   constraint_name PRIMARY KEY(column_name1,column_name2,…);
```

这里，constraint_name 是约束名；column_name1，column_name2 是列名。

【例 4-17】 假设已经存在物品评价表（productrating），现为其编号列（id）添加主键约束。

根据题目要求，语句及执行效果如图 4-22 所示。

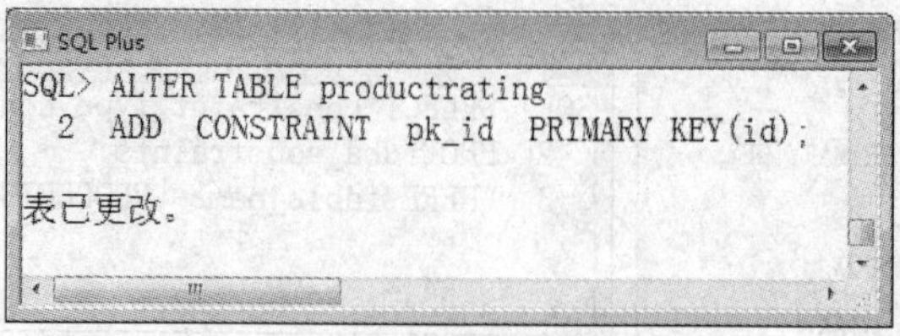

图 4-22 在修改表时添加主键约束

无论是在创建表还是在修改表时，为表中列设置主键约束的效果都是一样的，但是一定要注意的是表中只能有一个主键约束。

2. 删除主键约束

如果需要移除表中现有的主键约束，可以使用如下所示的语句完成。下面的语句不仅可以用作删除主键约束也可以删除其他的约束，除了非空约束之外。

```
ALTER TABLE table_name
DROP CONSTRAINT constraint_name;
```

这里，constraint_name 是约束名称。如果不清楚要删除的约束名称，可以通过前面介绍的 dba_constraints 或者 user_constraints 数据字典视图来查看。

除了上面的方法，由于主键约束在一张表中只有一个，因此，对于主键约束还可以通过下面的语句删除。

```
ALTER TABLE table_name
DROP PRIMARY KEY;
```

这样，就可以不需要查询主键约束的名称，直接将其删除了。

【例 4-18】 将物品评价表（productrating）中的主键约束删除。

根据题目要求，在前面创建主键约束时，为其设置的名称是 pk_id，删除该约束的语句及执行效果如图 4-23 所示。

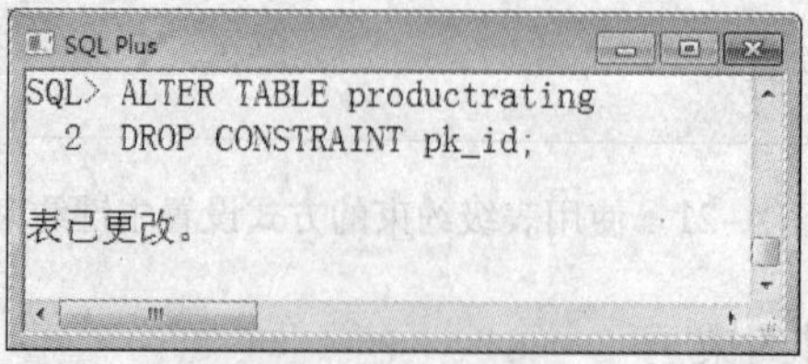

图 4-23 删除主键约束 pk_id

此外，还可以直接使用下面语句来删除物品评价表（productrating）中的主键约束。

```
ALTER TABLE productrating
DROP PRIMARY KEY;
```

4.6.2 非空约束

在表中，有些列的值是必须要添加才有意义的，例如，在购买商品时，必须要添加的是购买的商品名称、购买的数量等信息。在 Oracle 中，为了避免无效的表中记录，可以为表中必须要添加值的列设置非空约束。在本节将介绍如何添加和删除非空约束。

1. 添加非空约束

非空约束用 NOT NULL 来标识，通常会在创建表时添加非空约束以确保列必须要输入值，或者也可以在修改表时为列设置非空约束。

（1）创建表时设置非空约束

在确定了表中的列后，可以根据需要为其设置非空约束，语法如下所示。

```
CREATE TABLEtable_name
(
    column_name1 datatype   NOT NULL,
    column_name2 datatype   NOT NULL,
    ……
    [CONSTRAINT]
    )[TABLESPACE tablespace_name]
```

这里，只要在列的数据类型后面加上 NOT NULL 关键字，就为该列设置了非空约束。默认情况下，表中列都是允许为空的。与创建表时设置主键约束不同的是，不能在表级设置非空约束。

【例 4-19】 创建物品评价表（productrating）时，为物品名称（proname）和评价人（username）列设置非空约束。

根据题目要求，语句及执行效果如图 4-24 所示。

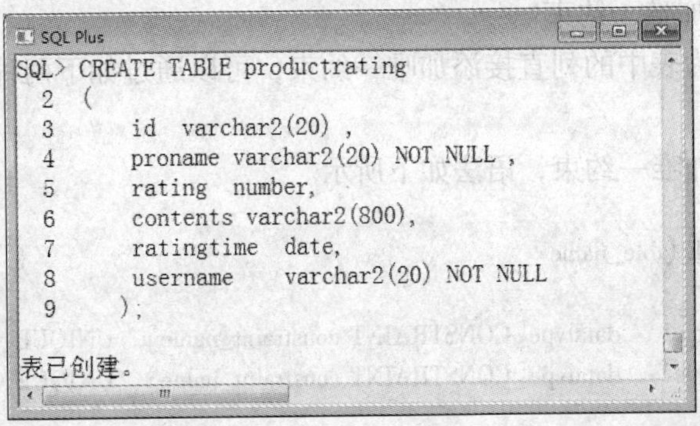

图 4-24 创建物品评价表（productrating）并设置非空约束

（2）修改表时设置 NOT NULL 约束

在修改表时设置 NOT NULL 约束，也不需要再使用 ADD 关键字来添加约束，只要使用 MODIFY 关键字就可以设置表中列的 NOT NULL 约束。具体语法如下所示。

```
ALTER TABLE table_name
MODIFY column NOT NULL;
```

在修改表时，每次只能为一个列设置非空约束。

【例 4-20】将物品评价表（productrating）中的评分（rating）设置为非空。

根据题目要求，语句及执行效果如图 4-25 所示。

2. 去除非空约束

对于非空约束不需要删除，如果要取消某个列非空的约束，可以直接使用 MODIFY 语句把该列的非空约束写成 NULL 就可以了。

【例 4-21】将物品评价表（productrating）中的评分（rating）设置成可为空。

根据题目要求，语句及执行效果如图 4-26 所示。

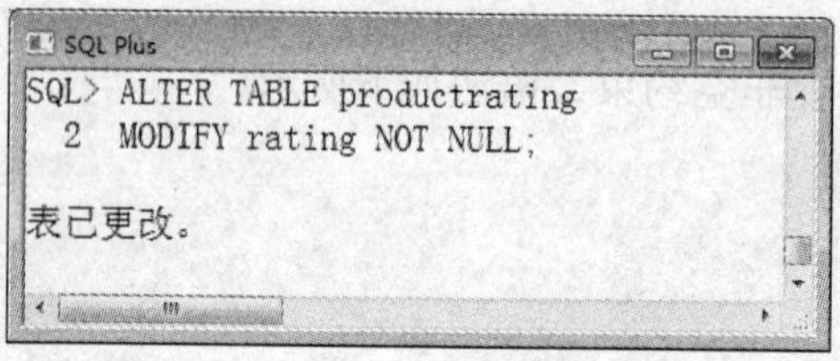

图 4-25 在修改表时设置非空约束

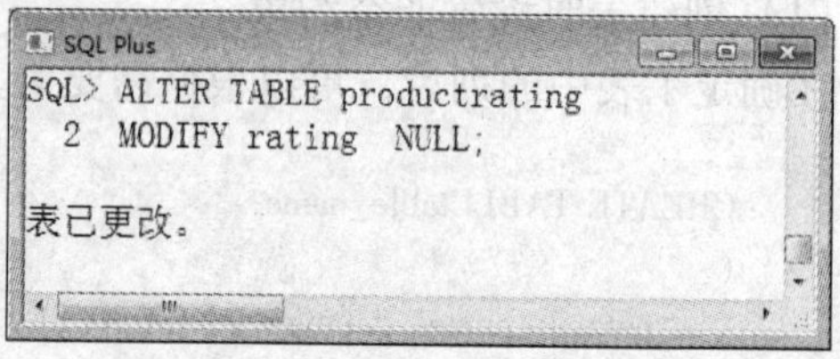

图 4-26 将列设置成可为空

4.6.3 唯一约束

唯一约束用 UNIQUE 关键字表示，其作用是确保该列的值唯一。它与主键约束都能够确保列值的唯一性，但唯一约束可允许列中有一个值是空值。另外，在表中还可以设置多个唯一约束。设置成唯一约束的列，系统也可以自动为其生成唯一索引。这样，在查询这些设置唯一约束的列时，也能加快查询的速度。

1. 添加唯一约束

唯一约束在添加时，与其他约束一样，可以在创建表和修改表时添加。

（1）创建表时添加唯一约束

在创建表时可以为表中的列直接添加唯一约束，可以通过如下两种方式添加，即列级和表级。

使用列级方式添加唯一约束，语法如下所示。

```
CREATE TABLE table_name
(
    column_name1    datatype[CONSTRAINT constraint_name]    UNIQUE,
    column_name2    datatype[CONSTRAINT constraint_name]    UNIQUE,
    ……
    [CONSTRAINT]
)[TABLESPACE tablespace_name]
```

这里，只需要在列的数据类型后面加上 UNIQUE 关键字，即可将其设置为唯一约束。

使用表级方式添加唯一约束，语法如下所示。

```
CREATE TABLE table_name
(
    column_name1    datatype,
    column_name2    datatype,
    ......
    [CONSTRAINT   constraint_name ]UNIQUE(column_name1),
    [CONSTRAINT   constraint_name ]UNIQUE(column_name2)
    ......
)[TABLESPACE tablespace_name]
```

设置列的唯一约束，每设置一个唯一约束，都可以为其设置名称，并且约束的名称不能重复。如果要省略唯一约束的名称，可以去除 UNIQUE 前面的[constraint constraint_name]子句，这样就可以让系统为唯一约束自动生成名称。

【例 4-22】 创建物品评价表（productrating），并为评价内容（contents）列设置唯一约束。

根据题目要求，语句及执行效果如图 4-27 所示。

```
SQL> CREATE TABLE productrating
  2  (
  3      id  varchar2(20) ,
  4      proname varchar2(20)   ,
  5      rating  number,
  6      contents varchar2(800) UNIQUE,
  7      ratingtime  date,
  8      username       varchar2(20)
  9    );

表已创建。
```

图 4-27　创建表时为列设置唯一约束

如果要查询唯一约束的名称，也可以通过 dba_constraints 或者 user_contraints 数据字典视图来查看。在 dba_constraints 数据字典视图中，查看唯一约束的语句及执行效果如图 4-28 所示。

```
SQL> SELECT constraint_type, constraint_name
  2  FROM dba_constraints
  3  WHERE table_name='PRODUCTRATING' and constraint_type='U';

C CONSTRAINT_NAME
- ------------------------------

U SYS_C0011466
```

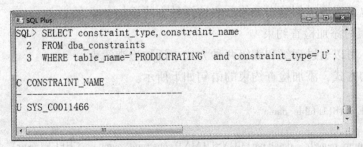

图 4-28　查看唯一约束

在 dba_constraints 表中，约束类型“U”代表的是唯一约束。如果想了解具体查询语句的相关内容，可以参考本书的第 7 章。

（2）修改表时添加唯一约束

修改表时，添加唯一约束的语法如下所示。

```
ALTER TABLE table_name
ADD CONSTRAINT   constraint_name UNIQUE(column_name);
```

这里，constraint_name 是约束名称，通常都以 UQ 开头。column_name 是列名，只能一次设置一个唯一约束。

【例 4-23】为物品评价表（productrating）中的 contents 列设置唯一约束。

根据题目要求，语句及执行效果如图 4-29 所示。

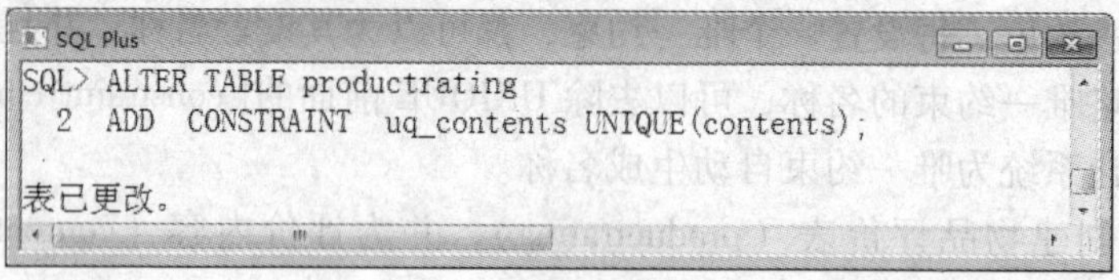

图 4-29　修改表时添加唯一约束

2. 删除唯一约束

删除唯一约束的方法与删除主键约束类似，语句如下所示。

```
ALTER TABLE table_name
DROP CONSTRAINT constraint_name;
```

这里，constraint_name 是唯一约束的名称。实际上，后面的检查约束和外键约束删除的语句也与其一致，只是约束的名称是相应的检查约束名称和外键约束名称。

4.6.4　检查约束

检查约束用 CHECK 关键字表示，其作用是检查每一列输入的值是否能满足表的需求。例如，在输入用户评分时，要求只输入 1 ~ 5 分；在输入推荐内容时，要求输入必须超过 10 个字，这些都可以通过检查约束来设置。

1. 添加检查约束

检查约束也可以通过创建表和修改表这两种方式添加。

（1）创建表时添加检查约束

创建表时，可以通过列级和表级两种方式来添加检查约束。

使用列级的方式，添加检查约束的语句如下所示。

```
CREATE TABLE table_name
(
    column_name1   datatype [CONSTRAINT constraint_name]   CHECK(expr),
    column_name2   datatype [CONSTRAINT constraint_name]   CHECK(expr),
    ......
)[TABLESPACE tablespace_name]
```

这里，expr 是表达式，并且结果是布尔类型的。

使用表级的方式，添加检查约束的语句如下所示。

```
CREATE TABLEtable_name
(
    column_name1    datatype,
    column_name2    datatype   ,
    ……
    [CONSTRAINT   constraint_name ]CHECK(expr1),
    [CONSTRAINT   constraint_name ] CHECK(expr2)
    ……
)[TABLESPACE tablespace_name]
```

这里，省略了[CONSTRAINT   constraint_name]子句，检查约束的名称是由系统自动生成。检查约束名通常以 CHK 开头。

【例 4-24】为物品评价表（productrating）中的评分列（rating）加上检查约束，让其值大于0。

根据题目要求，语句及执行效果如图 4-30 所示。

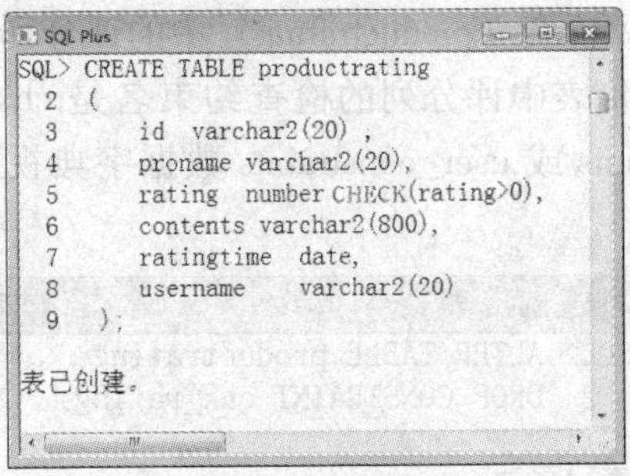

图 4-30　创建表时添加检查约束

如果该约束由表级的方式来设置，语句如下所示。

```
CREATE TABLE productrating
(
    id varchar2(20) ,
    proname varchar2(20),
    rating   number,
    contents varchar2(800),
    ratingtime   date,
    username varchar2(20),
    CONSTRAINT chk_rating CHECK(rating >0)
);
```

通过上面的语句，创建后的检查约束名称，可以在数据字典视图 dba_constraints 或者 user_constraints 中查询。在数据字典视图中，检查约束存放的类型用“C”表示。

（2）修改表时添加检查约束

修改表时，添加检查约束的语句如下所示。

```
ALTER TABLE table_name
ADD CONSTRAINT constraint_name CHECK( expr) ;
```

【例 4-25】向物品评价表（productrating）中的评分列（rating）添加检查约束，要求评分大于 0。

根据题目要求，语句及执行效果如图 4-31 所示。

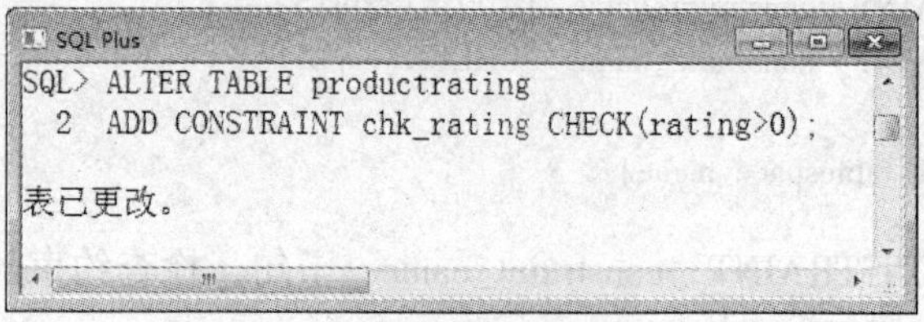

图 4-31　修改表时添加检查约束

2. 删除检查约束

删除检查约束的语句与前面删除其他的约束的语句类似，下面就用一个实例来演示如何删除检查约束。

【例 4-26】删除为物品评价表（productrating）中的评分列（rating）添加的检查约束。

根据题目要求，物品评价表中评分列的检查约束名是 chk_rating，如果不清楚检查约束名称，可以在 dba_constraints 或 user_constraints 数据字典视图中查看。语句及执行效果如图 4-32 所示。

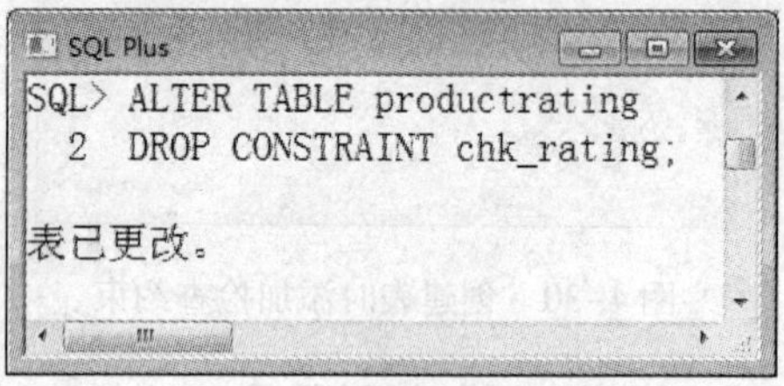

图 4-32　删除检查约束

4.6.5　外键约束

在 Oracle 中，外键约束是唯一一个涉及两张表之间关系的约束。它的作用就保证数据的一致性。例如，在学生成绩表中，如果录入的学号并不在学生信息表中，那么，学生成绩表中的这条数据就是无效数据，也叫“脏数据”。因此，如果为学生成绩表中的学号与学生信息表中的学号列创建了外键约束，那么，就可以避免这种无效数据的录入。另外，在一张表中也可以有多个外键约束。

1. 创建外键约束

外键约束涉及两张表。假设有 A 和 B 两张表，如果将 A 表中的 A_id 列与 B 表中的 B_id 列设置外键约束。那么，A 表称为从表，B 表称为主表。B 表中的 B_id 必须是主键，并且要与 A 表中的 A_id 的数据类型兼容。设置好外键约束后，则 A 表中的 A_id 的值全部来自 B 表中的 B_id 的值。

（1）创建表时添加外键约束

在列级设置外键约束的语句如下所示。

```
CREATE TABLE table_name1
(
    column_name1    datatype[CONSTRAINT constraint_name]  REFERENCES table_name2(col-
umn_name),
    column_name2    datatype   ,
    ……

)[TABLESPACE tablespace_name]
```

这里，table_name2 是主表；column_name 是列名，是 table_name2 表中的主键。

在表级设置外键约束的语句如下所示。

```
CREATE TABLE table_name1
(
    column_name1    datatype ,
    column_name2    datatype   ,
    ……
[ CONSTRAINT constraint_name ]FOREIGN KEY (column_name)
  REFERENCE   table_name2(column_name ) [ON DELETE CASCADE]
)[TABLESPACE tablespace_name]
```

这里，FOREIGN KEY (column_name)中的列名是 table_name1 表中的列。外键约束的名称以 FK 开头。省略[CONSTRAINT constraint_name]子句后，系统会为其自动生成外键约束名称。[ON DELETE CASCADE]子句的作用是将 table_name 2 表中的数据删除后，也将 table_name 1 中的相应数据一并删除。

【例 4-27】 创建用户信息表（users），并将用户名列设置为主键。现将物品评价表（productrating）中的 username 列与用户信息表（users）的 username 列设置外键约束。

根据题目要求，先创建用户信息表（users），语句如下所示。

```
CREATE TABLE users
(
    username varchar2(20) PRIMARY KEY,
    userpwd    varchar2(20)
);
```

将物品评价表中的 username 列设置外键约束，语句及执行效果如图 4-33 所示。

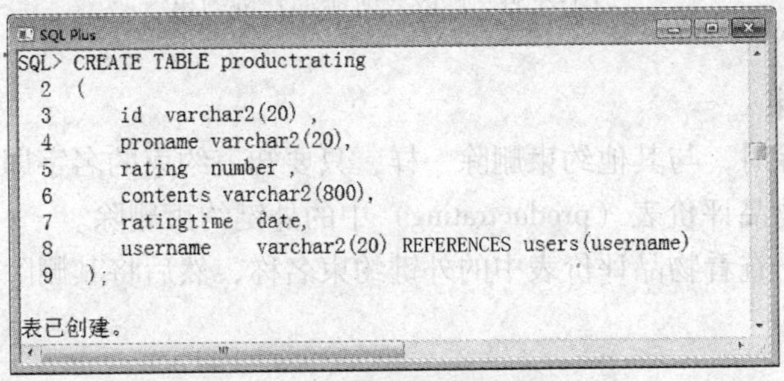

图 4-33　创建表设置外键约束

表的外键约束在数据字典视图 dba_constraints 或 user_constraints 中，约束类型存放的值是 R，它表示外键约束也是一种参照约束。

使用表级方式，在创建表时设置外键约束，语句如下所示。

```
CREATE TABLE productrating
(
    id varchar2(20) ,
    proname varchar2(20),
    rating   number ,
    contents varchar2(800),
    ratingtime   date,
    username varchar2(20),
    CONSTRAINT fk_username   FOREIGN KEY(username) REFERENCES users(username)
);
```

这两种方式创建的效果虽然相同，但是，一般情况下都会选择使用表级的方式来创建外键约束。

（2）修改表时添加外键约束

修改表时，添加外键约束的语句如下所示。

```
ALTER TABLE table_name1
ADD CONSTRAINT constraint_name FOREIGN KEY (column_name)
REFERENCES   table_name2(column_name)
[ON DELETE CASCADE];
```

【例 4-28】 添加物品评价表（productrating）中用户名（username）列与用户信息表（users）中用户名列的外键约束。

假设物品评价表已经创建，添加外键约束的语句及执行效果如图 4-34 所示。

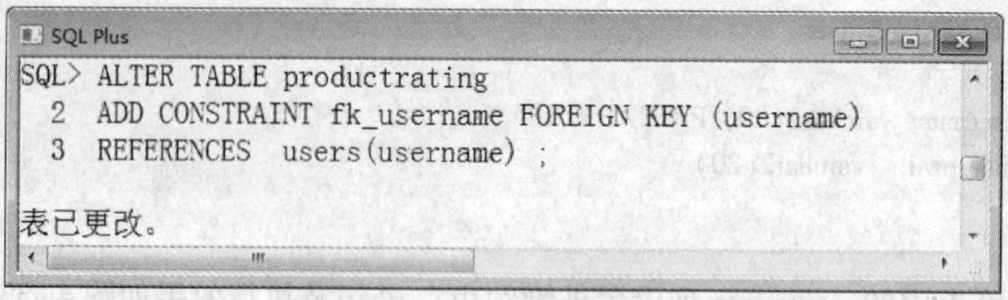

图 4-34　修改表时添加外键约束

2. 删除外键约束

外键约束在删除时，与其他约束删除一样，只要知道约束的名字即可删除。

【例 4-29】 将物品评价表（productrating）中的外键约束删除。

根据题目要求，查看物品评价表中的外键约束名称，然后将其删除，语句及执行效果如图 4-35 所示。

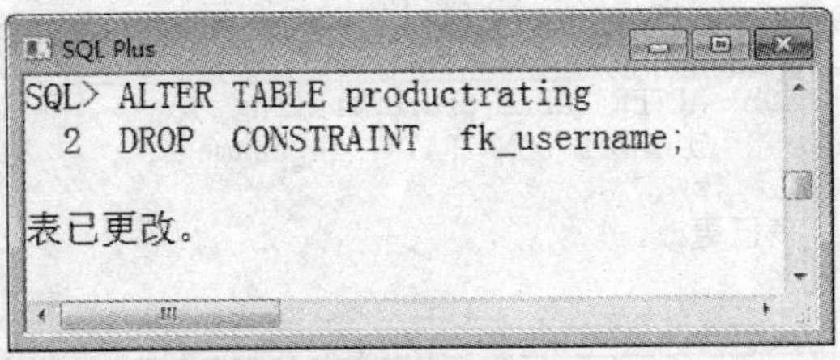

图 4-35　删除外键约束

4.6.6　修改约束

除了非空约束，对于其他主键约束、唯一约束、外键约束、检查约束这 4 种约束在 Oracle 中也可以对其进行修改。由于在修改时，语句都是类似的，因此，在本节中统一介绍修改约束的语句，包括修改约束名称以及启用或禁用约束。

1. 修改约束名称

在创建好约束后，修改其名称的语句如下所示。

```
ALTER TABLE table_name
RENAME CONSTRAINT  old_name TO  new_name;
```

这里，old_name 是原来的约束名称；new_name 是更改后的约束名称。

【例 4-30】 将物品评价表（productrating）中的外键约束 fk_username 更名为 fk_uname。

根据题目要求，语句及执行效果如图 4-36 所示。

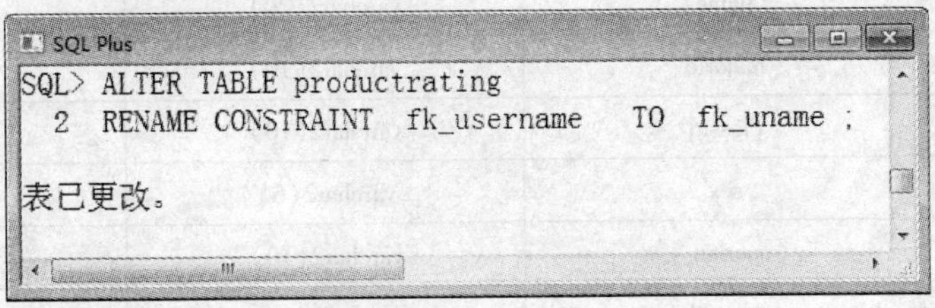

图 4-36　重命名约束

2. 修改约束状态

约束的状态有启用和禁用两种，默认情况下，约束的状态是启用状态。设置约束状态的语句如下所示。

```
ALTER TABLE table_name
DISABLE|ENABLE CONSTRAINT constraint_name;
```

这里，DISABLE 表示禁用，ENABLE 表示启用。

【例 4-31】 禁用物品评价表（productrating）中的外键约束。

根据题目要求，物品评价表中的外键约束名称在例 4-29 中已经更改成了 fk_uname，禁用该约束的语句及执行效果如图 4-37 所示。

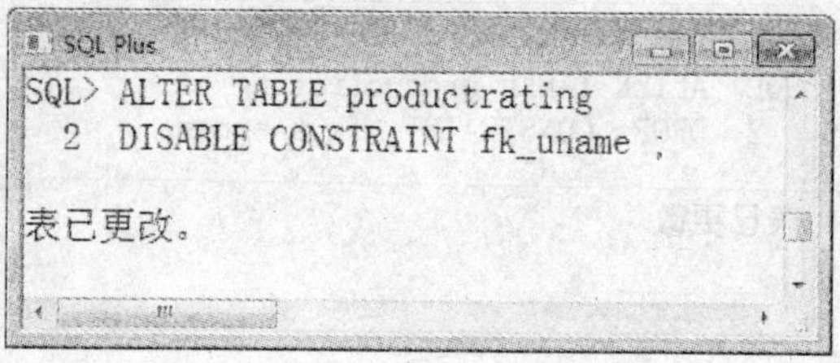

图 4-37　禁用约束

若要启用约束，则使用 ENABLE 关键字即可。

4.7　实例演练

4.7.1　创建学生信息管理系统所需表

在学生信息管理系统中，涉及的表包括学生信息表（student）、课程信息表（course）、班级信息表（classinfo）、专业信息表（majorinfo）以及成绩信息表（gradeinfo）。具体的表结构如表 4-6～表 4-10 所示。

表 4-6　学生信息表（student）

序　号	列　名	数据类型	描　述
1	id	varchar2(10)	学号
2	name	varchar2(20)	姓名
3	majorid	varchar2(10)	专业编号
4	classid	varchar2(10)	班级编号
5	sex	varchar2(6)	性别
6	nation	varchar2(10)	民族
7	entrancedate	varchar2(20)	入学日期
8	idcard	varchar2(20)	身份证号
9	tel	varchar2(20)	电话
10	email	varchar2(20)	电子邮件
11	remarks	varchar2(100)	备注

表 4-7　课程信息表（course）

序　号	列　名	数据类型	描　述
1	courseid	varchar2(10)	课程编号
2	coursename	varchar2(20)	课程名称
3	credit	number(3,1)	学分
4	remarks	varchar2(100)	备注

表 4-8　班级信息表（classinfo）

序　号	列　名	数据类型	描　述
1	classid	varchar2(10)	班级编号
2	grade	varchar2(10)	年级
3	classname	varchar2(20)	班级名称

表 4-9　专业信息表（majorinfo）

序　号	列　名	数据类型	描　述
1	majorid	varchar2(10)	专业编号
2	majorname	varchar2(20)	专业名称

表 4-10　成绩信息表（gradeinfo）

序　号	列　名	数据类型	描　述
1	studentid	varchar2(10)	学号
2	courseid	varchar2(10)	课程编号
3	grade	number(4,1)	成绩
4	semester	varchar2(16)	学期
5	remarks	varchar2(100)	备注

根据上面的表结构，相应的建表语句如下所示。

```
CREATE TABLE student
(
  id varchar2(10),
  name varchar2(20),
  majorid  varchar2(10),
  classid varchar2(10),
  sex varchar2(6),
  nation varchar2(10),
  entrancedate  varchar2(20),
  idcard varchar2(20),
  tel varchar2(20),
  email varchar2(20),
  remarks varchar2(100)
);
CREATE TABLE majorinfo
(
  majorid  varchar2(10),
  majorname varchar2(20)
);
CREATE TABLE classinfo
(
  classid varchar2(10),
```

```
  grade varchar2(10),
  classname varchar2(20)
);
CREATE TABLE course
(
  courseid varchar2(10),
  coursename varchar2(20),
  credit number(3,1),
  remarks varchar2(100)
);
CREATE TABLE gradeinfo
(
  studentid varchar2(10),
  courseid   varchar2(10),
  grade      number(4,1),
  semester varchar2(16),
  remarks varchar2(100)
);
```

执行上面的语句后，就可以完成学生信息管理系统中所用表的创建操作。

4.7.2 为学生信息管理系统表设置约束

学生信息管理系统中所需的表创建完成后，下面就分别为表设置相关的约束。由于表已经创建完成，下面就在修改表时为表添加相关约束。

1）为专业信息表中的专业编号列添加主键约束，为专业名称列添加非空约束。

根据要求，语句及执行效果如图4-38所示。

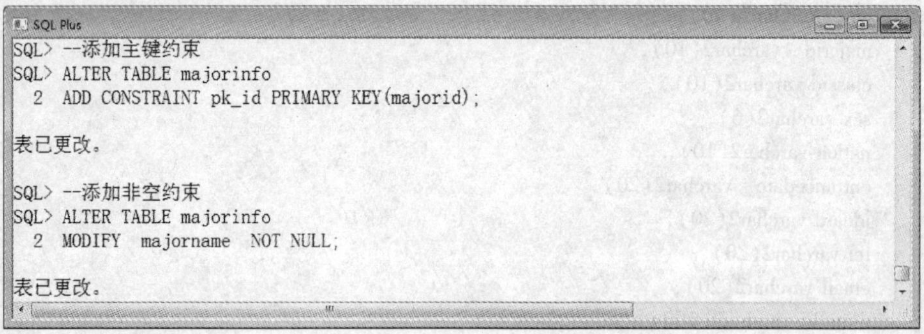

图4-38　添加专业信息表的约束

📖 说明：在Oracle中，“--”是注释，即对语句的解释说明，不影响代码的执行。

2）为班级信息表的班级编号列添加主键约束，为年级列和班级名称列添加唯一约束。

根据要求，语句及执行效果如图4-39所示。

```
SQL> --添加主键约束
SQL> ALTER TABLE classinfo
  2  ADD CONSTRAINT pk_classid PRIMARY KEY(classid);

表已更改。

SQL> --添加唯一约束(年级)
SQL> ALTER TABLE classinfo
  2  ADD CONSTRAINT uq_grade UNIQUE(grade);

表已更改。

SQL> --添加唯一约束(班级名称)
SQL> ALTER TABLE classinfo
  2  ADD CONSTRAINT uq_classname UNIQUE (classname);

表已更改。
```

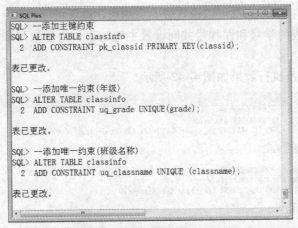

图 4-39　为班级信息表添加约束

3）为课程信息表中的课程编号列添加主键约束，为课程名称列添加唯一约束。

根据要求，语句及执行效果如图 4-40 所示。

```
SQL> --添加主键约束
SQL> ALTER TABLE course
  2  ADD CONSTRAINT pk_courseid PRIMARY KEY(courseid);

表已更改。

SQL> --添加唯一约束
SQL> ALTER TABLE course
  2  ADD CONSTRAINT uq_coursename UNIQUE(coursename);
表已更改。
```

图 4-40　为课程信息表添加约束

4）为学生信息表中的学号列添加主键约束、班级编号列添加外键约束、专业编号列添加外键约束、学生姓名列添加非空约束。

根据要求，语句及执行效果如图 4-41 所示。

```
SQL> --添加主键约束
SQL> ALTER TABLE student
  2  ADD CONSTRAINT pk_stuid PRIMARY KEY(id);

表已更改。

SQL> --添加外键约束(班级编号)
SQL> ALTER TABLE student
  2  ADD CONSTRAINT fk_classid FOREIGN KEY(classid)REFERENCES classinfo(class

表已更改。

SQL> --添加外键约束（专业编号）
SQL> ALTER TABLE student
  2  ADD CONSTRAINT fk_majorid FOREIGN KEY(majorid)REFERENCES majorinfo(major

表已更改。

SQL> --添加非空约束
SQL> ALTER TABLE student
  2  MODIFY  name  NOT NULL;

表已更改。
```

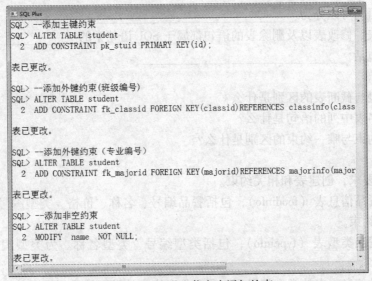

图 4-41　为学生信息表添加约束

在学生信息表中，很多列都可以设置成非空约束，读者可以为其一一设置。

5）为学生成绩表的学号和课程号共同设置主键约束，为分数列添加检查约束，要求分数大于0。

根据要求，语句及执行效果如图4-42所示。

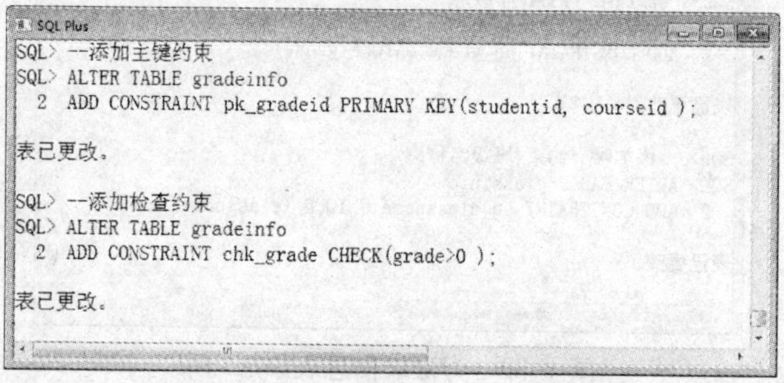

图4-42　为学生成绩表添加约束

至此，就完成了对学生管理系统中涉及的5张表中约束的设置。除了使用上面的方式添加约束外，也可以在创建表时一并将这些约束创建好。有兴趣的读者，可以尝试在创建表时设置这些约束。

4.8　本章小结

通过本章的学习，能够掌握SQL语句的分类，以及常用的数据类型。同时，还应掌握对表管理的操作，包括创建表、修改表以及删除表等。此外，还应掌握表中的约束的使用方法，包括主键约束、外键约束、唯一约束、检查约束以及非空约束。

4.9　习题

1. 填空题

1）SQL语句可以分为________________________________。

2）创建表、修改表以及删除表的语句都属于SQL语句中的________________语句。

3）约束包括__________________________。

2. 简答题

1）删除表与截断表的区别是什么？

2）重命名表中列的语句是什么？

3）主键约束与唯一约束的区别是什么？

3. 操作题

根据如下要求，创建表和相关约束。

1）创建餐品信息表（foodinfo），包括餐品编号、名称、价格、类型编号等。为餐品编号列设置主键约束。

2）创建餐品类型表（typeinfo），包括类型编号、类型名称。为类型编号列设置主键约束。

3）将餐品信息表中的类型编号列与餐品信息表中的类型编号列设置外键约束。

第5章　操作表中的数据

在上一章中已经介绍了如何创建表以及设置表中的约束，本章将介绍如何在表中添加、修改以及删除数据。这些在表中操作数据的语句，就是 SQL 语句中的 DML 语句，即 INSERT、UPDATE 、DELETE 语句。在实际的项目开发中，DML 语句也占据着重要的位置，比如，一家购物网站中的管理商品信息的功能，就是用 DML 语句为其完成添加商品、修改商品以及删除商品操作的。因此，掌握好 DML 语句是至关重要的。

本章的学习目标如下。

- 掌握使用 INSERT 语句添加数据的方法。
- 掌握使用 UPDATE 语句更新数据的方法。
- 掌握使用 DELETE 语句删除数据的方法。

5.1　向表中添加数据

添加数据是操作表中数据的第一步，使用的是 DML 语句中的 INSERT 语句。在添加数据前，需要弄清楚的是添加的数据是什么类型的、是否向所有的列都添加数据以及是否包含特殊字符，比如：单引号、"&" 符号等。然后，根据具体的数据类型编写 INSERT 语句。下面将介绍具体的 INSERT 语句编写方法。

5.1.1　基本语法

不管表中的数据是何种类型的，添加数据都要使用 INSERT 语句。在 Oracle 11g 中，INSERT 语句的基本语法形式如下。

```
INSERT INTO table_name [ ( column_list ) ]
VALUES ( {NULL | expression } [ ,... n ]);
```

其中：

- INSERT INTO：关键词，用于向表中添加数据。
- table_name：表名。
- column_list：列集合，此参数可以省略。如果省略该参数，则需要向表中的全部列都添加值；如果不省略该参数，则需要将列之间用逗号隔开，并用小括号把这个参数列表括起来。
- VALUES：关键词，它后面的括号中列出了要增加的数据，每个数据之间用逗号隔开，并且数据类型要与 column_list 中列出的列类型一一对应，也就是第一个值插入到 column_list 中列出的第一个列，后面依次类推。如果 column_list 没有指定参数，则 VALUES 后面括号中的值要与表中列的顺序所对应的列类型一一对应。

在向表中插入数据时，还需要注意以下两方面。

1）向表中插入的数据除了要满足数据类型相匹配外，还要满足该列其他约束条件，比如主键、外键约束以及列长度等。因此，在向表中插入数据前，要先通过“DESC 表名”命令了解表的结构。

2）对于字符类型的值，需要将值用单引号括起来，注意是英文状态下的单引号。例如“'abc'”。如果在单引号中什么都不放置，就是向该字符型列插入一个 0 长度的字符。

5.1.2 向表中添加指定的数据

使用前面介绍的语法，就可以向表中添加数据了。在添加数据之前，先来设计一张表。电影信息对大家应该都不陌生了，查看一个影片的信息，主要包括影片的名称、内容、主演、上映日期等内容。具体的表结构如图 5-1 所示。

表 5-1　电影信息表（movieinfo）

序　号	列　名	数据类型	是否允许为空	描　述
1	id	varchar2(20)	否	编号，主键
2	name	varchar2（100）	否	名称
3	actors	varchar2（20）	是	主演
4	contents	varchar2（800）	否	内容
5	typename	varchar2（20）	是	类型
6	releasetime	varchar2(20)	否	上映日期
7	country	varchar2(20)V	是	国家

创建电影信息表的语句及执行效果如图 5-1 所示。

```
SQL> CREATE TABLE movieinfo
  2  (
  3  id      varchar2(20)  PRIMARY KEY,
  4  name    varchar2(50)  NOT NULL,
  5  actors   varchar2(20),
  6  contents   varchar2(800)  NOT NULL,
  7  typename   varchar2(20),
  8  releasetime  varchar2(20)  NOT NULL,
  9  country     varchar2(20)
 10  );

表已创建。
```

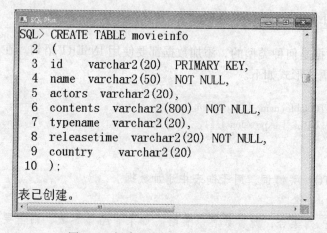

图 5-1　创建电影信息表（movieinfo）

📖 电影信息表中的“上映时间（releasetime）”列，用的是字符类型，实际应用中也可以使用日期类型。但是，在使用日期类型时，需要将插入的值从字符型转换成日期型。具体的转换函数将在第 6 章中介绍。

通过上面的语句，就完成了电影信息表的创建。下面就分别使用不同的语句来向电影信

息表中添加数据。

1. 向表中的全部列添加值

在上面的添加数据的语法中，可以看到，向表中的全部列添加值时是可以省略列名的。下面就使用例 5-1 来向电影信息表中的所有列添加值。

【例 5-1】 添加如表 5-2 所示的数据到电影信息表（movieinfo）。

表 5-2　例 5-1 中要添加的数据

序号	电影编号	名　称	主　演	上映时间	类型	内　容	国 家
1	2015001	有一个地方只有我们知道	吴亦凡、王丽坤	2015. 2	爱情	小白领金天正在经历人生中最失败的时刻…	中国
2	2015002	饥饿游戏 3	詹妮弗 · 劳伦斯	2015. 2	科幻	凯特尼斯 · 伊夫狄恩，燃烧的女孩，虽然她的家被毁了，可她却活了下来…	美国

将上表中的信息添加到电影信息表中的添加语句及执行效果如图 5-2 所示。

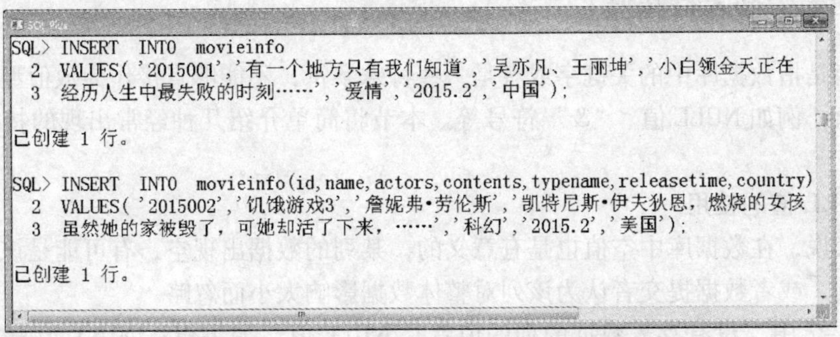

```
SQL> INSERT  INTO  movieinfo
  2  VALUES('2015001','有一个地方只有我们知道','吴亦凡、王丽坤','小白领金天正在
  3  经历人生中最失败的时刻……','爱情','2015.2','中国');

已创建 1 行。

SQL> INSERT  INTO  movieinfo(id,name,actors,contents,typename,releasetime,country)
  2  VALUES('2015002','饥饿游戏3','詹妮弗·劳伦斯','凯特尼斯·伊夫狄恩，燃烧的女孩
  3  虽然她的家被毁了，可她却活了下来，……','科幻','2015.2','美国');

已创建 1 行。
```

图 5-2　向 movieinfo 表中的全部列插入值

从执行效果可以看出，向表中的全部列插入值时不管是否在表名后面列出列名，结果都是一样的。

📖 虽然有些数据库中的 INSERT 后面可以省略 INTO 关键字，但是在 Oracle 中，INSERT 后面的 INTO 关键字是不能够省略的。否则，就会出现“缺失 INTO 关键字”的错误提示。

2. 向表中的指定列添加值

除了向表中添加全部值之外，还可以为指定的列插入值。但是，必须是为表中所有设置非空约束的列插入值。下面就是用例 5-2 来演示向表中指定列添加值的操作。

【例 5-2】 将表 5-3 所示的数据添加到电影信息表（movieinfo）。

表 5-3　例 5-2 中要添加的数据

序 号	电影编号	名　称	上 映 时 间	内　容
1	2015003	星际穿越	2014. 11	讲述一队探险家利用他们针对虫洞的新发现，超越人类对于太空旅行的极限，从而开始在广袤的宇宙中进行星际航行的故事
2	2015004	超能陆战队	2015. 2	改编自漫威于 1998 年出版的同名漫画

将上表中的信息添加到电影信息表中的添加语句及执行效果如图 5-3 所示：

```
SQL> INSERT  INTO  movieinfo (id,name,releasetime,contents)
  2  VALUES( '2015003','星际穿越','2014.11','讲述一队探险家利用他们针对虫洞的新
发现，超越人类对于太空旅行的极限，从而开始在广袤的宇宙中进行星际航行的故事。');

已创建 1 行。

SQL> INSERT  INTO  movieinfo (id,name,releasetime,contents)
  2  VALUES( '2015004','超能陆战队','2015.2 ','改编自漫威于1998年出版的同名漫画'
);

已创建 1 行。
```

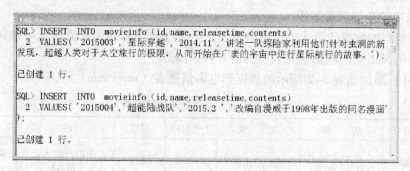

图 5-3　向 movieinfo 表中指定列插入值

通过执行上面的语句，在电影信息表中，除了电影编号、名称、上映时间以及内容列中被添加了值外，其他列的值都为 NULL。

5.1.3　向表中插入特殊值

特殊值是指数据库中的关键字或者是一些特殊字符，不能够直接作为数值型或字符型直接插入的值，例如 NULL 值、“&” 符号等。本节将简单介绍几种经常出现的特殊值的添加方法。

1. NULL 值的使用

严格来说，在数据库中空值也是有意义的，某列的数据出现空，有可能是该列数据暂时没有收集到，或者数据提交者认为该列对整体数据影响太小而忽略。

在例 5-2 中，没有存入数据的列的值就是 NULL 值。如果想将 NULL 值直接添加到某个列中，可以直接在 VALUES 子句后面的数据列表中对应该列值的位置使用 NULL 来表示。

【例 5-3】将表 5-4 所示数据添加到电影信息表（movieinfo）。

表 5-4　例 5-3 中所用的数据

序号	电影编号	名　称	主演	上映时间	类型	内　容	国家
1	2015005	熊出没之雪岭熊风	NULL	2015.1	动画	在狗熊岭百年不遇的大雪中，熊二偶遇了小时候曾有过一面之缘的神秘小伙伴，……	中国
2	2015006	奔跑吧兄弟	王宝强	2015.1	喜剧	“跑男团”的几位兄弟姐妹散落在全国各地，他们有的人是厨师，有的人是富二代，有的人沉迷于网络游戏，有的人干起了电视购物……	NULL

将上表中的数据添加到电影信息表中的添加语句及执行效果如图 5-4 所示：

```
SQL> INSERT  INTO  movieinfo
  2  VALUES('2015005','熊出没之雪岭熊风',NULL,'在
  3  狗熊岭百年不遇的大雪中，熊二偶遇了小时候曾有过
  4  一面之缘的神秘小伙伴，……','动画','2015.1','
  5  中国');

已创建 1 行。

SQL> INSERT  INTO  movieinfo
  2  VALUES('2015006','奔跑吧兄弟','王宝强','跑男
  3  团的几位兄弟姐妹散落在全国各地，他们有的人是厨
  4  师,有的人是富二代，有的人沉迷于网络游戏，有的
  5  人干起了电视购物……','喜剧','2015.1',NULL);

已创建 1 行。
```

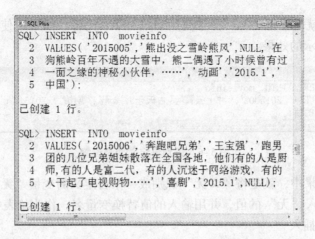

图 5-4　向 movieinfo 表中插入 NULL 值

2. 插入特殊符号

特殊符号指在 Oracle 中有一些特殊意义的符号，常见的有“&”符号和单引号。在将这两个符号插入到数据库时不能直接插入，需要对符号进行特殊处理。“&”符号在 Oracle 中是用于定义变量时使用的，单引号的主要作用是在 Oracle 中存放字符型数据时使用的符号。

（1）“&”符号的插入

“&”符号可以用 2 种方法添加，一种是在 SQL Plus 中将识别自定义变量符号的设置关闭，一种是直接使用 ASCII 码来插入，chr(38)代表的是“&”符号。

【例 5-4】将表 5-5 所示数据添加到电影信息表（movieinfo）。

表 5-5　例 5-4 中所用的数据

序号	电影编号	名　称	主　演	上映时间	类　型	内　容	国　家
1	2015007	天降雄狮	成龙	2015.2	动作	&无	中国
2	2015008	冲上云霄	古天乐	2015.2	剧情	&无	中国

将上表中的数据添加到电影信息表中的添加语句及执行效果如图 5-5 所示：

```
SQL> --关闭识别自定义变量的设置
SQL> set define off
SQL> INSERT  INTO  movieinfo
  2  VALUES('2015007','天降雄狮','成龙','&无','动作','2015.2','中国');

已创建 1 行。

SQL> --恢复识别自定义变量的设置
SQL> set define on
SQL> INSERT  INTO  movieinfo
  2  VALUES('2015008','冲上云霄','古天乐',chr(38)||'无','剧情','2015.2','中国')

已创建 1 行。

SQL>
```

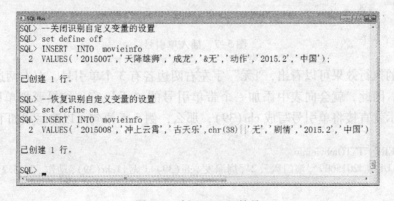

图 5-5　插入“&”符号

在上面的语句中，可以看出使用 set define off 命令关闭识别自定义变量的设置后，就可以直接向表中插入“&”符号了。在使用 set define on 恢复识别自定义变量的设置后，向表

中插入“&”符号就需要将“&”符号使用 chr(38)来代替。如果不使用 chr(38)来代替，就会出现图 5-6 所示的效果。

图 5-6　识别自定义变量设置

在图 5-6 的效果中，就是将“& 无”识别成一个自定义的变量“无”，因此，在语句执行完，就会要求输入“无”的值，并用输入的值替换变量名，作为给表中插入的值。

(2) 单引号的插入

单引号在 Oracle 中实际上有两个作用，除了用于标识字符型数据之外，还可以用作转义字符。单引号的匹配是遵循就近原则的，也就是说连续的两个单引号后面的字符是被转义字符，第 2 个单引号是转义字符。比如输入 4 个单引号，那么第 2 个单引号就是转义字符，第 3 个单引号就是被转义的字符，因此，输出的结果就是一个单引号。在 Oracle 11g 中，除了使用转义字符的形式插入单引号外，也可以使用 ASCII 码的方式来插入，单引号的 ASCII 码是 39。

【例 5-5】 将表 5-6 中的数据添加到电影信息表（movieinfo）。

表 5-6　例 5-5 中所用的数据

序　号	电影编号	名　称	主　演	上映时间	类　型	内　容	国　家
1	2015009	澳门风云	周润发	2015.2	动作	‘无’	中国

将上表中的数据添加到电影信息表中的添加语句及执行效果如图 5-7 所示。

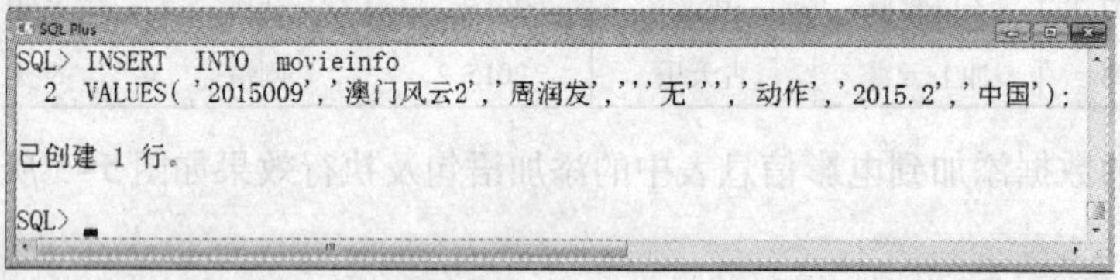

图 5-7　插入单引号

从上面的执行效果可以看出，“无”字左右两边各有 3 个单引号，左右两边分别转义成一个单引号。因此，就会向表中添加一个带单引号的‘无’字。如果要把单引号用 ASCII 码的形式表示就直接将单引号写成 chr(39)，那么，例 5-5 语句可以改写成如下所示。

```
INSERT  INTOmovieinfo
VALUES('2015009','澳门风云 2','周润发,chr(39)||'无||chr(39),'动作','2015.2','中国');
```

5.1.4　复制表中数据

向表中插入数据时，除了直接添加数据外，还可以利用其他表中的数据添加。通常，在实际应用中为了测试软件的功能或者是测试表中的数据，都会将数据先做备份，然后再进行测试。在 Oracle 11g 中，也可以使用 INSERT 语句复制表中的数据，具体语法如下所示。

```
INSERT INTO
table1 [ ( column_list1 ) ]
SELECT column_list2 FROM table2;
```

其中：

- table1：是准备增加数据的表名。
- column_list1：是表中的列名，放在括号中，中间用逗号隔开。
- column_list2：表示查询的列名，多个列名之间用逗号隔开。
- table2：数据来源表的表名，数据从这里被复制出来，增加到 table1 中。

📖 column_list1 和 column_list2 所列出的列的数目必须相等、数据类型相同或者能相互兼容。

如果 table1 和 table2 的表结构一致，上面的语句可以简化成如下写法。

```
INSERT INTO table1 SELECT * FROM table_name2
```

【例 5-6】 创建一张表 test，用于存放电影名称和国家，并将电影信息表（movieinfo）相应的内容复制到 test 表中。

根据题目要求，语句及执行效果如图 5-8 所示。

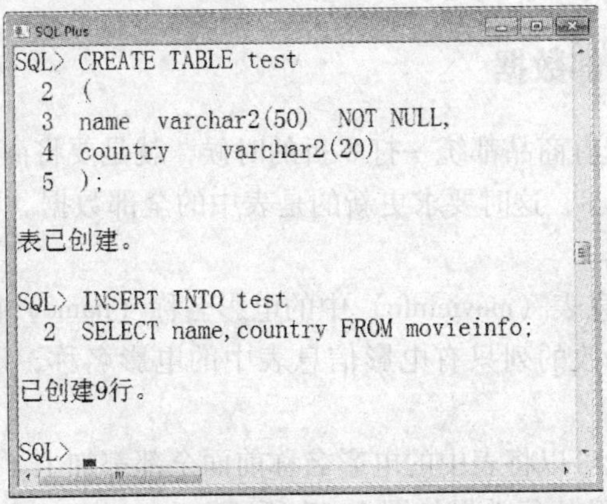

图 5-8　复制电影信息表（movieinfo）中的数据

从上面的执行结果可以看出，已经把电影信息表（movieinfo）中的 9 行记录全部复制到 test 表中。除了复制表中的全部数据外，还可以复制满足条件的一些数据，这就需要在 SELECT 查询语句后面加上 WHERE 条件子句，具体的条件查询将在第 7 章中详细介绍。

5.2　修改表中数据

在日常生活中，修改数据的操作是随处可见的。比如，在网上注册一份简历后，当联系方式或一些其他信息需要变更时，不需要重新注册一份简历，而是可以直接在原来简历的基础上修改。那么，这个操作实际上对于数据库来说就是对表的一个修改操作。在本节中将介绍如何编写修改表的语句。

5.2.1 基本语法

在需要变更表中的数据时，无论是要变更表中的全部数据还是有条件的变更数据，都可以使用 UPDATE 语句完成操作。具体语句如下所示。

```
UPDATE table_name
SET column1 = value1, column2 = value2, column3 = value3,...
[WHERE condition];
```

其中：

- UPDATE：关键字，用于修改数据。
- table_name：表名，要修改数据的表名。
- SET：关键字，用于设置表中的值。
- column1 = value1：column1 指的是表中的列名，value1 指的是要给表中的列设置的新值。在 SET 后面可以一次指定多个列的修改，当需要同时修改多个列值时，需要将每一对列和值之间用逗号隔开。需要注意的是，给每一个列修改的值一定要与该列的数据类型相匹配。
- [WHERE condition]：WHERE 子句是可选的，当有指定修改条件时使用。如果没有 WHERE 子句，那么，UPDATE 语句就是修改表中全部的数据。

5.2.2 修改表中的全部数据

当需要给某商场的所有商品都统一打 8 折的时候，就是要将商场中商品信息表中的商品价格列的值全部都乘以 0.8，这时要求更新的是表中的全部数据。下面就用一个实例来演示如何更新表中的全部数据。

【例 5-7】将电影信息表（movieinfo）中的电影名称（name）前面都加上一个“*”。

根据题目要求，要修改的列只有电影信息表中的电影名称，语句及执行效果如图 5-9 所示。

通过上面的语句，就可以将表中的电影名称前面全部都加上了一个“*”。查看添加了“*”的电影名称，语句及执行效果如图 5-10 所示。

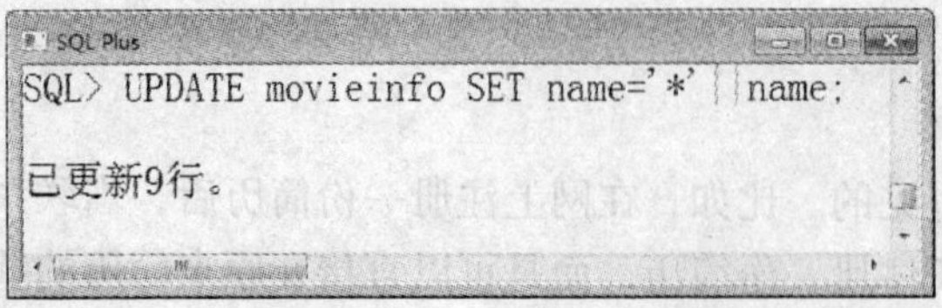

图 5-9 更新电影信息表（movieinfo）的电影名称

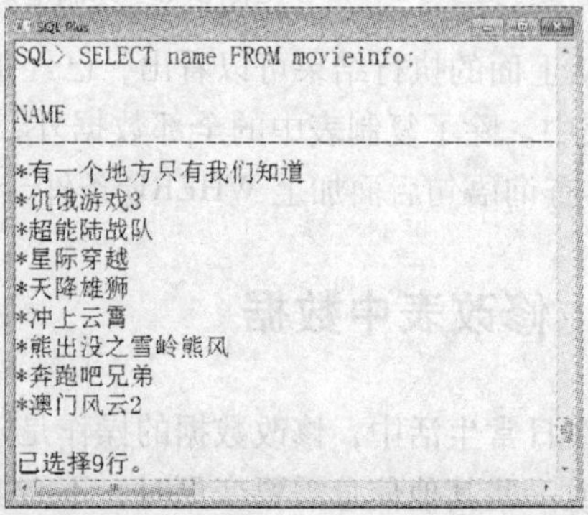

图 5-10 修改电影信息表中全部电影名称后的效果

5.2.3　按条件修改表中的数据

在修改数据时，要修改表中全部数据的情况毕竟是少数的。通常情况下，都是按照一定的条件来修改数据的。例如要将商城中服饰类的商品打折或者修改某一个学生的信息等。

【例 5-8】 将电影信息表（movieinfo）中类型名称（typename）是动画类的影片名称（name）前加“＊”。

根据题目要求，要使用 WHERE 子句来限制电影类型是动画类，语句及执行效果如图 5-11 所示。

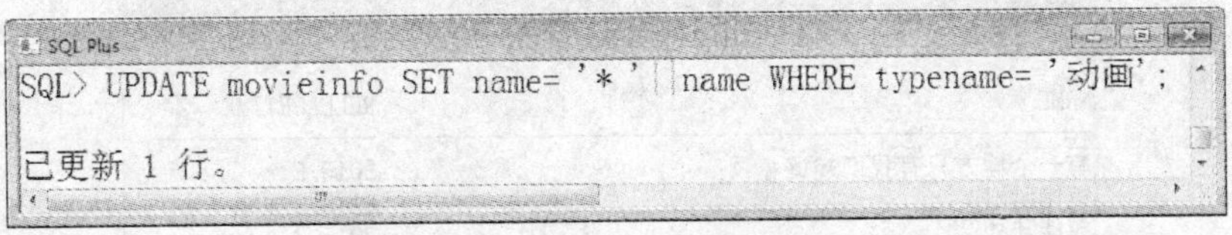

图 5-11　按条件更新电影信息表的影片名称

从上面的执行结果可以看出，在电影信息表中只有一个电影类型是动画类的，并且已经为该电影的名称前面加上了“＊”。

查询更新后所有电影信息表中的影片名称，语句及执行效果如图 5-12 所示。

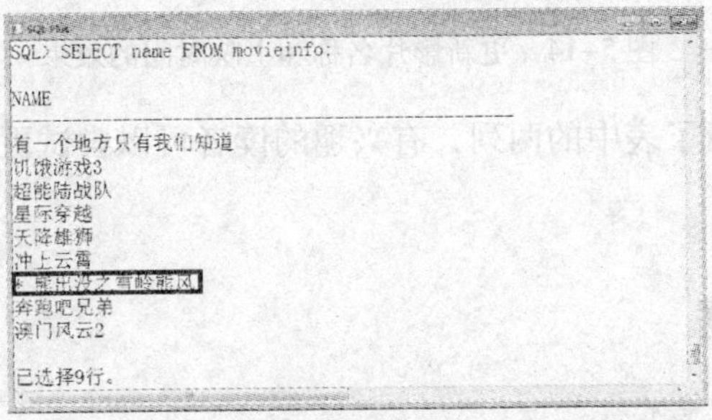

图 5-12　在动画类影片的名称前加“＊”的效果

在上面的执行效果中，可以看到只有“熊出没之雪岭熊风”这部动画类的影片前面被加上了“＊”。

📖 按条件更新数据时，条件的限制完全取决于 WHERE 子句中的条件。在上面的实例中，WHERE 子句中只有一个条件，实际上，在 WHERE 子句中可以使用多个条件，并且这些条件之间还可以使用不同的逻辑运算符连接。对于多条件的 WHERE 子句可以参考本书第 7 章中的内容。

前面的例子中，只列举了修改表中一个列的数据，下面通过例 5-9 来演示如何修改表中的多个列。

【例 5-9】 将电影信息表（movieinfo）中的类型名称（typename）是动作类影片的影片名称（name）前加“动作”，将上映时间（releasetime）都改成“2015.2”。

根据题目的要求，修改的语句及执行效果如图 5-13 所示。

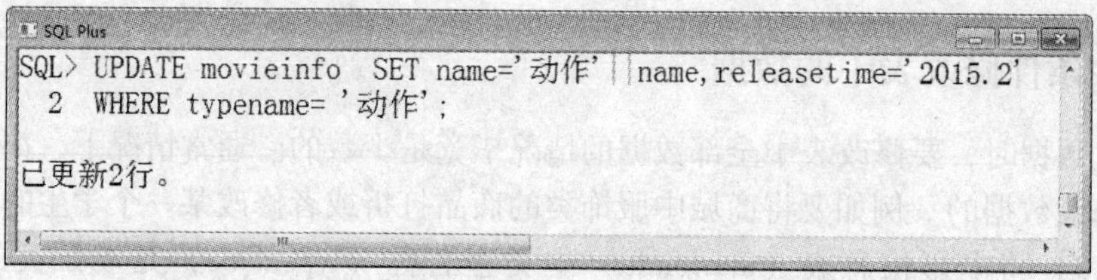

```
SQL> UPDATE movieinfo  SET name='动作'||name,releasetime='2015.2'
  2  WHERE typename= '动作';

已更新2行。
```

图 5-13　按条件更新影片名称和上映时间

更新后电影信息表中的影片名称和上映时间查询效果，如图 5-14 所示。

```
SQL> SELECT name,releasetime FROM movieinfo;

NAME                                          RELEASETIME
--------------------------------------------  ------------
有一个地方只有我们知道                          2015.2
饥饿游戏3                                      2015.2
超能陆战队                                      2015.2
星际穿越                                        2014.11
动作天降雄狮                                    2015.2
冲上云霄                                        2015.2
熊出没之雪岭熊风                                2015.1
奔跑吧兄弟                                      2015.1
动作澳门风云2                                   2015.2

已选择9行。
```

图 5-14　更新影片名称和上映时间的效果

上面的例按照例更新了表中的两列，有兴趣的读者可以尝试更新更多的列，甚至是表中的全部列。

5.3　删除表中数据

在网上购买商品时，删除订单中的商品或者是删除整个订单的操作，都相当于是对数据表的删除操作。在数据库中，表都是以行的形式来存储数据的，因此，删除数据时只能删除某一行或者多行的数据，不能直接删除一列的值。本节将介绍如何删除表中数据的操作。

5.3.1　基本语法

删除表中的数据使用 DELETE 语句来完成，它与更新表中的数据类似，可以选择删除全部数据，也可以根据条件来删除数据。具体的语法如下所示。

```
DELETE[FROM] table_name
[WHERE condition];
```

其中：

- DELETE[FROM]：关键字，删除表中数据时使用。FROM 可以省略。
- table_name：表名。
- [WHERE condition]：WHERE 子句是可选的，它作为指定删除条件时使用。如果没有 WHERE 子句，那么，DELETE 语句就是删除表中全部的数据。

📖 如果表中的数据比较多，要全部删除，就会耗费很多时间。在这种情况下，可以使用截断表的语句 TRUNCATE TABLE 来删除表中的全部数据，这样就节省了删除数据的时间。另外，在删除表中数据时，为了安全起见，可以先对表中的数据进行备份。

5.3.2　删除表中的全部数据

删除表中的全部数据实际上就是对表数据的清空，也就是只保留表结构。一般在删除表数据之前，先要查看表中的现有数据，这样就可以确定是否要删除该表中的数据。

【例 5-10】 将电影信息表（movieinfo）中的数据复制到表 new_movieinfo 中，然后将表 new_movieinfo 中的数据全部删除。

根据题目要求，先创建 new_movieinfo 表来存放电影信息表（movieinfo）中的数据，然后再删除表 new_movieinfo 中的全部数据。语句及执行效果如图 5-15 所示。

```
SQL Plus
SQL> CREATE TABLE new_movieinfo
  2  AS
  3  SELECT * FROM movieinfo;

表已创建。

SQL> DELETE FROM new_movieinfo;

已删除9行。
```

图 5-15　删除表中的全部数据

这样，new_movieinfo 表中的数据就被清空了。

5.3.3　按条件删除数据

通常，在实现软件的具体功能时，其大多数的删除操作都是按条件来删除数据的。例如删除网站上某一条或几条新闻，删除某一条影片信息等。有时，为了保留原始数据，在设计数据表时都会为表设计一个删除标识列，用于标识该条数据是否被删除。删除标识列经常被设置成 char 类型或 number 类型，当列的值是 T 或者 1 时，表示该值所对应的这条数据已经被删除，并且在向具有删除标识列的表中添加数据时，该列会被默认添加成 F 或者 0。

【例 5-11】 删除电影信息表（movieinfo）中上映时间（releasetime）是“2015.1”的电影。

根据题目要求，在 WHERE 子句后面只需要用“releasetime = 2015.1”作为限制条件来删除数据，语句及执行效果如图 5-16 所示。

```
SQL Plus
SQL> DELETE FROM movieinfo
  2  WHERE releasetime='2015.1';

已删除2行。
```

图 5-16　按条件删除数据

从上面的执行效果可以看出，在电影信息表

（movieinfo）中有两条上映时间是“2015.1”的数据已经被删除了。为了验证删除效果，查询电影信息表（movieinfo）中的电影名称和上映时间，语句及执行效果如图 5-17 所示。

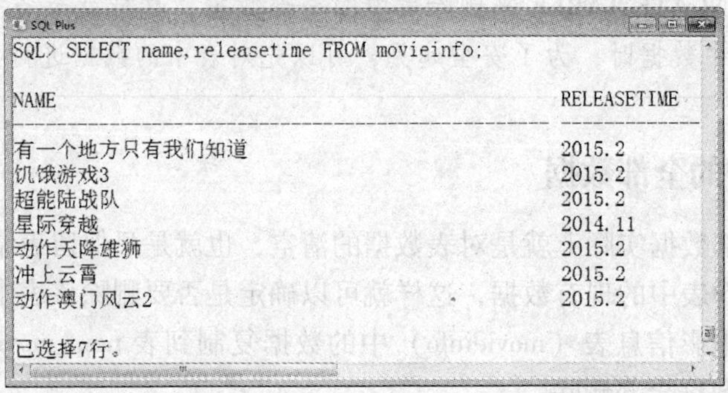

```
SQL> SELECT name,releasetime FROM movieinfo;

NAME                                              RELEASETIME
------------------------------------------------- -----------
有一个地方只有我们知道                            2015.2
饥饿游戏3                                         2015.2
超能陆战队                                        2015.2
星际穿越                                          2014.11
动作天降雄狮                                      2015.2
冲上云霄                                          2015.2
动作澳门风云2                                     2015.2

已选择7行。
```

图 5-17　删除上映日期是“2015.1”后的电影信息

5.4　实例演练——操作学生管理信息系统表中的数据

在第 4 章中，已经创建了学生管理信息系统中所用到的数据表。在本节中将对这些表的数据做如下的操作。

1）分别向学生信息表（student）、课程信息表（course）、班级信息表（classinfo）、专业信息表（majorinfo）以及成绩信息表（gradeinfo）添加 3 条数据。

2）将课程信息表复制到 test 表中。

3）将课程名称是“计算机基础”的课程学分加上 0.5。

4）将学号为 150001 的学生电话号码更新为“13812345678”。

5）删除班级编号是 1501 的班级信息。

6）删除 test 表中的全部数据。

下面就分别完成上面列出的 6 个操作。

1）由于在第 4 章中，创建表时就为这些表之间设置好了约束关系，因此，在向这些表中添加数据时，要先添加设置主外键时主键所在的表。那么，向这些表添加数据的顺序就可以是班级信息表（classinfo）、专业信息表（majorinfo）、课程信息表（course）、学生信息表（student）、成绩信息表（gradeinfo）。具体添加的数据分别如表 5-7 ~ 表 5-11 所示。

表 5-7　班级信息表（classinfo）中所需数据

序　号	班级编号	年　级	名　称
1	1501	2014 级	计算机 1 班
2	1502	2013 级	会计 1 班
3	1503	2015 级	自动化 1 班

表 5-8　专业信息表（classinfo）中所需数据

序　号	专业编号	名　称
1	0001	计算机

（续）

序　　号	专业编号	名　称
2	0002	会计
3	0003	自动化

表 5–9　课程信息表（classinfo）中所需数据

序　　号	课程编号	课程名称	学　　分	备　　注
1	1001	计算机基础	0.5	无
2	1002	会计电算化	1	无
3	1003	电子技术	1	无

表 5–10　学生信息表（student）中所需数据

序号	学号	姓名	专业编号	班级编号	性别	民族	入学日期	身份证号	电话	电子邮件	备注
1	150001	张小林	0001	1501	男	汉	2015.9	无	13112345678	无	无
2	140001	王铭	0002	1401	男	回	2014.9	无	13212345678	无	无
3	130001	吴琪	0001	1301	女	汉	2013.9	无	13312345678	无	无

表 5–11　成绩信息表（gradeinfo）中所需数据

序　　号	学　　号	课程编号	成　　绩	学　　期	备　　注
1	150001	1001	86	2015 第 1 学期	无
2	140001	1002	90	2014 第 2 学期	无
3	130001	1001	92	2014 第 1 学期	无

向各表中添加数据的语句如下所示。

```
--向班级信息表添加的数据
INSERT INTO classinfo VALUES('1501','2014 级','计算机 1 班');
INSERT INTO classinfo VALUES('1502','2013 级','会计 1 班');
INSERT INTO classinfo VALUES('1503','2015 级','自动化 1 班');
--向专业信息表添加的数据
INSERT INTO majorinfo VALUES('0001','计算机');
INSERT INTO majorinfo VALUES('0002','会计');
INSERT INTO majorinfo VALUES('0003','自动化');
--向课程信息表添加的数据
INSERT INTO course VALUES('1001','计算机基础',0.5,'无');
INSERT INTO course VALUES('1002','会计电算化',1,'无');
INSERT INTO course VALUES('1003','电子技术',1,'无');
--向学生信息表添加的数据
INSERT INTO student VALUES('150001','张小
林','0001','1501','男','汉','2015.9','无','13112345678','无','无');
INSERT INTO student VALUES('140001','王
铭','0002','1401','男','回','2014.9','无','13212345678','无','无');
INSERT INTO student VALUES('130001','吴
琪','0001','1301','女','汉','2013.9','无','13312345678','无','无');
--向成绩信息表添加的数据
```

```
INSERT INTO gradeinfo VALUES('150001','1001',86,'2015 第 1 学期','无');
INSERT INTO gradeinfo VALUES('140001','1002',90,'2014 第 2 学期','无');
INSERT INTO gradeinfo VALUES('130001','1001',92,'2014 第 1 学期','无');
```

由于篇幅有限，这里只显示部分语句的执行效果，如图 5-18 所示。

```
SQL> 一向班级信息表添加的数据
SQL> INSERT INTO classinfo VALUES('1501','2014级','计算机1班');

已创建 1 行。

SQL> INSERT INTO classinfo VALUES('1502','2013级','会计1班');

已创建 1 行。

SQL> INSERT INTO classinfo VALUES('1503','2015级','自动化1班');

已创建 1 行。

SQL> 一向专业信息表添加的数据
SQL> INSERT INTO majorinfo VALUES('0001','计算机');

已创建 1 行。

SQL> INSERT INTO majorinfo VALUES('0002','会计');

已创建 1 行。
SQL> INSERT INTO majorinfo VALUES('0003','自动化');

已创建 1 行。

SQL> 一向课程信息表添加的数据
SQL> INSERT INTO course VALUES('1001','计算机基础',0.5,'无');

已创建 1 行。

SQL> INSERT INTO course VALUES('1002','会计电算化',1,'无');
已创建 1 行。

SQL> INSERT INTO course VALUES('1003','电子技术',1,'无');
```

图 5-18　向表中添加数据

2）复制表可以用两种方式，一种是在创建表时复制表数据，另一种是使用 INSERT 语句。在这里分别提供使用这两种方式的语句，语句及执行效果如图 5-19 所示。

```
SQL> --在创建表时复制表数据
SQL> CREATE  TABLE  test
  2  AS
  3  SELECT * FROM course;

表已创建。

SQL> --使用INSERT语句复制表数据，为了避免表重名，下面使用test_new表
SQL> CREATE  TABLE  test_new
  2  (
  3  courseid varchar2(10),
  4  coursename varchar2(20),
  5  credit number(3,1),
  6  remarks   varchar2(100)
  7  );

表已创建。

SQL> INSERT INTO test_new
  2  SELECT * FROM course;

已创建3行。
```

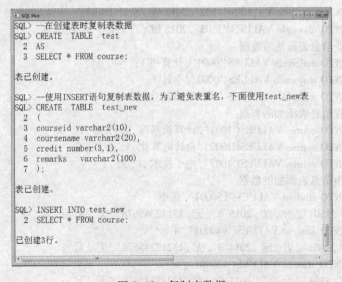

图 5-19　复制表数据

从上面的执行效果可以看出，将数据复制到 test 表时，如果 test 不存在，最好使用在创建表时复制表数据的方式，如果 test 已经存在，那么就使用 INSERT 语句复制。

3）按条件修改课程表中的学分，语句及执行效果如图 5-20 所示。

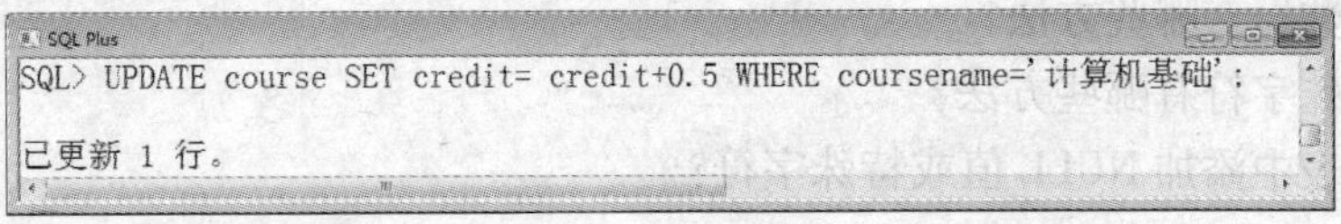

```
SQL> UPDATE course SET credit= credit+0.5 WHERE coursename='计算机基础';

已更新 1 行。
```

图 5-20　修改“计算机基础”课程的学分

4）按条件修改学生信息表中的电话，语句及执行效果如图 5-21 所示。

```
SQL> UPDATE student SET tel='13812345678' WHERE id='150001';

已更新 1 行。
```

图 5-21　修改学号是“150001”的学生电话

5）按条件删除 1501 班级的信息，语句及执行效果如图 5-22 所示。

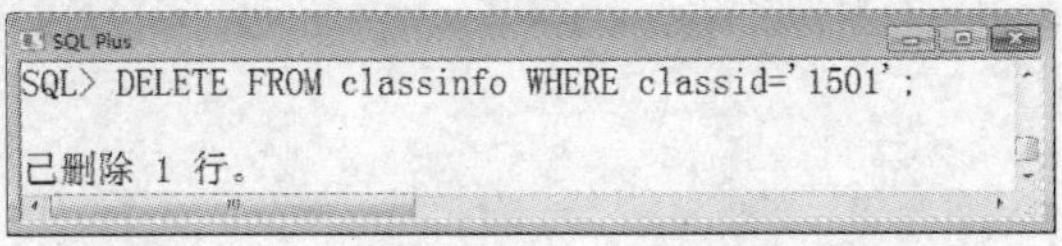

```
SQL> DELETE FROM classinfo WHERE classid='1501';

已删除 1 行。
```

图 5-22　删除班级号是“1501”的班级信息

6）删除 test 表的全部信息，可以使用两种方式，一种是截断表，一种是无条件的删除。这两种方式删除数据的语句及执行效果如图 5-23 所示。

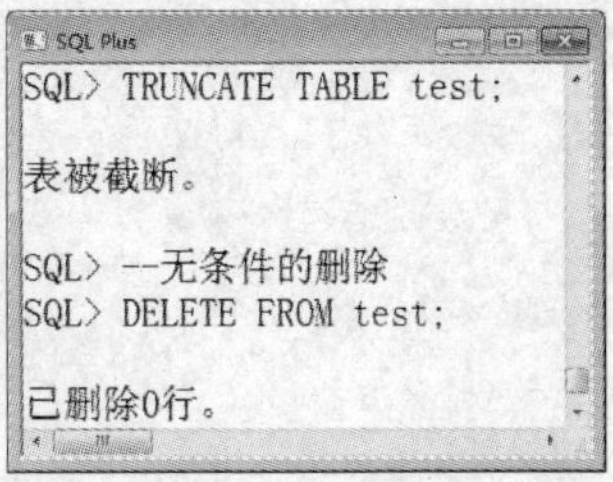

```
SQL> TRUNCATE TABLE test;

表被截断。

SQL> --无条件的删除
SQL> DELETE FROM test;

已删除0行。
```

图 5-23　删除 test 表中全部数据

从上面的删除效果可以看出，在将表截断后，使用 DELETE 语句再删除表中数据时，表中已经没有数据了。

至此，就完成了对学生管理信息表中的 6 个操作的演练。有兴趣的读者，还可以尝试对上面涉及的表进行其他操作。

5.5　本章小结

通过本章的学习，读者能够熟练掌握 SQL 语句中 DML 部分的语句，也就是操作表数据的语句。在向表中添加数据时，能够根据实际情况灵活选择向指定列添加数据、向表中添加特殊值以及复制表数据的方法；在修改和删除表中数据时，能够按照不同条件构成修改和删除的语句。

5.6　习题

1. 填空题

1）DML 语句包含________、________、________语句。

2）关闭识别自定义变量的命令是__________________________。

3）删除表中全部数据可以使用____________和____________语句。

2. 简答题

1）复制表数据有哪些方法？

2）添加特殊字符有哪些方法？

3）如何向表中添加 NULL 值或特殊字符？

3. 操作题

基于本章中使用的电影信息表（movieinfo），完成如下操作。

1）向表中任意添加两条数据。

2）复制电影信息表的所有数据到 movieinfo_test 中。

3）修改 movieinfo_test 表，将所有电影的上映日期更改成“2015. 2”。

4）修改 movieinfo_test 表，将“动画”类型的电影，影片名称后面加上“动画”，并将内容简介修改成“无”。

5）删除 movieinfo_test 表中所有“动作”类型的电影。

第6章　函　　数

在对表中的数据进行操作时，有时需要对其中的数据进行计算，比如，有一个用户信息表，其中包括了用户名和密码两列，如果在输入密码时不区分大小写，那么，在数据库中，查询密码时可以将密码列的值转换成小写或大写，再将输入的密码值也转换成相应的小写或大写的形式进行比较即可。对数据表中列值的大小写转换可以使用 Oracle 数据库中提供的系统函数来实现。灵活使用 Oracle 中的系统函数和用户自定义函数，会在 SQL 语句中起到事倍功半的效果。

本章的学习目标如下。

- 掌握系统函数的类型及其常用函数的使用方法。
- 掌握创建和使用自定义函数的方法。

6.1　系统函数

系统函数是指 Oracle 数据库中自带的函数，使用的时候只需要直接用函数名和相关的参数即可调用。在 Oracle 数据库中提供的系统函数很多，可以将其大体上分为数值函数、字符函数、日期函数、数据类型转换函数等。这些函数既可以用在具体的值上，也可以用于表中的某个列上。在本节就每类函数中常用的函数做以介绍。

6.1.1　数值函数

数值函数的作用主要是用于计算值的，不仅可以直接用函数计算给定的值，也可以用于计算数据表中列的值。数值函数主要包括求绝对值的函数、取余函数、取整函数、幂函数、三角函数等。

1. 绝对值

绝对值函数的作用是输入一个数，返回该数的绝对值。如果是正数，就返回该数本身；如果是负数，就返回该数的正数形式。绝对值函数用 ABS(n)来表示，n 代表输入的数，n 的数据类型要求是数值类型的，也可以是能隐式转换成数值类型的值，比如：'123 '，可以隐式转换成整数 123。参数 n 的值可以是固定的值，也可以是表中的某个列的值。

在使用函数之前，先要介绍一个特殊的表 DUAL，该表实际上是由一行一列组成的，在 Oracle 中，常用于在 SELECT 语句中充当目标表，没有具体的意义。在本章中的所有函数实例中都将用到该表。

【例 6-1】使用 ABS 函数分别对 123，－123，0 取绝对值。

根据题目要求，语句及执行效果如图 6-1 所示。

2. 取余函数

取余函数的作用就对给定的 2 个数取余数，可以用于判断一个数是否能被另一个数整除。取余函数用 MOD（n1，n2）表示，返回的结果是 n1 除以 n2 的余数，其中 n1 和 n2 这个参数的类型必须是数值类型或是可以隐式转成数值类型。当 n2 为 0 时，并不会出现错误

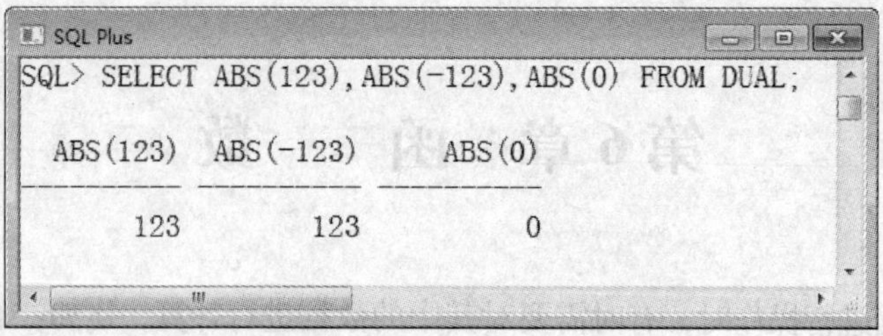

图 6-1　ABS 函数的应用

而是直接返回 n1 的值。

【例 6-2】使用 MOD 函数对 10 与 3，－10 与 3 以及 10 与 0 三组数取余数。

根据题目要求，语句及执行效果如图 6-2 所示。

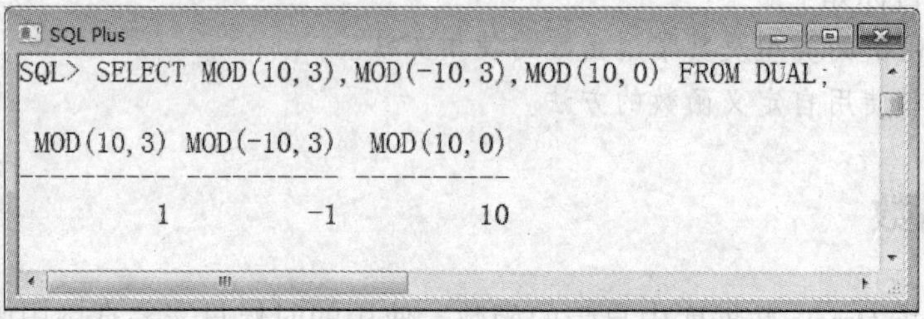

图 6-2　MOD 函数的应用

3. 取整函数

CEIL(n)和 FLOOR(n)函数是用于取整的，作用分别是用于返回大于等于输入参数的最小整数和小于等于输入参数的最大整数。对于这两个函数中的参数类型要求是数值类型的，并且要求是十进制数，另外也可以是由其他类型隐式转换成数值类型的值。

【例 6-3】使用 CEIL 和 FLOOR 函数分别对 56.56、85.28、78 取整。

根据题目要求，语句及执行效果如图 6-3 所示。

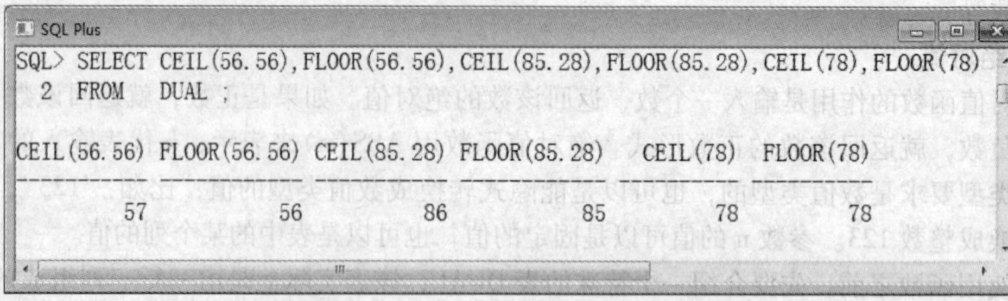

图 6-3　CEIL 和 FLOOR 函数的应用

从运行结果可以看出，CEIL 函数相当于不管小数点后的数是否能够四舍五入都会直接进一，而 FLOOR 函数则是不管小数点后的数是什么都会舍去。如果给这两个函数输入的值是整数，那么，返回结果是一样的，保留整数本身。

4. 四舍五入函数

如果需要对值进行取整，但是又需要四舍五入时，那么就需要使用 Oracle 提供的四舍五入函数来实现。ROUND(n，i)是四舍五入函数，在参数列表中有两个参数，第 1 个参数是需要四舍五入的值，并且类型是数值类型的，或者是可以隐式转换成数值类型的值；第2参数是用于指定四舍五入的位置，如果i的值为正，就表示对n保留i位小数；如果i的值为负，就表示保留n的小数点前i位，如果给定的参数是整数，那么就相当于是从小数点开始向左第i位四舍五入；如果i的值为0，就表示对n取整，省略i的值，默认是0。

【例6-4】使用ROUND函数对45.789保留2位小数、对789.5取整、对1245的个位四舍五入。

根据题目要求，语句及执行效果如图6-4所示。

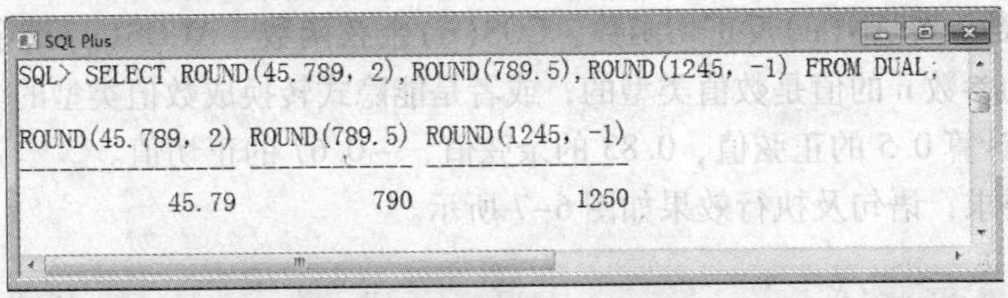

图6-4 ROUND函数的应用

从上面的运行结果可以看出，ROUND函数中的第2个参数为-1时代表的是将1245的个位数四舍五入。

5. 幂函数

幂函数的表示形式是POWER(n, i) 函数，这里，n和i都是数值类型的值，或者可以隐式转换成数值类型的数据。另外，如果n为负数，i必须为正数。用于计算n的i次幂。比如，计算2的5次幂，可以写成POWER（2，5）。

【例6-5】计算-3的3次幂，10.2的2次幂，5的2.5次幂。

根据题目要求，语句及执行效果如图6-5所示。

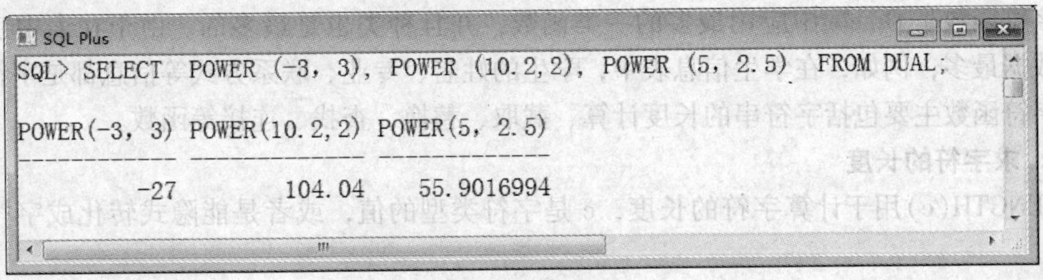

图6-5 POWER函数的应用

6. 求平方根函数

平方根函数用SQRT(n)表示，n是数值类型的正数，或者可以隐式转换成正数的数据类型。比如，求25的平方根，就用SQRT(25)表示，结果是5。

【例6-6】分别计算'125 '、25、0、100.5的平方根。

根据题目要求，语句及执行效果如图6-6所示。

从运行结果可以看出，'125 '是一个字符型的值，但是可以隐式转换为整数，所以可以在SQRT函数中使用。如果传入的参数值是0，结果也是0。

7. 三角函数

三角函数在Oracle 11g中提供了很多，包括SIN(n)正弦函数、ASIN(n)反正弦函数、

```
SQL> SELECT  SQRT ('125'), SQRT (25), SQRT (0),SQRT(100.5)  FROM DUAL;

SQRT('125')   SQRT(25)     SQRT(0)  SQRT(100.5)
-----------  ----------  ----------  -----------
 11.1803399          5           0  10.0249688
```

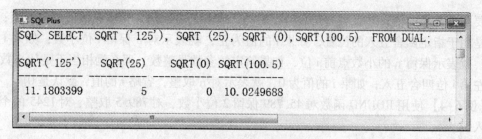

图 6-6　SQRT 函数的应用

TAN(n)正切函数、ATAN(n)反正切函数、COS(n)余弦函数、ACOS(n)反余弦函数等。这些三角函数中的参数 n 的值是数值类型的，或者是能隐式转换成数值类型的。

【例 6-7】 计算 0.5 的正弦值、0.83 的余弦值、-0.67 的正切值。

根据题目要求，语句及执行效果如图 6-7 所示。

```
SQL> SELECT  SIN (0.5), COS (0.83), TAN (-0.67)  FROM DUAL;

  SIN(0.5)  COS(0.83) TAN(-0.67)
---------- ---------- ----------
.479425539 .67487576 -.79225417
```

图 6-7　三角函数的应用

其他三角函数的用法类似，这里就不再一一赘述了。

6.1.2　字符函数

字符函数是 Oracle 中应用最多的一类函数，并且种类也是最多的。由于在表中字符类型的数据最多，例如，在学生信息表中，学生的姓名、专业、联系方式等信息都是字符类型的。字符函数主要包括字符串的长度计算、截取、替换、查找、连接等函数。

1. 求字符的长度

LENGTH(c)用于计算字符的长度，c 是字符类型的值，或者是能隐式转化成字符类型的值。

【例 6-8】 计算"abc d"，123.45，"aa c d" 字符的长度。

根据题目要求，语句及执行效果如图 6-8 所示。

```
SQL> SELECT  LENGTH ('abc d'), LENGTH (123.45), LENGTH ('aa c d')  FROM DUAL;

LENGTH('ABCD') LENGTH(123.45) LENGTH('AACD')
-------------- -------------- --------------
             5              6              6
```

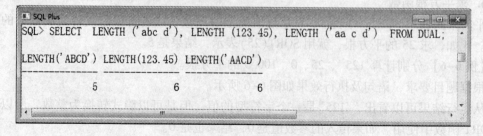

图 6-8　LENGTH 函数的应用

从得出的结果可以看出，空格也是要算长度的。

2. 截取字符串

SUBSTR(c,p[,str_length])是用于截取字符串的函数，前两个参数是必填的，后一个参数是可选的。c 代表的是要截取的字符串；p 是整数，代表的是截取的位置；str_length 代表的要截取字符串的长度，如果省略该参数，就是从 p 位置截取到字符串结束。例如，给定“abcdef”，截取 bc，那么该函数就可以写成 SUBSTR（'abcdef'，2，2）。

【例 6-9】 对字符串“123abcABC”按如下要求截取：

1）截取 123。

2）截取 abc。

3）截取 abcABC。

根据题目要求，语句及执行效果如图 6-9 所示。

```
SQL> SELECT SUBSTR('123abcABC',1,3),SUBSTR('123abcABC',4,3),SUBSTR('123abcABC',4) FROM DUAL;

SUB SUB SUBSTR
--- --- ------
123 abc abcABC
```

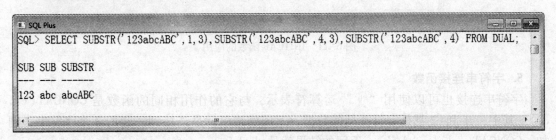

图 6-9　SUBSTR 函数的应用

从执行效果可以看出，第 3 个是没有指定要截取字符的个数的结果，即从字符开始截取的位置一直截取到字符结束。

📖 SUBSTR 是应用最广泛的字符函数之一，通常都是使用它对表中的列值进行截取，以完成一些具体应用。比如，比较产品编号的前两位、姓氏以及根据身份证号得出出生日期等。

---

3. 字符大小写转换

将字符进行大小写转换，能够有效地解决在比较字符时不区分大小写的情况。比如，输入的用户名不区分大小写，输入的邮箱名不区分大小写等。将字符从大写转换成小写使用的函数是 LOWER(c)，参数 c 就是任意的字符类型的数据；将字符从小写转换成大写使用的函数是 UPPER(c)，同样，参数 c 也是任意的字符类型的数据。

【例 6-10】 将“abcAbc”转换成大写，将“aaa123”转换成大写，将“ABDEcc”转换成小写。

根据题目要求，语句及执行效果如图 6-10 所示。

```
SQL> SELECT UPPER('abcAbc'),UPPER('aaa123'),LOWER('ABDEcc') FROM DUAL;

UPPER( UPPER( LOWER(
------ ------ ------
ABCABC AAA123 abdecc
```

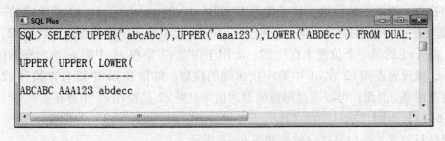

图 6-10　大小写转换函数的应用

4. 首字母大写转换函数

通常有些英文单词从表中查询时需要首字母大写，比如英文名字等。首字母大写转化函数是 INITCAP(c)，其中 c 是字符型数据。

【例 6-11】将“anny”和“BANK”的首字母大写。

根据题目要求，语句及执行效果如图 6-11 所示。

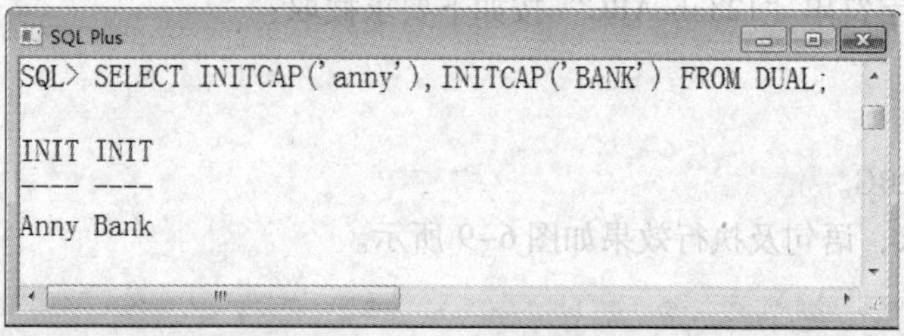

图 6-11　INITCAP 函数的应用

5. 字符串连接函数

字符串连接也可以使用“‖”运算符表示，与它的作用相同的函数是 CONCAT(c1, c2)。其中，c1 和 c2 都是字符类型的数据，返回的结果就是连接到一起的 2 个字符串。例如，CONCAT(‘abc’,‘def’)，返回的结果就是 abcdef。

【例 6-12】分别使用 CONCAT 函数和“‖”运算符，完成“abc”和“ABC”的连接，“1234”和“abc”连接的操作。

根据题目要求，语句及执行效果如图 6-12 所示。

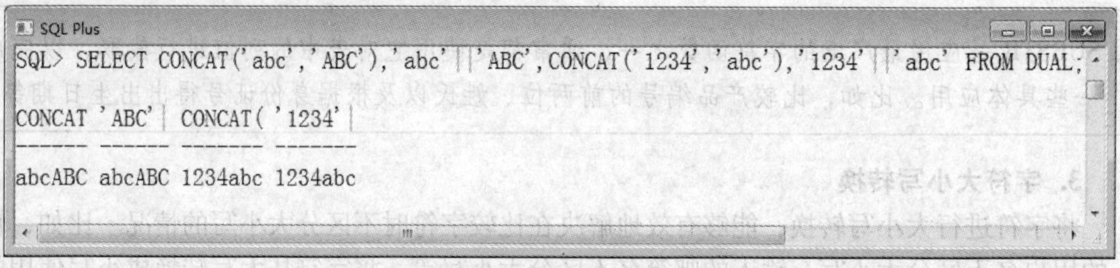

图 6-12　CONCAT 函数的应用

从上面的执行结果可以看出，使用 CONCAT 函数与“‖”运算符连接字符串的效果是一样的。

6. 字符串查找函数

字符串查找函数主要用于在一个字符串中查找是否含有要查找的子字符串，并能够返回子字符串在原字符串中的位置。该函数是 INSTR(c1,c2[,n[,m]])，c1 是给定的一个字符串；c2 是要在 c1 中查找的字符串；n 表示在 c1 字符串中第 n 个位置查找字符串 c2，如果省略 n，代表从 c1 的第一个位置来查找 c2；m 用于指定 c2 是在 c1 中第 m 次出现的位置，如果省略 m，就代表查找 c2 在 c1 中第一次出现的位置。如果在 c1 中没有查找到 c2，那么，该函数将返回 0。因此，可以通过函数的返回值来判断 c2 是否在 c1 中存在。

【例 6-13】返回“good”在“Have a good time”和“very well”的位置。

根据题目要求，语句及执行效果如图 6-13 所示。

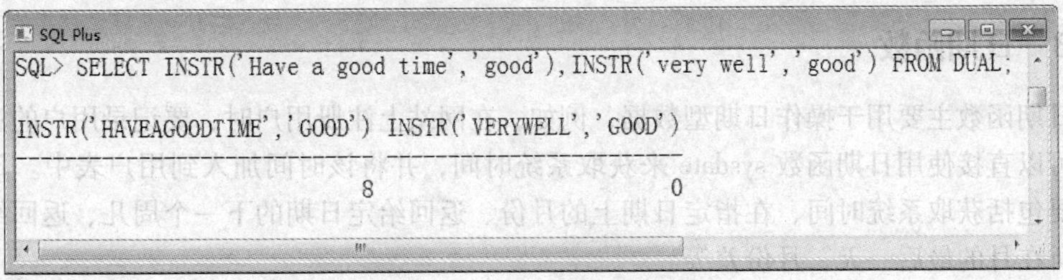

图 6-13　INSTR 函数的应用

从执行效果可以看出，第一个函数查询结果中显示“good”出现的位置是 8；第二个函数查询结果是 0，也就是“good”不在查找的字符串中。

7. 替换函数

替换函数也是经常用到的，比如，在查询结果中可以将表中某些编码或者特殊字母做以替换，让其显示结果更具有实际意义。该函数是 REPLACE（c1，c2［，c3］），c1 是要进行替换的字符串，c2 是要替换的 c1 中的子字符串，c3 是要将 c2 替换的字符串。如果省略了 c3，就将 c2 替换成空格。

【例 6-14】将“anny@163. com”中的“@”替换成“#”，将“abc11aabc123ab”中的“ab”替换成“AA”。

根据题目要求，语句及执行结果如图 6-14 所示。

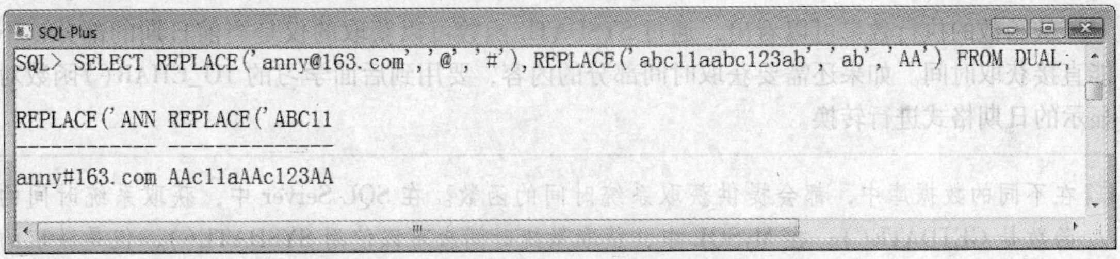

图 6-14　REPLACE 函数的应用

除了上面给出的函数示例外，还有如表 6-1 所示的常用字符函数。

表 6-1　其他常用字符函数

序　号	函　　数	说　　明
1	RPAD(c1,n[,c2])	在字符串 c1 的右边用字符串 c2 填充，直到字符串的长度为 n。如果省略 c2，则用空格来填充字符串 c1 到字符串的长度 n
2	LPAD(c1,n[,c2])	在字符串 c1 的左边用字符串 c2 填充，直到字符串的长度为 n。如果省略 c2，则用空格来填充字符串 c1 到字符串的长度 n
3	TRIM ([LEADING | TRAILING | BOTH][c2 FROM] c1)	删除字符串首尾指定字符的函数。LEADING 用于从字符串的首位置删除，TRAILING 用于从字符串的尾位置删除，BOTH 用于从首尾都删除。c1 是被操作的字符串，c2 是要删除的字符串。如果省略［c2 FROM］，则表示删除的是空格
4	RTRIM(c1[,c2])	从有边删除指定的字符。c1 是被操作的字符串，c2 是要删除的字符。如果省略 c2，则表示删除右边的空格
5	LTRIM(c1[,c2])	从右边删除指定的字符。c1 是被操作的字符串，c2 是要删除的字符。如果省略 c2，则表示删除左边的空格

6.1.3 日期函数

日期函数主要用于操作日期型数据，例如，在网站上注册用户时，要记录用户的注册时间，可以直接使用日期函数 sysdate 来获取系统时间，并将该时间加入到用户表中。日期函数主要包括获取系统时间、在指定日期上的月份、返回给定日期的下一个周几、返回给定日期的所在月的最后一天、月份差等。

1. 获取系统时间

获取系统时间的函数是 SYSDATE，不带任何的参数。获取的日期格式是 DD - MON - RR，例如 31 - 5 月 - 15，表示 2015 年 5 月 31 日。

【例 6-15】获取系统时间。

根据题目要求，语句及执行效果如图 6-15 所示。

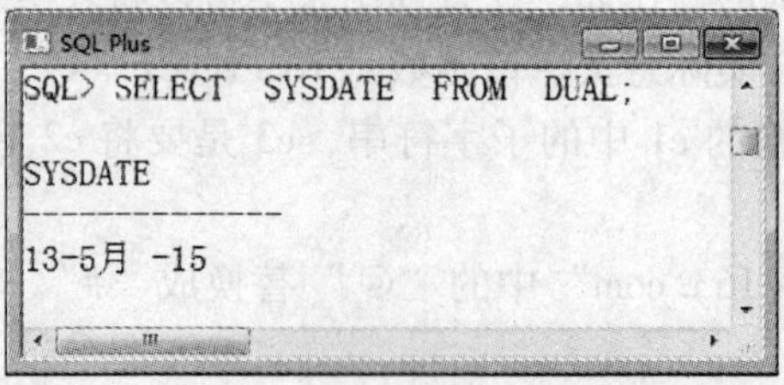

图 6-15　获取系统时间

从函数的执行效果可以看出，通过 SYSDATE 函数可以获取的仅是当前日期的部分，不能直接获取时间。如果还需要获取时间部分的内容，要用到后面学习的 TO_CHAR( ) 函数对显示的日期格式进行转换。

📖 在不同的数据库中，都会提供获取系统时间的函数。在 SQL Server 中，获取系统时间的函数是 GETDATE( )；在 MySQL 中，获取系统时间也可以使用 SYSDATE( )，但是获取的时间不仅包括日期部分也包括时间部分，此外，还可以通过 NOW( ) 来获取系统时间。

---

2. 为日期加上指定的月份

ADD_MONTHS（d，n）函数，d 是日期类型的值，n 是一个整数，该函数返回的是在指定的日期 d 上加上 n 个月后的日期。如果 n 为正数，直接加上相应的月份；如果 n 为负数，就减去相应的月份。

【例 6-16】分别计算当前日期加上 6 个月以及减去 3 个月的日期。

根据题目要求，语句及执行效果如图 6-16 所示。

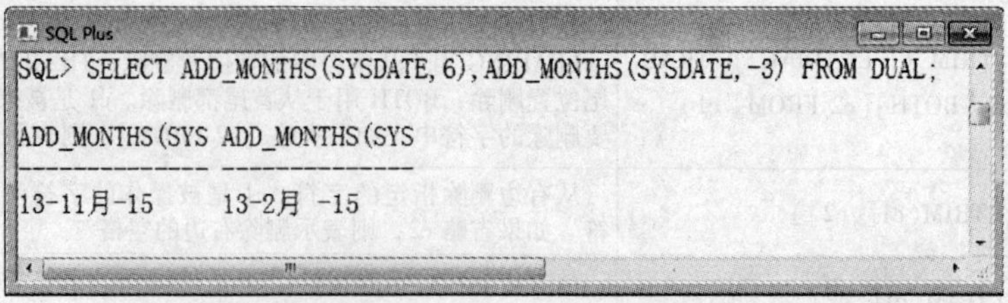

图 6-16　ADD_MONTHS 函数的应用

除了在系统时间上加上指定的月份外，也可以用其他的时间，但是一定要注意日期类型的格式。

3. 返回指定日期所在月的最后一天

LAST_DAY(d)函数，用于返回指定日期 d 所在月的最后一天，通过它可以判断当月是大月还是小月或者用于判断当前月还剩余多少天时，需要用当前月的最后一天减去现在的天数。

【例 6-17】 返回系统时间所在的月的最后一天以及 2015 年 2 月份的最后一天。

根据题目要求，语句及执行效果如图 6-17 所示。

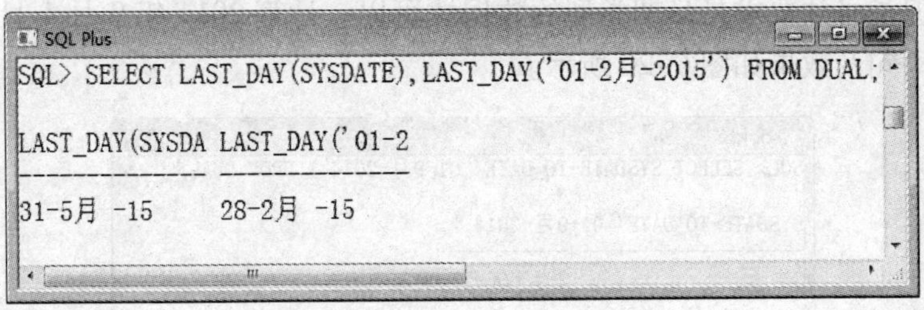

图 6-17　LAST_DAY 函数的应用

4. 返回指定日期后的周几

NEXT_DAY(d,c)函数，返回的是日期 d 之后星期 c 的日期。这里的参数 c 表示的就是星期几，在中文环境下，直接输入星期几即可，在英文环境下，输入星期的英文或者是英文缩写。通过使用该函数可以指定工作计划的时间，比如，要在下周二之前完成报告，就可以使用该函数获得下周二的日期。

【例 6-18】 返回系统时间之后的星期五、2015 年 2 月 19 日之后的星期二所对应的日期。

根据题目要求，语句及执行效果如图 6-18 所示。

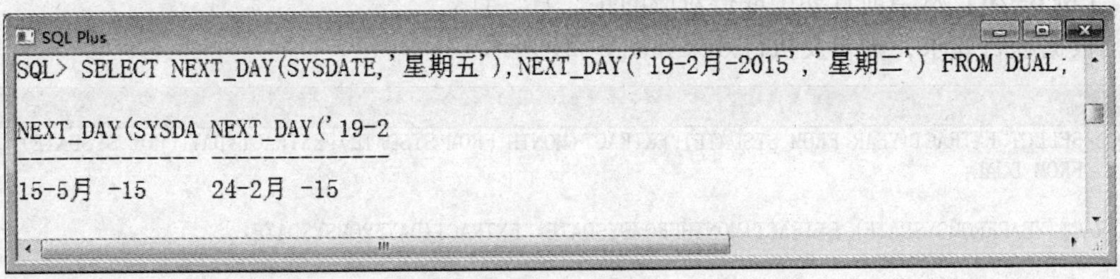

图 6-18　NEXT_DAY 函数的应用

从执行的效果可以看出，当前日期是 2015 年 5 月 13 日是周三，而周五，实际上还是本周，即 2015 年 5 月 15 日；2015 年 2 月 19 日是周四，因此，之后的周二，就是 2015 年 2 月 24 日。

5. 计算月份差的函数

MONTHS_BETWEEN（c1，c2）函数，用于计算 c1 和 c2 这 2 个日期之间的月份差，即“c1 - c2”，如果“c1 < c2”，那么就会得到负数。通常可以使用该函数来计算顾客购买商品的月份差、员工在单位工作的月份等。

【例 6-19】 计算 2014 年 9 月 1 日至今共经历了多少个月。

根据题目要求，语句及执行效果如图 6-19 所示。

```
SQL> SELECT MONTHS_BETWEEN(SYSDATE,'01-9月-2014') FROM DUAL;

MONTHS_BETWEEN(SYSDATE,'01-9月-2014')
-------------------------------------
                           8.40843713
```

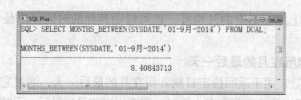

图 6-19　MONTHS_BETWEEN 函数的应用

上面的执行结果得到的是月份差，如果想得到的是相隔的天数，可以直接使用日期相减的方法计算，但是必须要求是日期类型的数据才可以。计算 2014 年 9 月 1 日至今共经历了多少天，执行语句及效果如图 6-20 所示。

```
SQL> SELECT SYSDATE-TO_DATE('01-9月-2014') FROM DUAL;

SYSDATE-TO_DATE('01-9月-2014')
------------------------------
                    254.666921
```

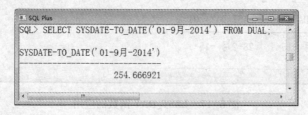

图 6-20　计算日期间隔的天数

在上面的执行语句中，先要将字符型数据使用 TO_DATE( ) 函数转换成日期型，然后再相减，得到相隔的天数。关于字符型数据转换成日期型数据的函数将在下节中详细讲述。

6. 从日期中提取指定的数据

给定一个日期后，可以通过函数来取得日期中的年、月、日。具体的函数是 EXTRACT (c1 FROM c2)，表示的是从 c2 日期中取得相应的 c1 部分。例如，取得当前日期的年份，EXTRACT（YEAR FROM SYSDATE），这样会直接得到 2015。

【例 6-20】从当前日期中取得对应的年、月、日。

根据题目要求，语句及执行效果如图 6-21 所示。

```
SQL> SELECT EXTRACT(YEAR FROM SYSDATE),EXTRACT(MONTH FROM SYSDATE),EXTRACT(DAY FROM SYSDATE)
  2  FROM DUAL;

EXTRACT(YEARFROMSYSDATE) EXTRACT(MONTHFROMSYSDATE) EXTRACT(DAYFROMSYSDATE)
------------------------ ------------------------- -----------------------
                    2015                         5                      13
```

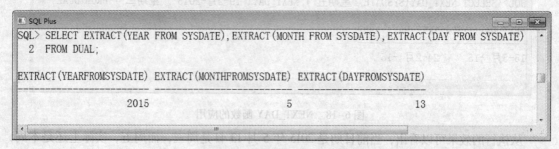

图 6-21　EXTRACT 函数的应用

📖 如果要获得日期的时、分、秒，可以选择将日期转换成时间戳的格式再提取，比如，提取小时时，使用 EXTRACT（HOUR FROM TIMESTAMP '2015 - 5 - 05 - 16 16：25：00 '）函数。或者，使用下节的转换函数将日期转化成带时、分、秒形式的日期，再提取相应的时间部分值。

6.1.4 转换函数

转换函数是指 Oracle 中各数据类型之间的转换，包括将字符型转换成日期型、将日期型转换成字符型、将字符型转化成数值型、将数值型转化成字符型等。通过数据类型的转换，可以实现相应的函数对其操作，实现不同的功能。

1. 数值型转换成字符型

TO_CHAR(n[,fmt])函数，表示将数值型的 n 转化成字符型，fmt 参数是转化成的字符型的格式，其常用的格式如表 6-2 所示。

表 6-2　fmt 的常用格式

序　号	格　式	说　明
1	9	显示数字并忽略前面的 0
2	0	显示数字，位数不足时，用 0 补齐
3	. 或 D	显示小数点
4	, 或 G	显示千位符
5	$	美元符号
6	S	加正负号
7	L	在数字前加本地货币符号

【例 6-21】 将 14.53 转化成“$14.53”，将 1555.53 转化成“1,555.5 +”的形式。

根据题目要求，语句及执行效果如图 6-22 所示。

```
SQL Plus
SQL> SELECT TO_CHAR(14.53,'$99.99'),TO_CHAR(155.53,'9,999.9S')FROM DUAL;

TO_CHAR TO_CHAR
------- -------
 $14.53  155.5+
```

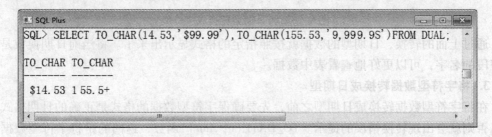

图 6-22　将数值型转换成字符型

通过对数据类型的转化，可以用更适合的格式显示查询结果。

2. 将日期型转化成字符型

在前面学习日期函数时，介绍了在 Oracle 11g 中默认的日期格式是 DD - MON - RR。如果要让日期型数据的查询结果显示出不同的格式，需要将日期类型转换成字符型，并指定转换的格式。将日期型转化成字符型的函数仍然是 TO_CHAR(d[,fmt])，其中 d 是日期型的数据，fmt 是转化成字符的格式，省略 fmt 后，就转化默认的格式。fmt 常用的转化格式如表 6-3 所示。

表 6-3　fmt 常用的转化格式

序　号	格　式	说　明
1	YY	2 位数字的年份
2	YYYY	4 位数字的年份

（续）

序　号	格　式	说　明
3	YEAR	英文的年份
4	MM	2 位数字的月份
5	MONTH	英文的月份，MON 是简写的英文月份
6	DD	2 位数字的天
7	DDSPTH	英文的天
8	DAY	星期几，如果要用简写的英文星期表示，格式是 DY
9	HH24	24 小时制的小时
10	HH12	12 小时制的小时
11	MI	分钟
12	SS	秒

【例 6-22】 将当前日期转化成带时间和星期格式的字符串。

根据题目要求，语句及执行效果如图 6-23 所示。

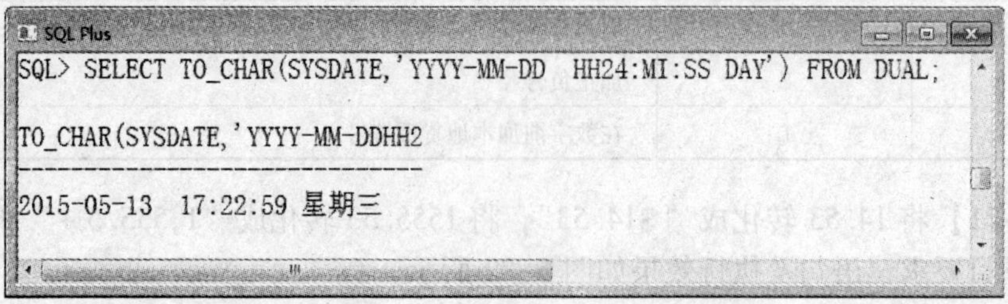

图 6-23　将日期型转换成字符型

通过上面的转换，日期型的数据就按照指定的格式显示出来了。将当前日期换成是日期型字段的名字，可以更好地查看表中数据。

3. 将字符型数据转换成日期型

在将字符型数据转换成日期型之前，先要确保字符型数据的格式是正确的日期格式才可以，否则就会出现转换错误的提示。TO_DATE(c[,fmt])函数，返回的是将字符型数据 c 按照指定的格式 fmt 转化成日期型数据，fmt 是可以省略的，省略后就转化为默认的日期格式。对于日期型数据的格式，可以参考表 6-3。但是无论如何转换，在显示该日期型数据时，还是按照 Oracle 11g 中的默认格式显示的。

【例 6-23】 将"2014-06-01"转换成日期类型。

根据题目要求，语句及执行效果如图 6-24 所示。

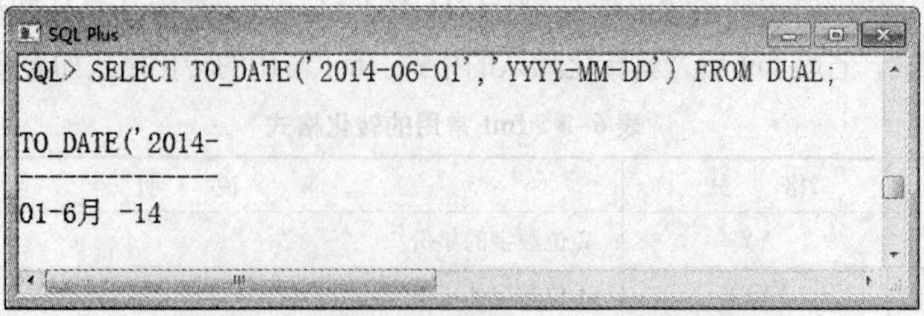

图 6-24　将字符型数据转化成日期型数据

通过上面的执行效果可以看出，即使是将字符型的数据格式转换成了“YYYY - MM - DD”的形式，但是显示效果仍为默认的形式。

4. 将字符型转换成数值型

在进行加减乘除等数值运算时，需要将字符型的数据转换成数值型来运算。但前提是，这些字符型的数据是能够转化成数值的，否则就会出现错误。TO_NUMBER(c[,fmt])函数用于返回将字符型数据 c 按照 fmt 的格式转换成数值型数据，这里，fmt 省略后，采用的是默认的数值型格式，并且字符型数据 c 中不能包含任何字母和特殊字符。这里的 fmt 格式，参考表 6-2 所示的格式。

【例 6-24】将“$14.53”转换成数值 14.53，将“1，555.5 +”转换成 1555.5。

根据题目要求，语句及执行效果如图 6-25 所示。

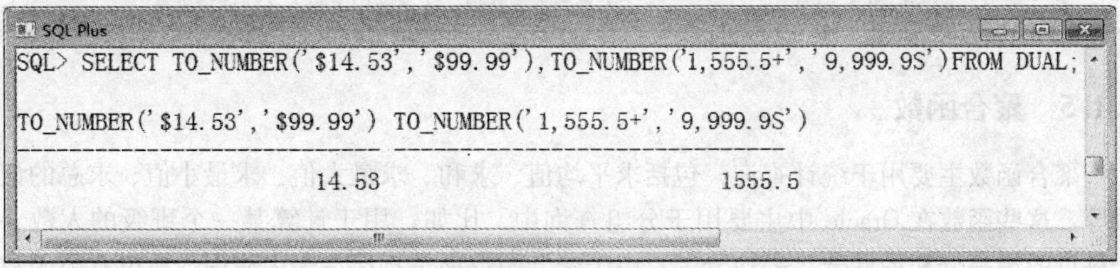

图 6-25 将字符型转换成数值型

通过上面的转换可以看出，实际上 TO_NUMBER 函数就是 TO_CHAR 函数的逆函数。其作用是将字符型数据所带有的格式去掉，只保留数值。

5. CAST 转换函数

前面的 4 个数据类型转换函数分类都比较细致，如果记不住这些函数，也可以使用 Oracle 11g 中提供的通用转换函数 CAST 来实现。CAST（expr as type_name）函数中，expr 指任意类型的值，type_name 是转换的数据类型，这里的数据类型是指 Oracle 11g 中内置的数据类型，如 number、varchar2 等。该函数返回的是将 expr 的值转换成 type_name 指定的类型。但是，由于其在转化时不能指定格式，在字符型和日期型之间转换时不常用。

【例 6-25】将“12.35”转换成数值型，将 123 转换成字符型，将当前日期转换成字符型，将“2015 - 05 - 16”转换成日期型。

根据题目要求，语句及执行效果如图 6-26 所示。

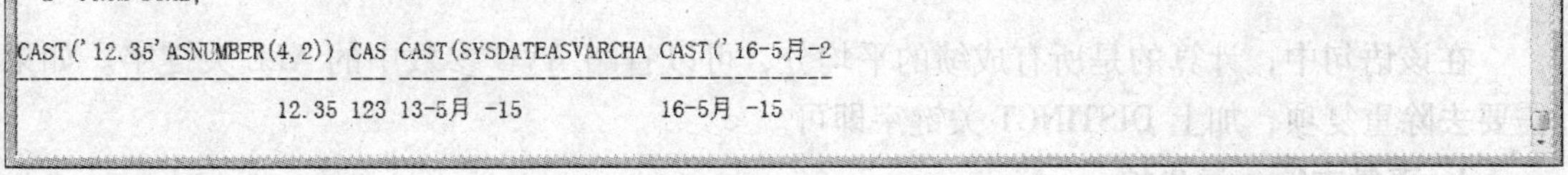

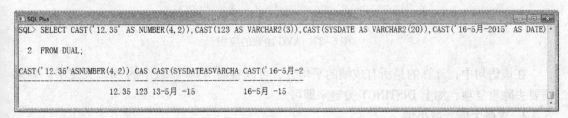

图 6-26 CAST 函数的应用

从上面的执行效果可以看出，在进行数据类型转换时只能设置转换成什么数据类型，而不能指定转换后的格式。

除了上面的转换函数外，还有些常用的转换函数，如表 6-4 所示。

表 6-4　转换函数

序　号	函　数	说　明
1	BIN_TO_NUM(n1[,n2…])	n1，n2…都是二进制的数，至少需要一个二进制的数。该函数用于将二进制的数转换成十进制数
2	ASCIISTR(c1)	c1 是字符型数据，该函数用于将字符型数据转换成 ASCII 的格式
3	CHARTOROWID(c1)	c1 是字符型数据，该函数用于将字符型数据转换成 ROWID 类型
4	HEXTORAW(c1)	c1 是十六进制表示的字符串，该函数用于将字符型数据转换成 RAW 类型。RAW 类型是最多存放 2000 个字节的二进制数
5	RAWTOHEX(r1)	r1 是 RAW 类型的值，该函数用于将 RAW 类型的值转换成用十六进制表示的字符串
6	TO_SINGLE_BYTE (c1)	c1 是字符型数据，该函数用于将全角转换成半角

6.1.5　聚合函数

聚合函数主要用于统计查询，包括求平均值、求和、求最大值、求最小值、求总的记录数等。这些函数在 Oracle 中主要用于分组查询中，比如，用于计算某一个班级的人数、某个科目的最高分和最低分、平均分等。由于聚合函数都是直接在表中使用，所以本节函数要使用具体的表来演示聚合函数的使用。这里，就使用在第 4 章实例中所涉及的学生信息管理系统中的表。

1. 求平均值函数

平均值函数用 AVG([DISTINCT | ALL]n1)表示，n1 代表一个数值类型的值或者是表中数值类型的列名。distinct 代表的是计算时，去除重复的值。all 代表计算全部的值，默认情况下是计算全部的值。

【例 6-26】 计算学生成绩表中所有学生的平均分。

根据题目要求，语句及执行效果如图 6-27 所示。

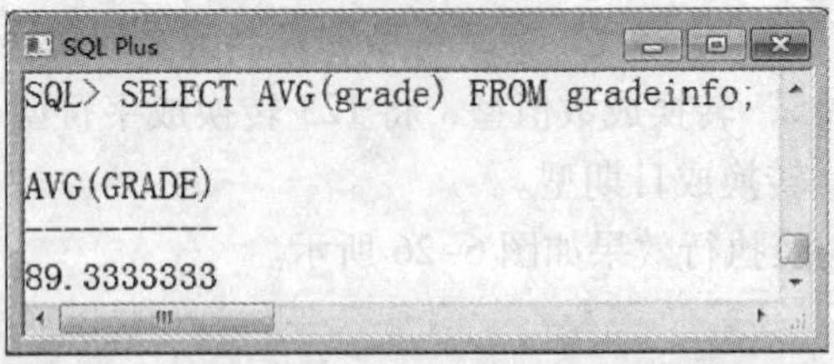

图 6-27　AVG 函数的应用

在该语句中，计算的是所有成绩的平均分，可以省略 AVG 参数中的 ALL 关键字。如果需要去除重复项，加上 DISTINCT 关键字即可。

2. 求最大值、最小值

求最大值函数是 MAX([DISTINCT | ALL]n1))，求最小值函数是 MIN([DISTINCT | ALL]n1))。这 2 个函数的参数列表与求平均值函数是一致的，这里不再赘述。

【例 6-27】 求学生成绩中的最高分和最低分。

根据题目要求，语句及执行效果如图 6-28 所示。

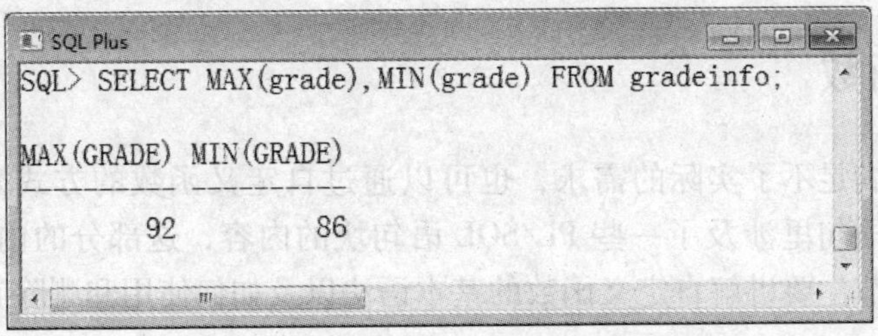

图 6-28　MAX 和 MIN 函数的应用

3. 求记录数与求和

求记录数是指查询结果中共有多少条记录，使用 COUNT(＊|[DISTINCT][ALL]column_name)。该函数与前面讲过的 3 个聚合函数参数列表不同的是，多了一个选项“＊”，其代表所有列。另外，在该函数中的参数不再是一个数值型的列名，而是任意类型的列名都可以。求和是用来计算指定列中值的和，使用 SUM([DISTINCT|ALL]n1)函数来表示，求和的列必须是数值型的。

【例 6-28】计算学生成绩表中记录数以及总成绩。

根据题目要求，语句及执行效果如 6-29 所示。

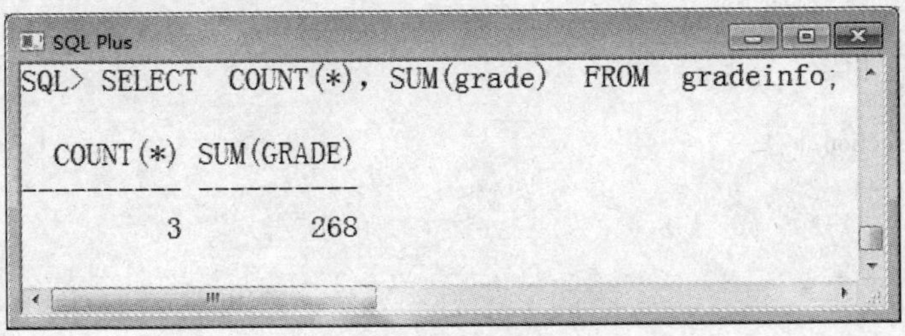

图 6-29　COUNT 和 SUM 函数的应用

对于聚合函数的应用还将在本书的第 7 章中详细介绍。

6.1.6　其他函数

除了上面的常用的 5 类函数外，还有一些函数，比如，查看当前登录用户名、查看当前登录的数据库名称、当前数据库所使用的语言集、用于 NULL 值判断的函数等。如表 6-5 所示。

表 6-5　其他函数

序　号	函　数	说　明
1	USER	返回当前会话的登录名
2	USERENV(p1)	返回 p1 参数所对应的信息。比如，p1 为 LANGUAGE 时，可以返回当前环境中用的语言；当 p1 为 DB_NAME 时，返回当前环境中所使用的数据库。关于 p1 参数的具体说明可以参考 Oracle 的官方文档
3	NULLIF(p1, p2)	p1 和 p2 是两个字符型的表达式。该函数用于比较这 2 个表达式的值，如果相等返回 NULL，否则返回第一个表达式
4	COALESCE(p1[,p2[,p3…]])	p1、p2…都是字符型的表达式。该函数用于返回第一个非空表达式的结果
5	VSIZE(p1)	p1 是字符型数据。该函数用于返回 p1 的字节数

6.2 自定义函数

如果系统函数满足不了实际的需求，也可以通过自定义函数的方式来解决。在 Oracle 中，自定义函数的语句里涉及了一些 PL/SQL 语句块的内容，这部分的内容在本书的第 10 章将详细介绍。本节主要讲解自定义函数的基本语法以及如何使用和删除它。

6.2.1 创建函数

在前面使用系统函数时，是通过函数名来调用的，并且有的函数需要传递参数，有的函数不需要传递参数。比如，获取系统时间的函数 SYSDATE，不需要传递任何参数；取得字符串的长度 LENGTH(c1)函数，需要传递一个字符类型的参数。另外，在调用函数后，会得到相应的计算结果，这个结果也叫做函数的返回值。因此，一个函数由输入部分、业务逻辑部分、输出部分 3 部分组成。具体的创建语句如下所示。

```
CREATE [ OR REPLACE ] FUNCTION [ schema. ] fun_name
[
( parameter1 [ , parameter2 ],… )
]
RETURN datatype
{ IS | AS }
[ declare_section ]
BEGIN
statements
END;
```

其中：

- [OR REPLACE]：覆盖同名函数。
- schema：方案名称。省略方案名称就是指在当前用户的方案下创建。
- fun_name：函数名称。
- parameter1，parameter2…：参数列表，参数的定义方法是“参数名 参数类型 数据类型”的形式。在一个函数中有 0 到多个参数，多个参数之间用逗号隔开。另外，参数类型包括 IN、OUT、IN OUT 三种，具体的使用方法在本书的第 11 章存储过程中将详细讲述。参数类型是可以省略的，默认情况下，其类型是 IN。
- RETURN datatype：函数返回值类型。
- {IS | AS}：选择其一即可。后面是函数中业务逻辑部分。
- declare_section：声明在业务逻辑部分要使用的变量。
- statements：实现业务逻辑部分的语句，即 PL/SQL 语句块。

📖 需要注意的是，函数的作用是用于计算值，并返回结果的。因此，在函数中一定要有返回值，即有 RETURN 语句。另外，创建函数还需要用户具有 CREATE PROCEDURE 的权限才能够创建，因此，可以选用管理员级别的用户来创建函数。如果需要给其他用户授予权限，可以参考本书的第 12 章。

【例 6-29】创建函数 fun。用于输入商品价格，然后将其打 6 折后输出。

根据题目要求，在该函数中，需要有一个 number 类型的 IN 参数，并且函数的返回值也是 number 类型的。语句及执行效果如图 6-30 所示。

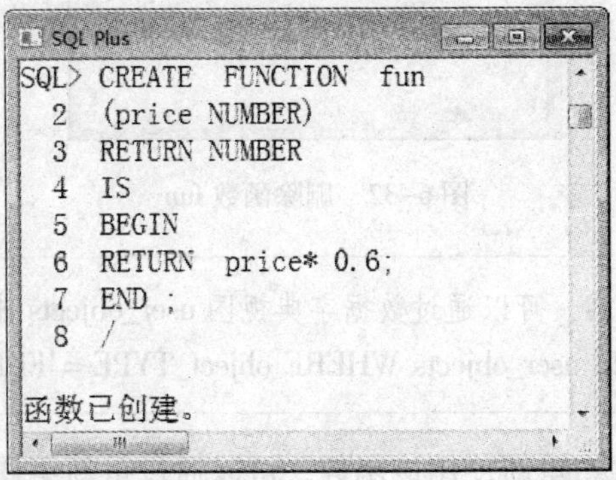

图 6-30　创建 fun 函数

通过上面的语句，函数创建完成，那么，如何来使用这个函数呢？实际上，很简单，它定义完成后，就与系统中预定的函数使用方法是一样的，直接通过函数名，传递相应的参数就可以使用了。调用该函数的效果如图 6-31 所示。

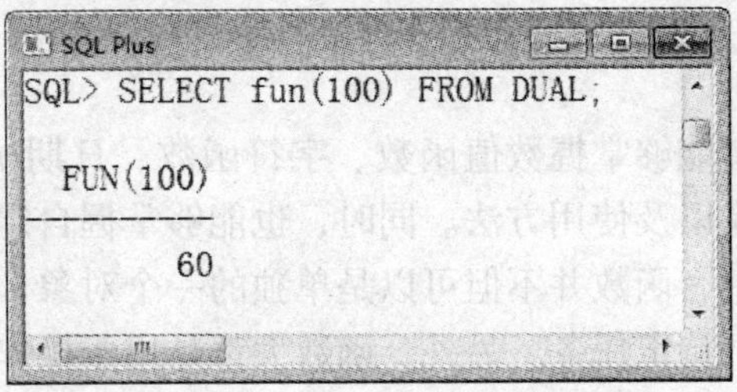

图 6-31　调用 fun 函数

从图 6-31 的调用结果可以看出，输入的参数值是 100，通过函数计算后，得到的值是 60。这里，只是简单地创建了一个函数，实际上在业务逻辑部分可以增加更多的语句来实现函数的功能。

📖 函数在创建完成后，如果需要修改函数中的内容与重新创建函数要做的工作是一样的多的，并且在 Oracle 中也没有提供修改函数内容的语句。如果需要修改函数中的内容，只需要在 CREATE FUNCTION 后面加上 OR REPLACE 语句即可，相当于重新创建一个同名函数。

6.2.2　删除函数

如果需要删除一些不用的自定义函数，可以使用 DROP 语句来操作。具体语句及执行效果如图 6-32 所示。

```
DROP FUNCTION fun_name;
```

这里，fun_name 是函数的名称。

【例 6-30】删除函数 fun。

根据题目要求，语句及执行效果如图 6-32 所示。

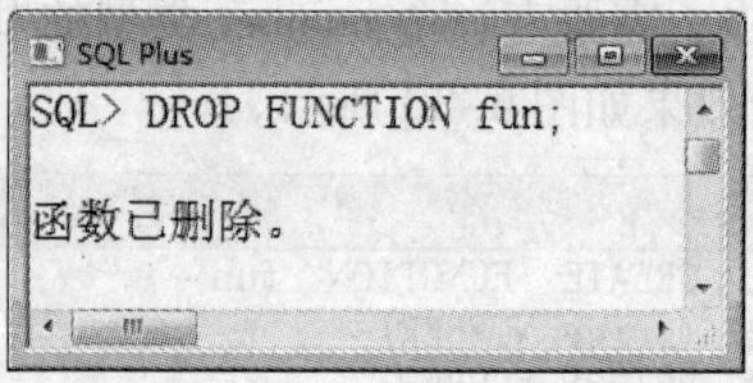

图 6-32　删除函数 fun

📖 如果忘记了自定义的函数名，可以通过数据字典视图 user_objects 来查看，参考如下语句即可：SELECT object_name FROM user_objects WHERE object_TYPE = 'FUNCTION '。

此外，如果函数失效，想重新使用该函数，可以通过重新编译函数的方式来实现。具体语句如下所示。

```
ALTER FUNTION fun_name COMPILE;
```

6.3　本章小结

通过本章的学习，读者能够掌握数值函数、字符函数、日期函数、数据类型转换函数、聚合函数等系统函数的用途以及使用方法。同时，也能够掌握自定义函数的创建、使用以及删除的操作。在实际应用中，函数并不但可以是单独的一个对象，而是可以在一次操作中可使用多个函数共同完成一个特定任务。另外，函数大都是用于操作表中的数据，为用户的显示和计算提供便利。合理的设置自定义函数，定会为数据显示和操作带来意想不到的效果！

6.4　习题

1. 填空题

1） 数值函数主要包括______________________________。（列举 3 个）

2） 数据类型转换函数主要包括______________________________。（列举 3 个）

3） 获取系统日期的函数是____________________。

2. 简答题

1） 将日期型转换成字符型可以使用哪些方式？

2） 如何计算从 2015 年的第一天至今的天数？

3） 如何查看系统中自定义的函数？

3. 操作题

1） 使用函数实现，给定字符串“abcdefg123456”，返回 g123。

2） 使用函数实现，给定数值“123456. 6”，返回“ +123，456. 6”格式的值。

3） 创建函数 fun_test，用于实现将传入的两个字符合并后返回。

4） 将函数 fun_test 重新编译。

第7章　查　　询

查询是操作数据库时使用最多的操作，任何系统中都离不开查询操作，例如，在购物网站上，查询商品信息；在电子地图上，查询要去的地方等。在查询中，还可以使用第6章中的函数来统计数据表中的数据，例如查看某一天的销售总额、查询员工的平均工资、查询员工的出勤情况等。

本章学习目标如下。

- 掌握运算符的使用方法。
- 掌握基本的查询语句。
- 掌握带一个或多条件的查询语句。
- 掌握分组查询以及聚合函数的使用方法。
- 掌握多表查询的使用方法。
- 掌握子查询的应用。

7.1　运算符

在查询语句中，经常会使用一些运算符来辅助计算，包括算术运算符、比较运算符以及逻辑运算符。当然，这些运算符不仅可以在查询语句中使用，也可以使用到其他的DML语句中，做相关的计算。本节将分别介绍每类运算符的使用。

7.1.1　算术运算符

算术运算符是用于计算的一类运算符。比如，在统计表中的工资时，显示涨幅10%之后的工资；在显示工资时，在工资后面加上货币单位等。常用的算术运算符如表7-1所示。

表7-1　算术运算符

运　算　符	说　　明
+	加法，用于数值类型的值相加
-	减法，用于数值类型的值相减
*	乘法，用于数值类型的值相乘
/	除法，用于数值类型的值相除
‖	连接，用于字符类型的值连接，如‘123’ ‖ ‘456’，结果是‘123456’

对于算术运算符来说，在联合使用时，优先级是先乘除后加减，先算括号里面的，并按照从左到右的顺序计算。

7.1.2　比较运算符

比较运算符通常是用在查询语句或其他DML语句中的条件部分。比如，在学生信息表中，查询年龄大于 20 的学生；在学生成绩表中，查询成绩在 80 分以上的学生信息等。使用比较运算符得到的结果是布尔类型的值。常用的比较运算符如表 7-2 所示。

表 7-2　比较运算符

运 算 符	说　明
>	大于，用于两个表达式之间的比较
>=	大于或等于，用于两个表达式之间的比较
<	小于，用于两个表达式之间的比较
<=	小于或等于，用于两个表达式之间的比较
! = 或 < >	不等于，使用 ! = 或 < > 都是可以的，用于两个表达式之间的比较
=	相等于，用于两个表达式之间的比较

使用比较运算符时，这些运算符的优先级都是一个级别的，但是优先级低于算术运算符。

7.1.3　逻辑运算符

逻辑运算符是用于多条 SQL 语句的，它可以用于连接不同的使用比较运算符得到的结果。比如，在学生管理系统中，查询计算机专业并且是 2014 级的学生信息；查询计算机专业并且是平均成绩在 80 分以上的学生信息等。常用的逻辑运算符如表 7-3 所示。

表 7-3　逻辑运算符

运 算 符	说　明
AND	并且，在 AND 两边的布尔表达式，如果表达式的结果都是真，结果才为真，否则为假
OR	或者，在 OR 两边的布尔表达式，如果表达式的结果都是假，结果才为假，否则为真
NOT	非，取与 NOT 后面布尔表达式相反的结果

逻辑运算符的优先级顺序由高到低是 NOT、AND、OR。如果与算术运算符和比较运算符一同使用，那么，优先顺序是算术运算符、比较运算符、逻辑运算符。

7.2　基本查询语句

前面的内容中也涉及过查询语句，即 SELECT 语句。本节中会详细介绍基本查询语句的具体的语法以及常见的应用。查询语句中的关键字或子句要比前面的 DML 语句涉及的多一些。

7.2.1　基本语法

灵活地使用查询语句也是一个合格的数据库管理人员或软件开发人员必备的技能。查询语句从查询的来源可以分为单表查询和多表查询，但是查询语句的语法都是类似的，只是在 FROM 语句后面放置的表数量不同而已。具体的语法如下所示。

```
SELECT  [DISTINCT | ALL] select_list
FROM table_list
[WHERE_CLAUSE]
[GROUP_BY_CLAUSE]
[ HAVING conditions]
[ORDER_BY_CLAUSE]
```

其中：

- [DISTINCT | ALL]：是否去除重复记录。DISTINCT 用于去除重复记录，ALL 用于查询全部记录，默认选项。
- select_list：查询列的列表。在列表中，可以是 1 到多个列，多列之间用逗号隔开。如果要查询表中的全部列，可以用“*”来代替。
- table_list：查询的表名。在 FROM 语句后面，可以放置 1 到多个表名，多个表名之间也是用逗号隔开即可。
- [WHERE_CLAUSE]：查询条件。查询条件都是用逻辑运算符连接的布尔表达式。
- [GROUP_BY_CLAUSE]：分组语句。在对表进行分组查询时，可以在 group by 后面加上 1 个或多个列，作为分组的列。
- [HAVING conditions]：用在分组语句中的条件判断。该子句只能用于分组查询中，与 WHERE 语句的功能类似。
- [ORDER_BY_CLAUSE]：对查询结果排序。在排序时，可以根据 1 列或多列进行排序。每个列后面加上排序的方式，DESC 代表的是降序排列；ASC 代表的是升序排列。默认的排序方式是升序排列。

为了方便对查询语句的学习，在本章中使用网络课程销售系统中用到的表，包括课程信息表（courses）、学员信息表（stuinfo）、讲师信息表（teachers）、课程类型信息表（typeinfo）、学员购买课程表（shopping）这 5 张表。具体的表结构分别如表 7-4 ~ 表 7-8 所示。

表 7-4 课程信息表（courses）

序 号	列 名	数据类型	描 述
1	courseid	varchar2(10)	课程编号
2	coursename	varchar2(20)	课程名称
3	price	number(5,1)	价格
4	teacher	varchar2(20)	讲师
5	contents	varchar2(200)	内容简介
6	typeid	varchar2(10)	类型编号
7	remarks	varchar2(200)	备注

表 7-5 学员信息表（stuinfo）

序 号	列 名	数据类型	描 述
1	stuid	varchar2(10)	学员编号
2	name	varchar2(20)	姓名(昵称)

（续）

序　号	列　名	数据类型	描　述
3	password	varchar2(10)	密码
4	email	varchar2(20)	邮箱
5	tel	varchar2(20)	电话

表 7-6　讲师信息表（teachers）

序　号	列　名	数据类型	描　述
1	teacherid	varchar2(10)	教师编号
2	teachername	varchar2(20)	教师姓名
3	contents	varchar2(200)	教师简介
4	remarks	varchar2(200)	备注

表 7-7　课程类型信息表（typeinfo）

序　号	列　名	数据类型	描　述
1	typeid	varchar2(10)	类型编号
2	typename	varchar2(20)	类型名称

表 7-8　学员购买课程信息表（shopping）

序　号	列　名	数据类型	描　述
1	id	varchar2(10)	编号
2	courseid	varchar2(10)	课程编号
3	stuid	varchar2(10)	学员编号
4	shoppingtime	date	购买日期

创建这 5 张表的语句如下所示。

```
CREATE TABLE courses
(
 courseid   varchar2(10) PRIMARY KEY,
 coursename varchar2(20),
 price number(5,1),
 teacher varchar2(20),
 contents varchar2(200),
 typeid   varchar2(10),
 remarks varchar2(200)
);
CREATE TABLE stuinfo
(
  stuid varchar2(10) PRIMARY KEY,
  name varchar2(20),
  password varchar2(10),
  email varchar2(20),
```

```
    tel varchar2(20)
);
CREATE TABLE teachers
(
    teacherid varchar2(10) PRIMARY KEY,
    teachername varchar2(20),
    contents varchar2(200),
    remarks varchar2(200)
);

CREATE TABLE typeinfo
(
    typeid varchar2(10) PRIMARY KEY,
    typename varchar2(20)
);
CREATE TABLE shopping
(
    id varchar2(10) PRIMARY KEY,
    courseid varchar2(10),
    stuid   varchar2(10),
    shoppingtime date DEFAULT SYSDATE
);
```

创建好表后，向表中插入数据的语句如下所示。

```
--向课程表中添加数据
INSERT INTO courses VALUES(1,'Oracle 基础',100,'1001 ','基础语法的使用','1001 ','略');
INSERT INTO courses VALUES(2,'Java 开发',300,'1001 ','Java 基础语法','1002 ','略');
INSERT INTO courses VALUES(3,'Android 开发',200,'1002 ','开发手机游戏','1003 ','略');
--向学员表中添加数据
INSERT INTO stuinfo VALUES(1,'张小小','123456 ','aa@126.com ','12345678 ');
INSERT INTO stuinfo VALUES(2,'李明','123456 ','bb@126.com ','12345678 ');
INSERT INTO stuinfo VALUES(3,'刘想','123456 ','cc@126.com ','12345678 ');
--向讲师表中添加数据
INSERT INTO teachers VALUES(1001,'张老师','某大学毕业','略');
INSERT INTO teachers VALUES(1002,'李老师','某大学毕业','略');
INSERT INTO teachers VALUES(1003,'王老师','某大学毕业','略');
--向课程类型表中添加数据
INSERT INTO typeinfo VALUES(1001,'数据库');
INSERT INTO typeinfo VALUES(1002,'编程语言');
INSERT INTO typeinfo VALUES(1003,'办公自动化');
--向购买课程表中添加数据
INSERT INTO shopping VALUES(1,2,1,default);
INSERT INTO shopping VALUES(2,1,2,default);
INSERT INTO shopping VALUES(3,3,1,default);
```

通过上面的语句，就完成了本章中数据表的准备工作了。

7.2.2 查询表中全部数据

查看某表所有列的数据，一种方式是在 SELECT 语句后面列出表中的所有列，一种方式是在 SELECT 后面只写一个“＊”，表示查询所有的列。但是，在实际的项目中，查询表中的全部数据这种方式一定要慎用，这样会降低查询速度，浪费存储空间。根据需要查询出所需的列即可。

【例 7-1】 查询课程类型表（typeinfo）中的全部数据

根据题目要求，语句及执行效果如图 7-1 所示。

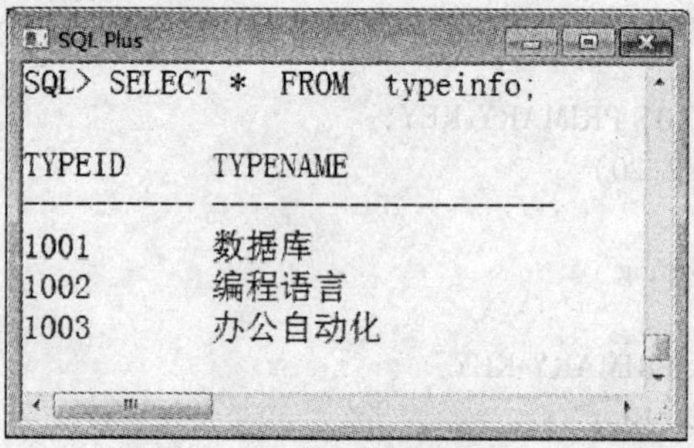

图 7-1 查询课程类型表中的全部数据

如果在查询的时候不使用“＊”，而是将列名一一列出，在课程类型表中有两列，查询全部列的语句如下所示。

```
SELECT typeid,typename FROM typeinfo;
```

查询的效果与图 7-1 所示的一样。

7.2.3 查询表中的指定列

在查询的时候，按照要求查询出表中指定的列是常用的方式。下面就用一个示例来演示如何查询表中指定的列。

【例 7-2】 查询出课程信息表（courses）中课程名称（coursename）和课程价格（price）。

根据题目要求，语句及执行效果如图 7-2 所示。

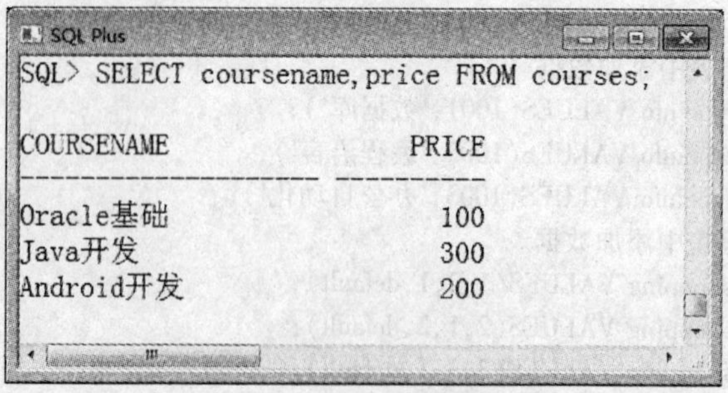

图 7-2 查询课程表中指定列

从上面的查询结果可以看出，查询表中部分列的值非常简单，只要将需要查看的列放置到 SELECT 语句后面即可。

7.2.4 给列设置别名

在上面的查询实例中，查询出的列名都与定义表时定义的列名相同，有些名字对于用户来说是很难理解的，并且直接查询出列名也会对表中的列安全性造成影响。在 SELECT 语句中的列名，可以在查询时为其设置别名。设置别名的语句如下所示。

```
SELECT column_name1 [AS] new_name,.. column_namen [AS] new_namen
FROM table_name
```

这里，在列名和别名之间可以用空格隔开，也可以使用 AS 关键字隔开。通常都会使用 AS 关键字隔开列名和别名。

【例 7-3】 查询出课程信息表（courses）中课程名称（coursename）和课程价格（price），并给其列定义别名。

根据题目要求，语句及执行效果如图 7-3 所示。

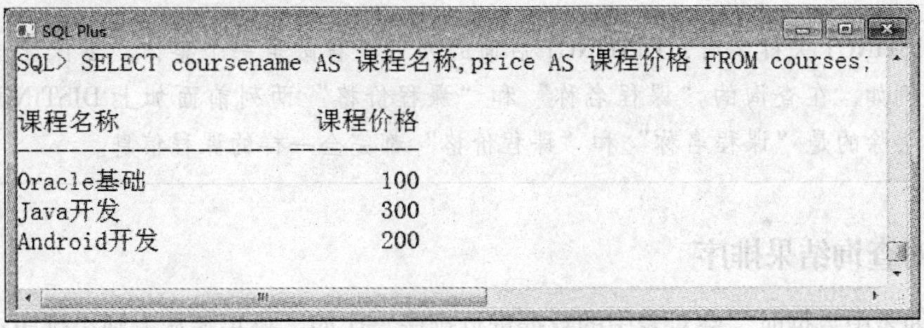

图 7-3 在查询时给列设置别名

对比图 7-8 的查询结果可以看出，已经将显示的列名换成了别名。这样，就为查询结果增强了可读性。

📖 在为列设置别名时，不能给别名加上单引号，否则就会出现“未找到要求的 FROM 关键字”的错误提示。但是，当别名中出现空格或者要区分大小写的情况，必须为别名加上双引号。

7.2.5 去除表中的重复记录

一般情况下，由于表中都有主键，表中数据完全重复的记录是不会出现的。但是，在某一列中出现重复值是常有的，比如，在课程信息表中，课程名称、课程类型、授课教师等信息都会有重复的。如果想在查询时去除重复记录，可以在 SELECT 语句后面加上 DISTINCT 关键字。

【例 7-4】 查询课程信息表，去除重复的课程名称。

由于在课程信息表中，还有没有重复的课程，现为其先添加一门重复的课程名称。然后再进行查询，语句及执行效果如图 7-4 所示。

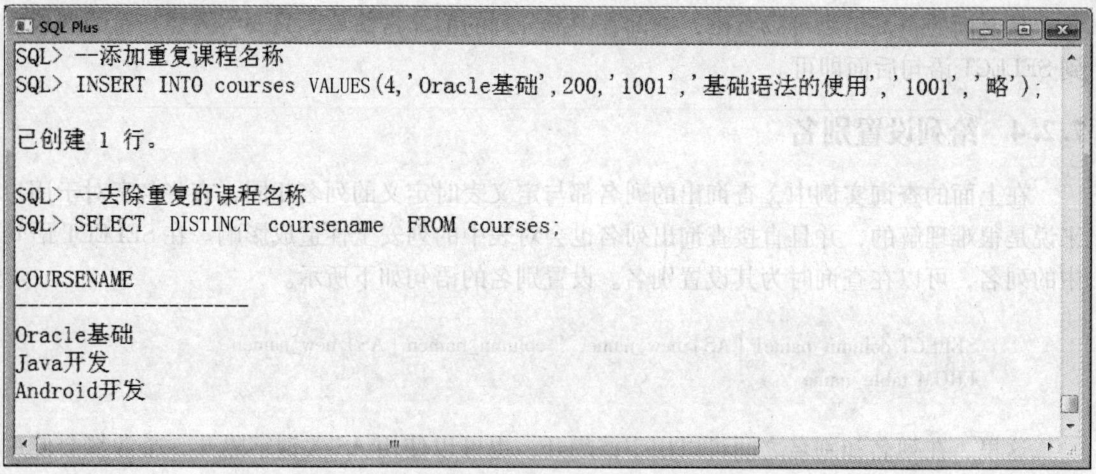

```
SQL> --添加重复课程名称
SQL> INSERT INTO courses VALUES(4,'Oracle基础',200,'1001','基础语法的使用','1001','略');

已创建 1 行。

SQL> --去除重复的课程名称
SQL> SELECT  DISTINCT  coursename  FROM courses;

COURSENAME
--------------------
Oracle基础
Java开发
Android开发
```

图 7-4　去除重复的课程名称

通过上面的语句可以看出，已经向表中添加了同名课程“Oracle 基础”，但是由于使用了 DISTINCT 关键字，所以仅查询出一门“Oracle 基础”课程。

📖 使用 DISTINCT 关键字时，DISTINCT 后面的列可以看做是一个整体，要保证这个整体不重复。例如，在查询的“课程名称”和“课程价格”两列前面加上 DISTINCT 关键字，那么，去除的是“课程名称”和“课程价格”都完全一样的课程信息。

7.2.6　对查询结果排序

在查询表中数据时，会对表中的数据进行排序，比如，将年龄从大到小排序；将课程的价格从高到低排序等。如果要对查询结果进行排序，只需要在 SELECT 语句后面加上 ORDER BY 子句。ORDER BY 子句放在 SELECT 语句的最后，具体的形式如下所示。

```
ORDER BY
{expr | position | column_alias | column_name }
[ ASC | DESC ]
[ , {expr | position | column_alias | column_name }
    [ ASC | DESC ]
]...
```

其中：

- expr：表达式。
- position：表中列的位置。
- column_alias：别名。
- column_name：列名。
- ASC | DESC：排序方式。ASC 代表的是升序排列，默认方式；DESC 代表是降序排列。

【例 7-5】查询课程信息表（courses）中的课程名称（coursename）、课程价格（price），并按价格降序排列。

根据题目要求，语句及执行效果如图 7-5 所示。

```
SQL> SELECT coursename AS 课程名称,price AS 课程价格 FROM courses
  2  ORDER BY 课程价格 DESC;

课程名称                 课程价格
-------------------- ----------
Java开发                    300
Oracle基础                  200
Android开发                 200
Oracle基础                  100
```

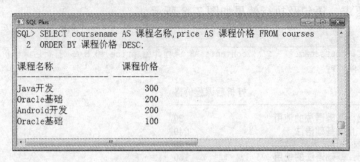

图 7-5　查询课程信息并排序

【例 7-6】查询课程信息表（courses）中的课程名称（coursename）、课程价格（price），并按价格降序排序、按课程名称升序排序。

根据题目要求，语句及执行效果如图 7-6 所示。

```
SQL> SELECT coursename AS 课程名称,price AS 课程价格 FROM courses
  2  ORDER BY 课程价格 DESC, 课程名称 ASC;

课程名称                 课程价格
-------------------- ----------
Java开发                    300
Android开发                 200
Oracle基础                  200
Oracle基础                  100
```

图 7-6　查询课程信息并按多列排序

从查询结果可以看出，在排序时，当课程价格相同时，再按照第 2 列课程名称排序。因此，当课程价格都是 200 元时，会出现“Android 开发”课程排列到“Oracle 基础”课程前面的情况。

7.2.7　在查询中使用表达式

在查询语句中，可以使用在前面一小节中讲解过的表达式。但是，在查询中使用表达式，尽管能够改变显示的效果，但是并不会直接更新表的数据。

【例 7-7】查询课程信息（courses），显示结果中的课程价格（price）并打 8 折。

根据题目要求，语句及执行效果如图 7-7 所示。

```
SQL> SELECT coursename AS 课程名称,price *0.8 AS 打折后课程价格 FROM courses;

课程名称             打折后课程价格
-------------------- --------------
Oracle基础                       80
Java开发                        240
Android开发                     160
Oracle基础                      160
```

图 7-7　在查询语句中使用表达式

【例 7-8】查询课程信息，价格仍然打 8 折，显示效果如下所示。

```
Oracle 基础:基础语法的使用  80
```

根据题目要求，语句及执行效果如图 7-8 所示。

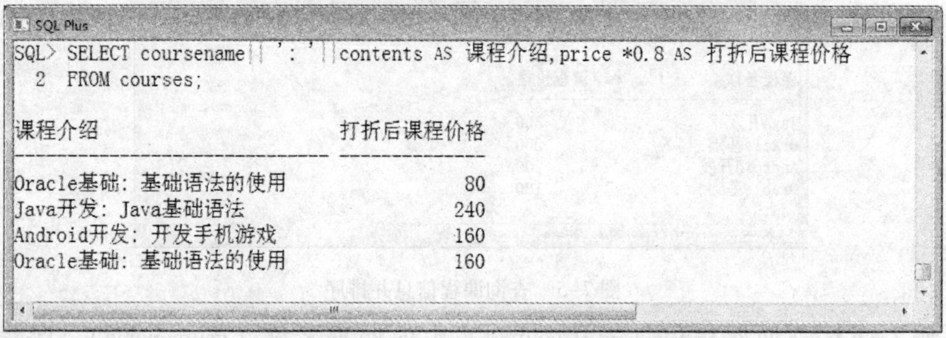

图 7-8 将查询结果按照指定格式输出

通过上面的实例可以看出，通过在查询的列中使用表达式能够更好地显示查询结果，增强了查询结果的可读性。

7.2.8 使用 CASE…WHEN 语句查询

在前面的查询语句中，只是直接将表中的结果显示出来，并不能对结果进行判断，以显示不同的值。比如，需要实现对不同类型的课程，打不同的折扣。前面学习过的简单查询语句就无法完成。针对不同的值进行判断，可以使用 CASE…WHEN 语句来完成。该语句也是放到 SELECT 语句后面的，具体的语法形式如下所示。

```
--第 1 种形式
CASE column_name
WHEN   value1   THEN result1,…
[ELSE result] END
--第 2 种形式
CASE
WHEN   column_name = value1
THEN result1,…[ELSE result] END
```

其中：

- 第 1 种形式的 CASE…WHEN 语句，在 CASE 语句后面是列名，如果列的值等于 value1，那么就显示 result1 的值，如果都不满足，显示 ELSE 语句后面的 result 的值。ELSE 语句可以省略。
- 第 2 种形式的 CASE…WHEN 语句，被称为 CASE 搜索函数，在 CASE 后面不用写任何表达式，在其下面的 WHEN 语句后面写上布尔表达式，如果布尔表达式的值为真，就显示 THEN 后面的相应的 result 值，如果前面的判断都不满足，显示 ELSE 语句后面的 result 值。ELSE 语句可以省略。

【例 7-9】查询课程信息（courses），如果课程价格（price）大于等于 200，则打 8 折；课程价格大于等于100，则打9折。

根据题目要求，语句及执行效果如图7-9所示。

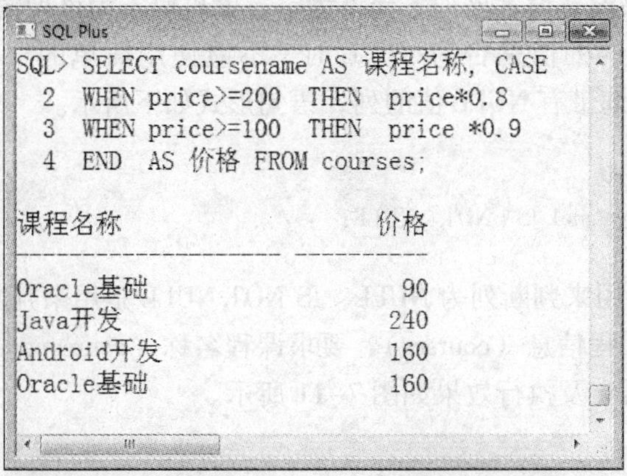

```
SQL> SELECT coursename AS 课程名称, CASE
  2  WHEN price>=200  THEN  price*0.8
  3  WHEN price>=100  THEN  price *0.9
  4  END  AS 价格 FROM courses;

课程名称                    价格
-------------------- ----------
Oracle基础                    90
Java开发                     240
Android开发                  160
Oracle基础                   160
```

图7-9　使用CASE…WHEN语句查询数据

通过使用CASE…WHEN语句，可以根据查询表中的数据，按照不同的条件显示不同的值。

【例7-10】查询课程信息（courses），如果课程类型编号（typeid）是1001，则显示“数据库”；如果课程类型编号是1002，则显示“编程语言”；如果课程类型编号是1003，则显示“办公自动化”。

根据题目要求，语句及执行效果如图7-10所示。

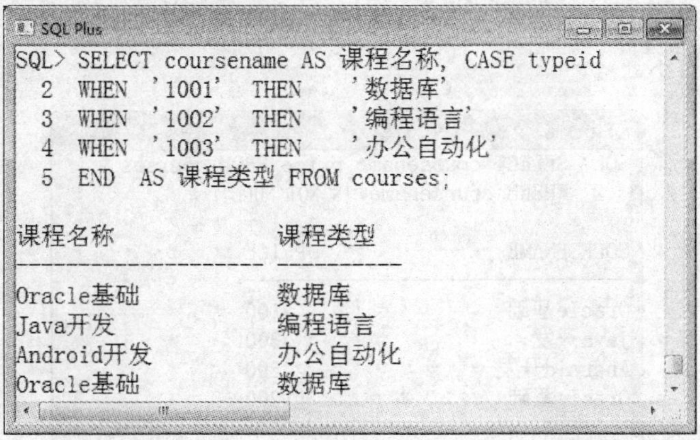

```
SQL> SELECT coursename AS 课程名称, CASE typeid
  2  WHEN  '1001'  THEN   '数据库'
  3  WHEN  '1002'  THEN   '编程语言'
  4  WHEN  '1003'  THEN   '办公自动化'
  5  END  AS 课程类型 FROM courses;

课程名称             课程类型
-------------------- ----------
Oracle基础           数据库
Java开发             编程语言
Android开发          办公自动化
Oracle基础           数据库
```

图7-10　简单CASE…WHEN语句的使用

通过上面的实例，读者可以根据显示数据的需要选用不同的CASE…WHEN语句来实现。

7.3　带条件的查询语句

大多数的查询语句都是带有查询条件的，比如，在网上购买图书时，会输入图书的名称、出版社、作者等信息，来查询要购买的图书。带条件的查询语句指的是在SELECT语句后面使用WHERE语句。

7.3.1 查询带 NULL 值的列

在数据表中，如果没有设置该列不允许为空，就可以不为该列输入值，那么，该列的值就是 NULL。查询表中的列值是否为 NULL 时，不能使用简单的“ = ”或者是“! = ”对 NULL 值进行判断。查询带有 NULL 值的列，语句形式如下所示。

```
SELECT…. FROM …
WHERE column_name1 IS [NOT] NULL;
```

其中，IS NULL 是用来判断列为 NULL；IS NOT NULL 是用来判断列不为 NULL。

【例 7-11】 查询课程信息（courses），要求课程名称（coursenane）为 NULL。

根据题目要求，语句及执行效果如图 7-11 所示。

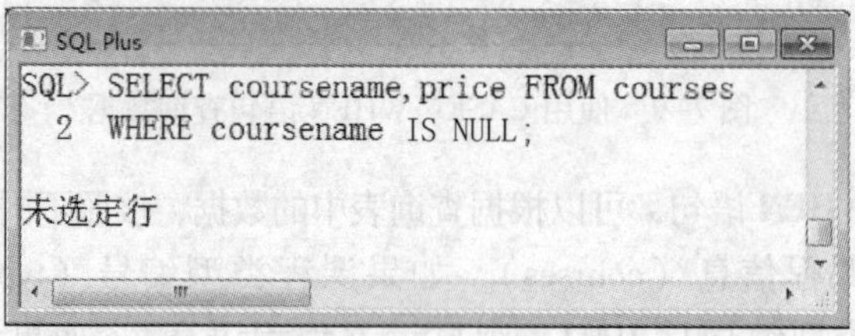

图 7-11　查询课程名称为 NULL 的课程信息

从查询结果可以看出，在课程信息表中没有课程名称为 NULL 的值。那么，如果使用 IS NOT NULL 语句来查询课程名称不为 NULL 值时，就应该能查询出表中的全部列。查询语句及效果如图 7-12 所示。

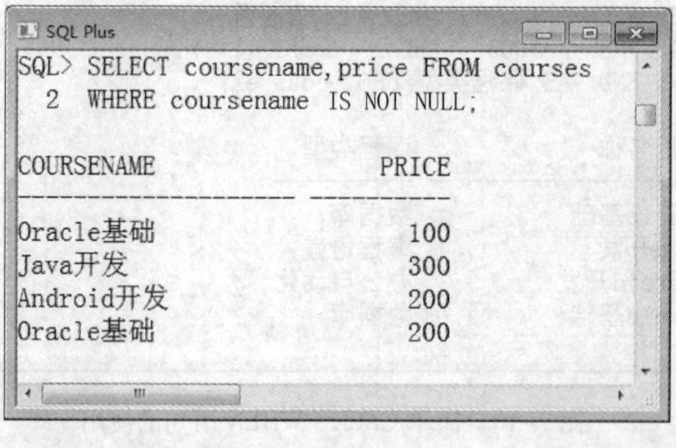

图 7-12　查询课程名称为 IS NOT NULL 的课程信息

7.3.2 使用 ROWNUM 查询指定数目的行

ROWNUM 是用于指定查询结果中显示的行数，它并不属于某张表的列，因此，在查询时不能在 ROWNUM 前面加上表名作为前缀。在查询结果是第 1 行的 ROWNUM 值为 1，第 2 行的 ROWNUM 值为 2，依次类推。因此，可以通过使用 ROWNUM 来限制查询结果行数，比如，查询前 10 条记录。

【例 7-12】 查询课程信息表（courses），显示两条记录。

根据题目要求，语句及执行效果如图 7-13 所示。

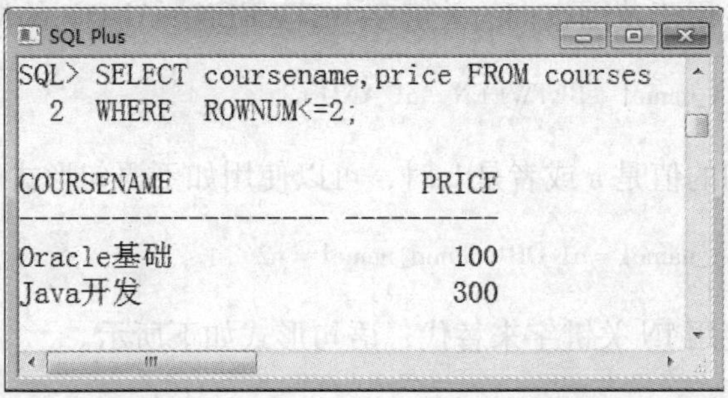

图 7-13　查询结果中的前两条记录

在查询语句中，使用 ROWNUM 进行行数限制时，只能直接使用“ROWNUM < N”的形式，不能使用 ROWNUM > N 的形式。例如，查询课程信息中第 3 行以后（包括第 3 行）的数据，语句及执行效果如图 7-14 所示。

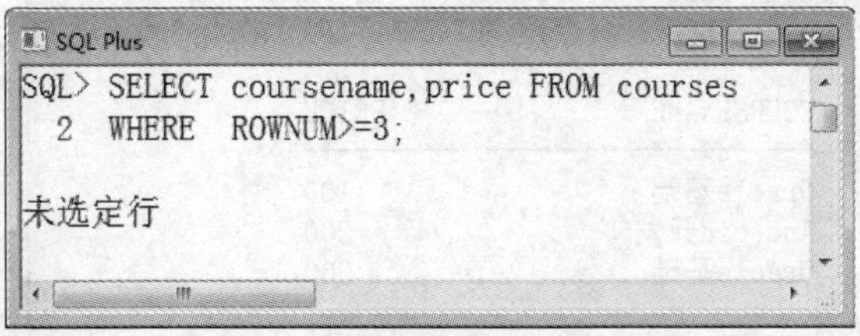

图 7-14　使用“ROWNUM > N”的形式查询数据

从上面的查询结果可以看出，并不能将“ROWNUM >= 3”的数据查询出来。这是因为 ROWNUM 必须当查询返回结果时，它才有值，但是，查询结果返回的第一个值“ROWNUM = 1”，“ROWNUM >= 3”不成立，返回查询的第 1 行数继续执行，以此类推，“ROWNUM >= 3”始终都不会成立。

📖 如果必须要使用“ROWNUM > N”的形式，就要考虑使用子查询来实现，参见 7.6 节的内容。

ROWNUM 与 ROWID 的区别：它们看似相像，但是差别却很大。ROWNUM 是在查询数据时，为查询结果产生的逻辑编号；ROWID 则是物理结构上的值，向表插入一行记录，会产生一个 ROWID 的值，它的作用是保证记录的唯一性。

7.3.3　范围查询

在查询语句中，经常会用到一个功能就是范围查询，它也是一种常见的条件查询。比如，要查询课程在一个月之内的“销量”；查询价格在 300 ~ 500 元的课程等。这种范围查询可以用很多种形式来实现同一个功能。最简单的形式就是使用 OR 运算符连接两个表达式，WHERE 语句形式如下所示。

```
WHERE   column_name1 >= n1 OR column_name1 <= n2
```

上面的语句表示，查询结果返回 n1，n2 的并集 column_name1 值。

此外，还用如下专用于范围查询的关键字 BETWEEN…AND…的形式。

```
WHERE   column_name1   BETWEEN   n1 AND n2;
```

如果要查询某个列的值是 a 或者是 b 时，可以使用如下语句形式。

```
WHERE   column_name1 = n1 OR column_name1 = n2
```

这种形式，可以使用 IN 关键字来替代，语句形式如下所示。

```
WHERE   column_name1 IN(n1,n2);
```

【例 7-13】 使用 BETWEEN…AND…关键字，查询价格在 100～200 元的课程信息。

根据题目要求，语句及执行效果如图 7-15 所示。

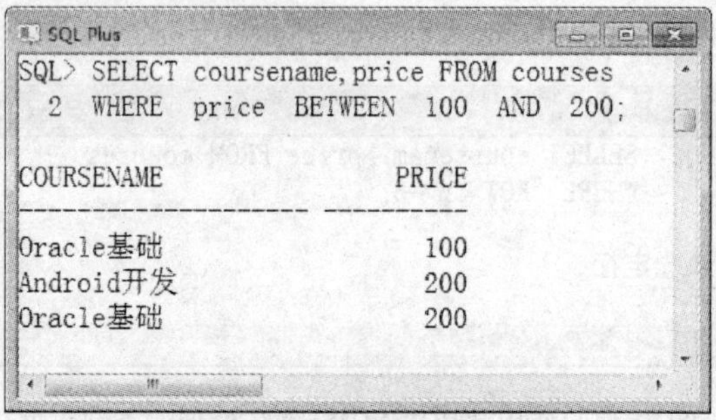

图 7-15　使用 BETWEEN…AND 查询

如果想查询不在 100～200 的课程信息，可以直接在 BETWEEN 前面加上 NOT 关键字即可。

【例 7-14】 使用 IN 关键字，查询课程名称（coursename）是“Oracle 基础”或“Android 开发”的课程信息。

根据题目要求，语句及执行效果如图 7-16 所示。

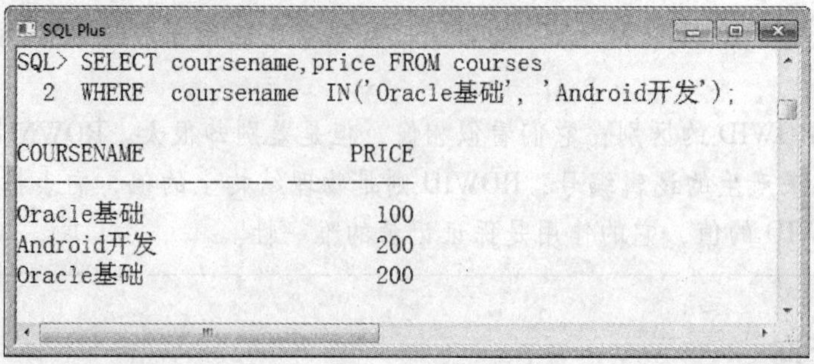

图 7-16　使用 IN 查询

如果想查询除了“Oracle 基础”或“Android 开发”的课程信息，直接在 IN 前面加上 NOT 关键字即可。

7.3.4　模糊查询

在无法准确地知道查询的内容时，就要借助模糊查询了。比如，在购买图书时，并不知道图书的确切名称，只知道是关于 Java 语言的，那么，直接输入“Java”，就会查询出所有与 Java 相关的书目信息了。

使用模糊查询的关键词是“LIKE”，它主要与两个通配符一起使用，实现模糊查询的功能。具体如下。

- _：替代一个字符。
- %：替代 0 到多个字符。

【例 7-15】 查询课程名称（coursename）含有“Oracle”的课程信息。

根据题目要求，语句及执行效果如图 7-17 所示。

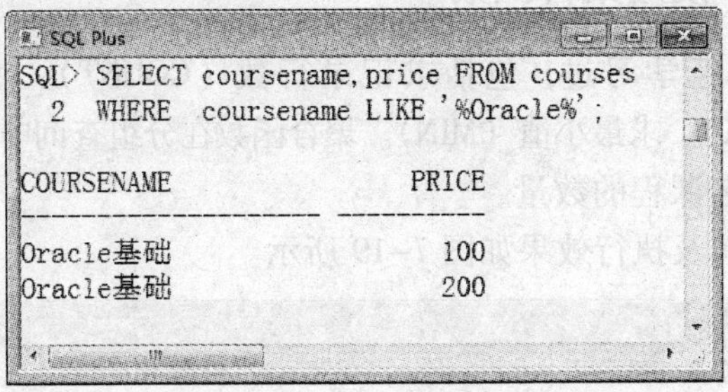

图 7-17　查询含有“Oracle”的课程信息

通过上面的查询，可以得到课程名称中含有“Oracle”的课程信息。如果想查询除了含有“Oracle”外的课程信息，可以直接在 LIKE 前面加上 NOT 关键字。

【例 7-16】 查询课程名称（coursenane）以“基础”结尾的课程信息。

根据题目要求，语句及执行效果如图 7-18 所示。

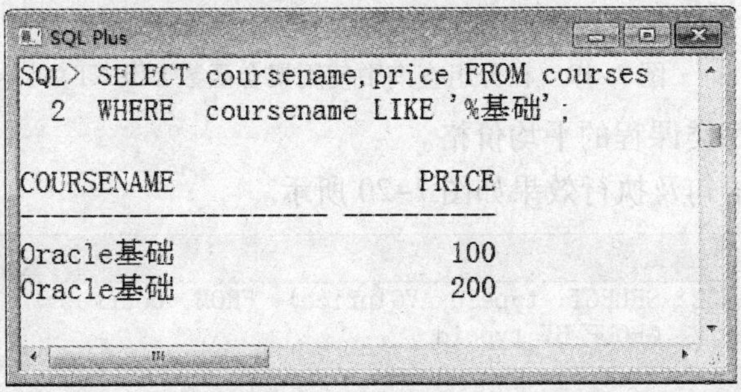

图 7-18　查询课程名称以“基础”结尾的课程信息

7.4　分组查询

分组查询的作用是将数据进行分类汇总，能够实现各种不同的统计查询。比如，查询同一类的课程有多少门；同一个学员购买多少课程等信息。分组查询使用的是 SELECT 语句中 GROUP BY 子句来完成的。

GROUP BY 子句的语句形式如下所示。

```
GROUP BY
    column_name1[,column_name2,…]
[HAVING  conditions]
```

```
[ORDER BY ]
```

这里，column_name1[,column_name2,…]是分组时的列名，可以按照一列或多列进行分组。如果在分组之后，要对查询结果限制条件，使用 HAVING 子句即可。如果在分组后，还需要对查询结果排序，就在查询语句最后加上 ORDER BY 子句。在使用分组查询时，特别需要注意的是在 SELECT 语句后面出现的列，必须是在 GROUP BY 后面出现的列或者是使用聚合函数计算的列。

7.4.1 在分组查询中使用聚合函数

聚合函数在前面已经学习过，包括求记录行数（COUNT）、求和（SUM）、求平均值（AVG）、求最大值（MAX）、求最小值（MIN）。聚合函数在分组查询中应用最多，作用也最大。

【例 7-17】统计同名课程的数量。

根据题目要求，语句及执行效果如图 7-19 所示。

```
SQL> SELECT coursename, COUNT(*) FROM courses
  2  GROUP BY coursename;

COURSENAME            COUNT(*)
--------------------  --------
Oracle基础                   2
Java开发                     1
Android开发                  1
```

图 7-19 在分组查询中使用聚合函数 COUNT

【例 7-18】统计每类课程的平均价格。

根据题目要求，语句及执行效果如图 7-20 所示。

```
SQL> SELECT  typeid, AVG(price)  FROM  courses
  2  GROUP BY typeid;

TYPEID      AVG(PRICE)
----------  ----------
1001               150
1002               250
```

图 7-20 在分组查询中使用聚合函数 AVG

7.4.2 带条件的分组查询

在分组查询中，应用条件时，可以使用其专属的 HAVING 子句或者使用 WHERE 语句。但是，这两个语句是有区别的，使用 HAVING 子句是在分组之后对结果进行筛选，而使用 WHERE 子句是在先筛选查询结果后，再对其分组查询。相比而言，使用 WHERE 子句比使用 HAVING 子句效率更高。但是，在 WHERE 语句后面是不能使用聚合函数的。

【例 7-19】统计每类课程的平均价格，并且要求平均价格大于 200。

根据题目要求，语句及执行效果如图 7-21 所示。

```
SQL Plus
SQL> SELECT  typeid,AVG(price)  FROM  courses
  2  GROUP BY typeid
  3  HAVING AVG(price)>200;

TYPEID      AVG(PRICE)
----------  ----------
1002               250
```

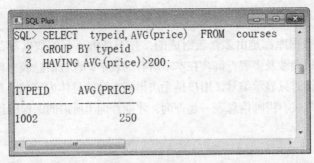

图 7-21　在分组查询中使用 HAVING 子句

对于该查询条件是不能放到 WHERE 语句中的，因此，聚合函数只能用在 HAVING 子句中。

【例 7-20】统计所有价格不低于 200 的每类课程的平均价格。

在该题目中，由于在查询条件中并不需要使用聚合函数，因此，可以使用 WHERE 语句进行条件限制。语句及执行效果如图 7-22 所示。

```
SQL Plus
SQL> SELECT  typeid,AVG(price)  FROM  courses
  2  WHERE  price>=200
  3  GROUP BY typeid;

TYPEID      AVG(PRICE)
----------  ----------
1001               200
1002               250
```

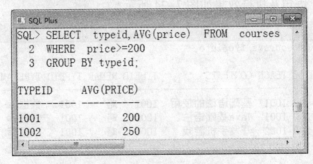

图 7-22　在分组查询中使用 WHERE 子句

在实际应用中，可以根据需要选择 WHERE 或者 HAVING 子句来限制查询结果。

7.4.3　对分组查询结果排序

无论是何种查询语句，对结果的排序子句 ORDER BY 必须要放到查询语句的最后。并且，也可以按照多列进行排序。

【例 7-21】统计每类课程的平均价格，并按平均价格降序排序。

根据题目要求，语句及执行效果如图 7-23 所示。

```
SQL Plus
SQL> SELECT  typeid,AVG(price)  FROM  courses
  2  GROUP BY typeid
  3  ORDER BY AVG(price) DESC;

TYPEID      AVG(PRICE)
----------  ----------
1002               250
1001               150
```

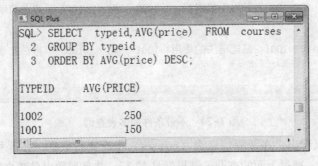

图 7-23　对分组查询排序

在分组查询中排序时，可以在 ORDER BY 子句后面使用聚合函数。

7.5 多表查询

每个软件系统中数据库都是由多张表组成的，并不是将所有的数据都存放到一张表中，因此，在查询数据时，也会涉及多表查询。在本章所有的表中，课程信息表中就存放了课程编号和讲师编号，如果在查询时只显示编号，用户是无法得到查询的具体内容的。那么，就需要将课程信息表与课程类型信息表、讲师信息表一起查询，才能查询出所需的课程信息和讲师信息。

7.5.1 笛卡尔积

笛卡尔积可以理解是在多表查询中不使用条件语句而形成的，换句话说，就是不带条件的 2 张表查询，其第 1 个表中的所有行和第 2 个表中的所有行都发生了连接。在查询结果中，显示行数是两张表中所有行数的乘积，列数是两张表中所有的列数相加。比如，第 1 张表是 3 行 2 列，第 2 张表是 5 行 6 列，那么，查询结果就会是 15 行 8 列。

【例 7-22】 查询课程信息表和课程类型信息表。

根据题目要求，语句及执行效果如图 7-24 所示。

```
SQL> SELECT * FROM courses,typeinfo;

CO COURSENAME PRICE TEACH CONTENTS         TYPEID REMAR TYPEID TYPENAME
-- ---------- ----- ----- ---------------- ------ ----- ------ ----------------
1  Oracle基础   100 1001  基础语法的使用   1001   略    1001   数据库
2  Java开发     300 1001  Java基础语法     1002   略    1001   数据库
3  Android开    200 1002  开发手机游戏     1003   略    1001   数据库
   发

4  Oracle基础   200 1001  基础语法的使用   1001   略    1001   数据库
1  Oracle基础   100 1001  基础语法的使用   1001   略    1002   编程语言
2  Java开发     300 1001  Java基础语法     1002   略    1002   编程语言
3  Android开    200 1002  开发手机游戏     1003   略    1002   编程语言
   发

CO COURSENAME PRICE TEACH CONTENTS         TYPEID REMAR TYPEID TYPENAME
-- ---------- ----- ----- ---------------- ------ ----- ------ ----------------
4  Oracle基础   200 1001  基础语法的使用   1001   略    1002   编程语言
1  Oracle基础   100 1001  基础语法的使用   1001   略    1003   办公自动化
2  Java开发     300 1001  Java基础语法     1002   略    1003   办公自动化
3  Android开    200 1002  开发手机游戏     1003   略    1003   办公自动化
   发

4  Oracle基础   200 1001  基础语法的使用   1001   略    1003   办公自动化

已选择12行。
```

图 7-24 不带条件的多表查询

从查询结果可以看出，在课程信息表（courses）中有 4 行数据，在课程类型表（typeinfo）中有 3 行数据，那么，通过上面的查询，结果就是 12 行，并且列数也是两个表的和，即 9 列。

但是，笛卡尔积的结果在实际应用中是要尽力避免的，因此，要在查询中加上条件来限制查询结果。

7.5.2 内连接查询

内连接是多表查询中最常用的一种连接查询，可以分为等值连接和非等值连接。所谓等值连接是应用到主外键连接的表，使用“=”作为连接条件。不等值连接则是在条件中使用比较运算符，比如，“>”“>=”“<=”“<”“!=”“<>”等，以及前面学习过的“BETWEEN…AND”“IN”。另外，在进行多表查询时，如果查询的表中列名有相同的，则需要指明该列是属于哪张表。消除多表连接中列名的歧义，需要在列名前面加上表名作为前缀。另外，也可以为表设置别名，与给列设置别名类似，给表设置别名后，可以直接用表的别名作为表名和表的前缀。

内连接的语句形式如下所示。

```
SELECT tableA.column_name1, tableB.column_name1,…
FROM tableA   INNER JOIN tableB   ON conditions   INNER JOIN tableC ON…
```

这里，使用 INNER JOIN 表示内连接，ON 后面是表连接的条件，可以依次在 FROM 后面连接多个表。

【例 7-23】 查询课程信息表和课程类型信息表，显示课程名称和类型名称。

根据题目要求，不使用内连接的形式，使用一般形式，语句及执行效果如图 7-25 所示。

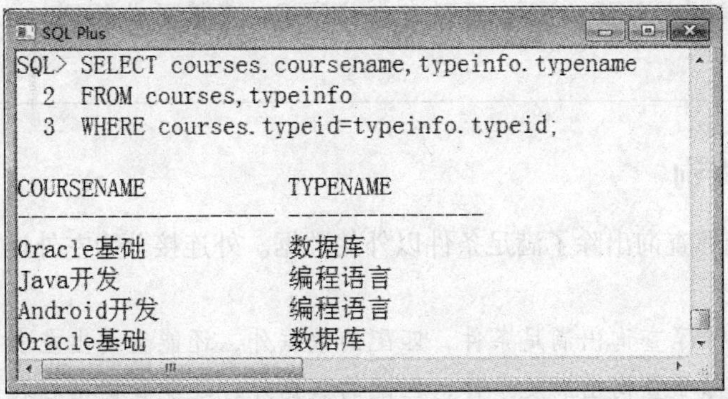

```
SQL> SELECT courses.coursename, typeinfo.typename
  2  FROM courses,typeinfo
  3  WHERE courses.typeid=typeinfo.typeid;

COURSENAME               TYPENAME
--------------------     ---------------
Oracle基础               数据库
Java开发                 编程语言
Android开发              编程语言
Oracle基础               数据库
```

图 7-25　等值连接查询

如果将上面的语句改成内连接的形式，语句及执行效果如图 7-26 所示。

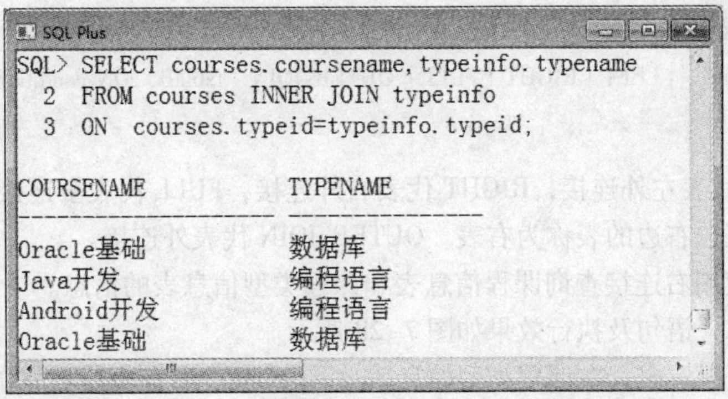

```
SQL> SELECT courses.coursename, typeinfo.typename
  2  FROM courses INNER JOIN typeinfo
  3  ON  courses.typeid=typeinfo.typeid;

COURSENAME               TYPENAME
--------------------     ---------------
Oracle基础               数据库
Java开发                 编程语言
Android开发              编程语言
Oracle基础               数据库
```

图 7-26　使用 INNER JOIN 语句查询

【例 7-24】查询课程信息表和课程类型信息表，显示课程名称和类型名称。

根据题目要求，语句及执行效果如图 7-27 所示。

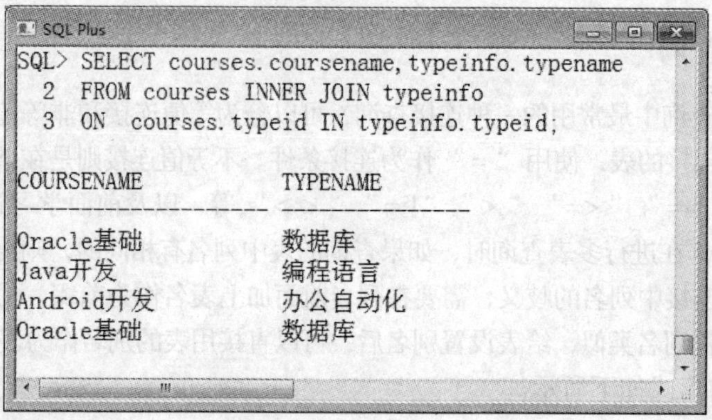

图 7-27 使用 IN 实现不等值连接

将上面的语句改成一般形式的多表查询语句，如下所示。

```
SELECT courses.coursename,typeinfo.typename
FROM courses,typeinfo
WHEREcourses.typeid IN typeinfo.typeid;
```

📖 内连接中的关键词 INNER JOIN，可以省略 INNER，直接写成 JOIN，但是条件 ON 关键词不能省略。

7.5.3 外连接查询

外连接查询能够查询出除了满足条件以外的数据。外连接分为左外连接、右外连接、全外连接。

- 左外连接：除了查询出满足条件，匹配的数据外，还能查询出左表中未匹配的数据。
- 右外连接：除了查询出满足条件，匹配的数据外，还能查询出右表中未匹配的数据。
- 全外连接：返回所有匹配成功的记录，并返回左表和右表未匹配成功的记录。

具体的语句形式如下所示。

```
SELECT tableA.column_name1, tableB.column_name1,…
FROM tableA [LEFT | RIGHT | FULL] OUTER JOIN tableB ON conditions OUTER JOIN tableC ON…
```

其中，LEFT 代表左外连接，RIGHT 代表右外连接，FULL 代表全连接。在 OUTER JOIN 左边的表称为左表，右边的表称为右表。OUTER JOIN 代表外连接。

【例 7-25】使用右连接查询课程信息表和课程类型信息表的信息。

根据题目要求，语句及执行效果如图 7-28 所示。

从查询结果可以看出，在课程类型信息表（typeinfo）中有一行数据的类型名称是“办公自动化”，但是没有与之匹配的课程名称，因此，课程名称列就用 NULL 值来填充。

```
SQL> SELECT courses.coursename, typeinfo.typename
  2  FROM courses RIGHT OUTER JOIN typeinfo
  3  ON  courses.typeid = typeinfo.typeid;

COURSENAME                     TYPENAME
------------------------------ ---------------
Oracle基础                     数据库
Java开发                       编程语言
Android开发                    编程语言
Oracle基础                     数据库
                               办公自动化
```

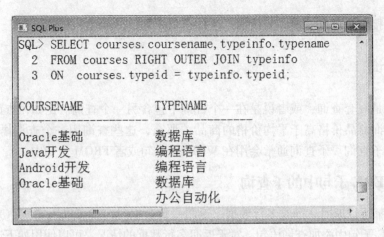

图 7-28　右外连接

7.5.4　交叉连接查询

交叉连接查询会产生笛卡尔积，用于将查询的表产生“相乘”结果集的效果，同样也是不指定条件。具体形式如下所示。

```
SELECT tableA.column_name1, tableB.column_name1, … | *
FROM tableA  CROSS  JOIN  tableB CROSS  JOIN  tableC….
```

【例 7-26】 使用交叉连接，查询出课程名称和课程类型名称。

根据题目要求，语句及执行效果如图 7-29 所示。

```
SQL> SELECT * FROM courses CROSS JOIN typeinfo;

CO COURSENAME      PRICE TEACH CONTENTS        TYPEID REMAR TYPEID TYPENAME
-- --------------- ----- ----- --------------- ------ ----- ------ ------------
1  Oracle基础        100 1001  基础语法的使用  1001   略    1001   数据库
2  Java开发          300 1001  Java基础语法    1002   略    1001   数据库
3  Android开发       200 1002  开发手机游戏    1002   略    1001   数据库
4  Oracle基础        200 1001  基础语法的使用  1001   略    1001   数据库
1  Oracle基础        100 1001  基础语法的使用  1001   略    1002   编程语言
2  Java开发          300 1001  Java基础语法    1002   略    1002   编程语言
3  Android开发       200 1002  开发手机游戏    1002   略    1002   编程语言
4  Oracle基础        200 1001  基础语法的使用  1001   略    1002   编程语言
1  Oracle基础        100 1001  基础语法的使用  1001   略    1003   办公自动化
2  Java开发          300 1001  Java基础语法    1002   略    1003   办公自动化
3  Android开发       200 1002  开发手机游戏    1002   略    1003   办公自动化

CO COURSENAME      PRICE TEACH CONTENTS        TYPEID REMAR TYPEID TYPENAME
-- --------------- ----- ----- --------------- ------ ----- ------ ------------
4  Oracle基础        200 1001  基础语法的使用  1001   略    1003   办公自动化

已选择12行。
```

图 7-29　交叉连接

从交叉连接结果可以看出，与前面产生的笛卡尔积的效果是一样的。

7.6 子查询

子查询就是嵌套查询，或者说是在一个查询中包含另一个查询。比如，查询工资最低的员工姓名、查询商品价格高于平均价格的商品。那么，这些查询用一个查询语句很难实现，因此，要使用子查询。子查询通常会用在 WHERE 子句或者 FROM 子句中。

7.6.1 WHERE 子句中的子查询

每个查询都可以返回一行或多行数据，返回一行数据时，就可以用“=”来连接查询语句。在 WHERE 子句中添加查询语句，对于返回多行数据的情况，可以使用如下运算符连接。

- ANY：表示满足子查询结果的任何一个。和“<”“<=”搭配，表示小于等于列表中的最大值；而和“>”“>=”配合时表示大于等于列表中的最小值。
- SOME：与 ANY 类似。
- ALL：表示满足子查询结果的所有结果。和“<”“<=”搭配，表示小于等于列表中的最小值；而和“>”“>=”配合时表示大于等于列表中的最大值。
- IN：表示范围。

【例 7-27】查询课程信息，要求查询出课程价格高于平均价格的课程信息。

根据题目要求，语句及执行效果如图 7-30 所示。

```
SQL> SELECT coursename,price
  2  FROM courses
  3  WHERE price>(SELECT AVG(price) FROM courses);

COURSENAME      PRICE
--------------- -----
Java开发          300
```

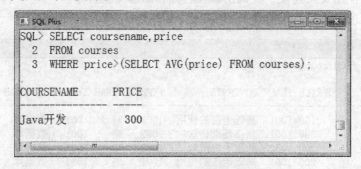

图 7-30 返回单一值的子查询

这里，需要注意的是在“>”后面的子查询中必须返回一个数值，否则就会出现错误。

【例 7-28】查询“张老师”或者“王老师”所教授的课程信息。

根据题目要求，语句及执行效果如图 7-31 所示。

```
SQL> SELECT coursename,price
  2  FROM courses
  3  WHERE  teacher  IN (SELECT teacherid  FROM teachers WHERE teachername='张老师' OR teachername='王老师');

COURSENAME      PRICE
--------------- -----
Oracle基础        100
Java开发          300
Oracle基础        200
```

图 7-31 返回多个值的子查询

在上面的查询中，也可以改写成多表的连接查询来实现，只需要在连接的 WHERE 语句中加上指定的条件即可。

7.6.2 FROM 子句中的子查询

在 FROM 子句中使用子查询，可以将 FROM 后面的查询作为结果集来查询。在 FROM 子句中使用的子查询也可以返回一行或多行。

【例 7-29】查询比课程平均价格高的课程名称和课程价格。

根据题目要求，语句及执行效果如图 7-32 所示。

```
SQL> SELECT coursename,price
  2  FROM courses a, (SELECT typeid,AVG(price) AS avgprice FROM courses GROUP BY typeid) b
  3  WHERE a.typeid=b.typeid AND a.price> avgprice;

COURSENAME          PRICE
-------------- ----------
Oracle基础             200
Java开发               300
```

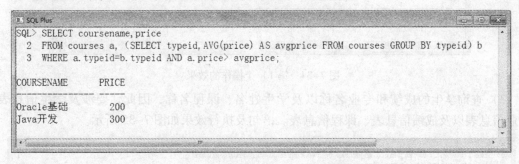

图 7-32 在 FROM 语句中的子查询

在上面的查询语句中，将 FROM 子句后面的子查询看作是一个表，并为其设置了别名 b。将 courses 表的别名设置成 a。

前面学习 ROWNUM 列时，提到过如果要想实现“ROWNUM > N”形式的查询就要借助子查询来实现，实际上，也是在 FROM 语句后加上子查询。

【例 7-30】查询课程信息表中第 2 ~ 3 条记录。

根据题目要求，语句及执行效果如图 7-33 所示。

```
SQL> SELECT *
  2  FROM (SELECT ROWNUM rn , coursename, price FROM courses) a
  3  WHERE a. rn IN(2,3);

        RN COURSENAME          PRICE
---------- -------------- ----------
         2 Java开发               300
         3 Android开发            200
```

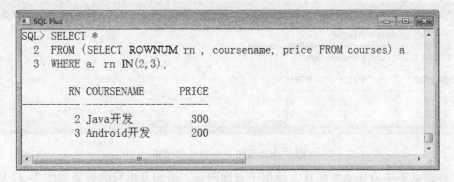

图 7-33 使用子查询来实现“ROWNUM > N”的条件

灵活地使用 ROWNUM 列，可以实现对表中数据的分页。

7.7 实例演练——在学生管理信息系统表中查询数据

在学生管理系统中，完成如下查询操作。

1）查询姓“张”的学生信息，包括学生姓名和专业名称。

2）查询学生成绩信息，包括学生姓名、专业名称、科目名称、成绩。

3）统计学生成绩中每门课程的平均分、最高分。

4）查询学生成绩高于所有科目平均分的学生信息。

下面就分别完成这些操作。

1）查询姓“张”的学生信息，需要用到模糊查询，语句及执行效果如图 7-34 所示。

```
SQL> SELECT student.name,majorinfo.majorname
  2  FROM student, majorinfo
  3  WHERE student.majorid=majorinfo.majorid AND student.name LIKE '张%';

NAME                 MAJORNAME
-------------------- --------------------
张小林               计算机
```

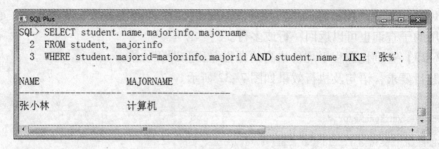

图 7-34　第 1）个操作的效果

2）查询学生的成绩和专业名称以及学生姓名、课程名称，因此，要涉及学生信息表、专业信息表以及成绩信息表、课程信息表。语句及执行效果如图 7-35 所示。

```
SQL> SELECT student.name,majorinfo.majorname,course.coursename,gradeinfo.grade
  2  FROM student, majorinfo,gradeinfo,course
  3  WHERE student.majorid=majorinfo.majorid AND course.courseid=gradeinfo.courseid AND gradeinfo.studentid=student.id;

NAME                 MAJORNAME            COURSENAME           GRADE
-------------------- -------------------- -------------------- ----------
张小林               计算机               计算机基础                   86
王铭                 会计                 会计电算化                   90
吴琪                 计算机               计算机基础                   92
```

图 7-35　第 2）个操作的效果

3）使用分组查询来查询平均分和最高分，语句及执行效果如图 7-36 所示。

```
SQL> SELECT  course.coursename,AVG(gradeinfo.grade) AS 平均分, MAX(gradeinfo.grade) AS 最高分
  2  FROM  gradeinfo,course
  3  WHERE  course.courseid=gradeinfo.courseid
  4  GROUP BY  course.coursename;

COURSENAME               平均分     最高分
-------------------- ---------- ----------
会计电算化                   90         90
计算机基础                   89         92
```

图 7-36　第 3）个操作的效果

4）查询高于平均分学生信息，使用子查询即可，语句及执行的效果如图 7-37 所示。

```
SQL> SELECT  student.name,gradeinfo.grade
  2  FROM  student,gradeinfo
  3  WHERE  student.id=gradeinfo.studentid AND gradeinfo.grade>(SELECT AVG(grade) FROM gradeinfo);

NAME                      GRADE
-------------------- ----------
王铭                         90
吴琪                         92
```

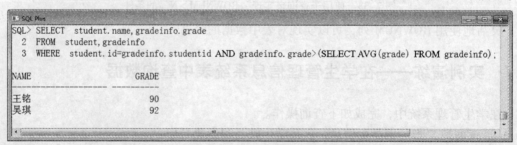

图 7-37　第 4）个操作的效果

7.8　本章小结

通过本章的学习，能够掌握 Oracle 中常用的运算符以及常用的查询语句。在查询语句中，能够掌握基本的查询语句，包括设置列的别名、对查询结果排序以及在查询中使用表达式的方法。另外，也能够掌握查询语句中带条件的查询语句、分组查询、多表查询以及子查询的使用。每一个查询语句并不是独立的，在实际的项目中，都应该根据需要联合使用这些查询语句，以完成项目中所需的查询和统计功能。

7.9　习题

1. 填空题

1）模糊查询使用的关键字是____________________。

2）外连接包括____________________。

3）笛卡尔积是____________________。

2. 简答题

1）简述 ROWNUM 与 ROWID 的区别。

2）给表和列设置别名的方法是什么？

3）分组查询中 SELECT 子句后面的列需要注意什么？

3. 操作题

使用本章创建的网络课程销售系统所涉及的表，完成如下操作。

1）查询出课程名称、讲师姓名、课程类型以及价格。

2）查询出“数据库”课程的授课教师姓名以及课程价格。

3）查询出每个讲师讲授的课程数目。

第 8 章　视图与索引

在上一章中，使用多表查询的语句看起来非常繁琐，在 Oracle 中提供了视图对象来存放多表查询的语句，这样就可以直接通过视图来查询。通过使用视图既能简化 SQL 语句，同时又能保证表的安全性。在查询数据时，数据量比较大的情况下，使用索引能够有效地提高查询速度。

本章的学习目标如下。

- 掌握视图的创建和管理。
- 掌握操作视图中数据的方法。
- 掌握索引的创建和管理。

8.1　管理视图

视图可以理解为数据库中虚拟的表，它里面的数据全部都来源于从其他的表中查询出的数据。视图中的数据即可以来源于一张表也可以是多张表，但是，如果视图中的数据是来源于多张表，那么，就不能直接使用 DML 语句来操作视图中的数据了。本节将介绍视图的创建以及管理。

8.1.1　视图的作用与分类

视图中的数据是都来源于其他表的，通常将这些表称为源表或基表。如果源表或基表中的数据发生变化，视图中的数据也会跟着变化。另外，视图中的数据也可以来源于其他的视图。视图的主要作用如下。

- 简化 SQL 语句。如果在一个查询中需要使用多张表，并且有多个条件时，查询语句就显得过于冗余。这种复杂查询以操作主外键关系表为主，比如，查询学生的成绩时，可能将会查询学生成绩表、学生表、科目信息表等。因此，将这些表查询的结果创建成视图，直接操作视图即可完成查询，从而简化 SQL 语句。
- 提升数据库安全性。将源表中数据创建成视图，开发人员和数据库管理人员只需要在程序中查询视图而不需要查询源表即可完成操作。因此，就保证了源表中表名以及列名的安全性。
- 简化用户权限的管理。由于在视图中已经存放了很多张从表中查询出的数据，因此，就不用将每一个表的操作权限授予给用户，只需要授予用户操作视图的权限即可。

在 Oracle 中，视图从数据来源上可以分为单表视图和多表视图，单表视图就是指视图中的数据都源于一个源表，可以是表中的一列或多列；多表视图是指视图中的数据源于多个源表。单表视图和多表视图最重要的区别就是多表视图不能直接使用 DML 语句来操作，而单表视图是可以用 DML 语句来操作的，但是，如果在单表视图中查询出的列并不是表中全部的列，并且未在视图中的列不允许为空，那么，也不能直接通过视图向表中添加数据。

8.1.2 创建视图

创建视图与创建其他数据库对象一样，都是使用 CREATE 语句来创建的，具体的语句如下所示。

```
CREATE [ OR REPLACE ] [ [ NO ] FORCE ] VIEW [ schema. ] view_name
AS
select_statement
[
    WITH { READ ONLY | CHECK OPTION [ CONSTRAINT constraint ] }
];
```

其中：

- OR REPLACE：创建同名视图，覆盖之前创建的同名视图。
- [NO] FORCE：即 FORCE 或 NOFORCE，表示是否强制创建视图。FORCE 表示强制创建视图，可以在基表不存在的情况下先创建视图，然后再创建基表。NOFORCE 是 Oracle 中的默认值，表示必须要有基表的情况下才能创建视图。
- view_name：视图名称。通常视图名称以 V 开头。
- WITH READ ONLY：设置视图只读。不能够修改视图。
- WITH CHECK OPTION [CONSTRAINT constraint]：设置限制视图的条件。这样设置后，对视图的修改都要符合 select_statement 语句所指定的限制条件。

为了更好地掌握视图的学习，先创建本章使用的基表，面试试题表（questions）和题目类型表（types）。具体的表结构如表 8-1 和表 8-2 所示。

表 8-1 面试试题表（questions）

序 号	列 名	数据类型	是否允许为空	描 述
1	id	varchar2(10)	否	编号，主键
2	question	varchar2 (300)	否	题目
3	typeid	varchar2 (10)	否	类型编号，外键
4	answer	varchar2 (800)	否	答案
5	points	number	否	分数
6	remarks	varchar2(100)	是	备注

表 8-2 题目类型表（types）

序 号	列 名	数据类型	是否允许为空	描 述
1	typeid	varchar2(10)	否	编号，主键
2	typename	varchar2 (50)	否	题目

由于要创建面试题目表与题目类型表的外键关系，因此，先创建题目类型表。创建表的

语句及执行效果如图 8-1 所示。

```
SQL Plus
SQL> CREATE TABLE types
  2  (
  3  typeid varchar2(10) PRIMARY KEY,
  4  typename varchar2(50)  NOT NULL
  5  );

表已创建。

SQL> CREATE TABLE questions
  2  (id   varchar2(10) PRIMARY KEY,
  3  question  varchar2 (300)  NOT NULL,
  4  typeid  varchar2 (10) REFERENCES types(typeid), --设置外键约束
  5  answer  varchar2 (800)  NOT NULL,
  6  points  number  NOT NULL,
  7  remarks varchar2(100)
  8  );
表已创建。
```

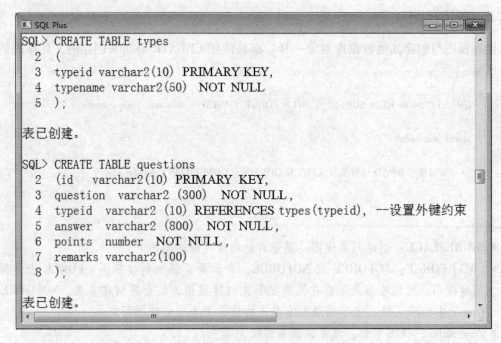

图 8-1　创建表

向基表面试试题表和题目类型表中，分别加入表 8-3 和表 8-4 中的数据。

表 8-3　面试试题表（questions）中所需数据

序　号	编　号	题　目	题目类型	答　案	分　数	备注
1	201401	请简单做一个自我介绍。	1001	略	15	无
2	201402	由你负责组织一个学生春游活动，怎么组织？	1002	需要明确时间、地点、人物等信息	15	无
3	201403	对于目前大学生就业难的问题，你怎么看？	1003	需要明确具体的措施	15	无

表 8-4　题目类型表（types）中所需数据

序　号	类 型 编 号	类 型 名 称
1	1001	自我认知
2	1002	组织管理
3	1003	综合分析
4	1004	解决问题
5	1005	联想题

添加语句及执行效果如图 8-2 所示。

```
SQL> INSERT INTO types VALUES('1001','自我认知');

已创建 1 行。

SQL> INSERT INTO types VALUES('1002','组织管理');

已创建 1 行。

SQL> INSERT INTO types VALUES('1003','综合分析');

已创建 1 行。

SQL> INSERT INTO types VALUES('1004','解决问题');

已创建 1 行。

SQL> INSERT INTO types VALUES('1005','联想题');

已创建 1 行。

SQL> --向面试试题题目表添加数据
SQL> INSERT INTO questions VALUES('201401','请简单做一个自我介绍。','1001','略',15,'无');

已创建 1 行。

SQL> INSERT INTO questions VALUES('201402','由你负责组织一个学生春游活动，怎么组织？','1002','需要明确时间、地点、人物等信息',15,'无');

已创建 1 行。

SQL> INSERT INTO questions VALUES('201403','对于目前大学生就业难的问题，你怎么看？','1003','需要明确具体的措施',15,'无');

已创建 1 行。
```

图 8-2　向表中添加数据

【例 8-1】 创建单表视图 v_question1，用于查询面试试题信息表（questions）中的题目（question）和答案（answer）。

根据题目要求，语句及执行效果如图 8-3 所示。

```
SQL> CREATE VIEW v_question1
  2  AS
  3  SELECT question,answer FROM questions;

视图已创建。
```

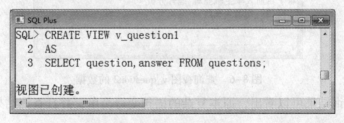

图 8-3　创建视图 v_question1

视图创建完成后，可以使用 SELECT 语句来查看视图，语句及执行效果如图 8-4 所示。

```
SQL> SELECT * FROM v_question1;

QUESTION                ANSWER
----------------------- ----------------------
请简单做一个自我介绍。略
由你负责组织一个学生    需要明确时间、地点、
春游活动，怎么组织？    人物等信息

对于目前大学生就业难    需要明确具体的措施
的问题，你怎么看？
```

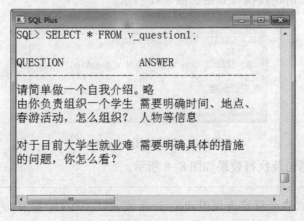

图 8-4　查询视图 v_question1 中的数据

【例 8-2】创建多表视图 v_question2，查询试题题目（question）和类型名称（typename），并将其设置成只读。

根据题目要求，语句及执行效果如图 8-5 所示。

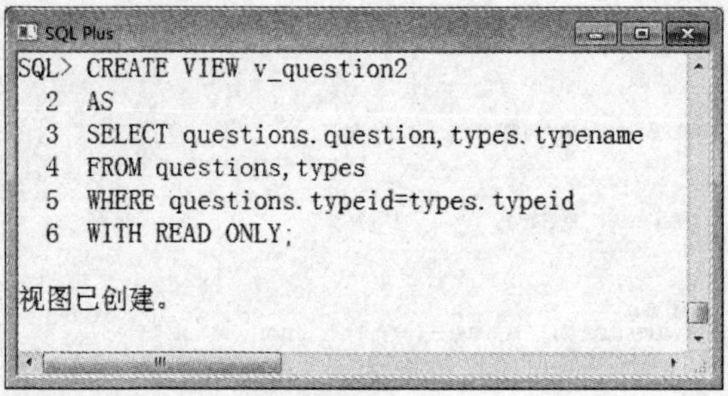

图 8-5　创建视图 v_question2

查询该视图的语句及执行效果如图 8-6 所示。

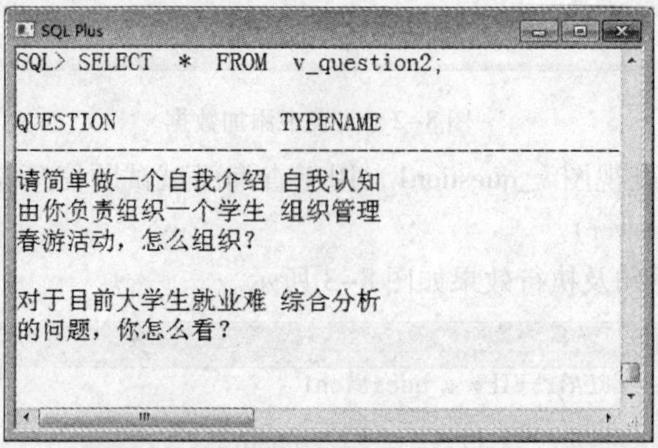

图 8-6　查询视图 v_question2 的数据

从上面的查询结果可以看出，原本复杂的语句变得简单，并且查询结果与使用基表查询的结果是相同的。

【例 8-3】创建视图 v_question1 的视图 v_question3，仅查看视图中的题目（question）列。

根据题目要求，语句及执行效果如图 8-7 所示。

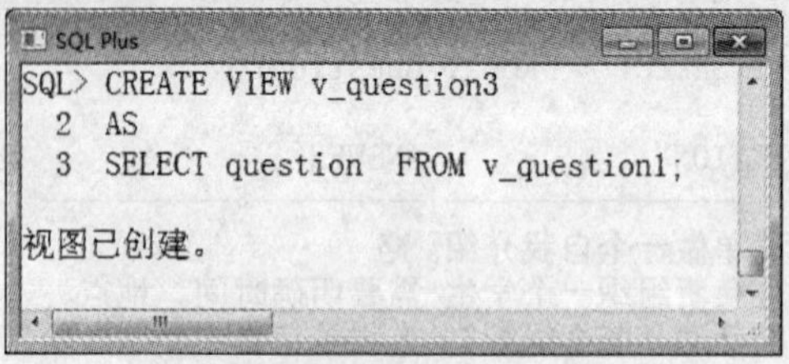

图 8-7　创建视图 v_question3

查询该视图的语句及执行效果如图 8-8 所示。

📖 创建后的视图可以在数据字典视图 dba_views 或 user_views 中查看。

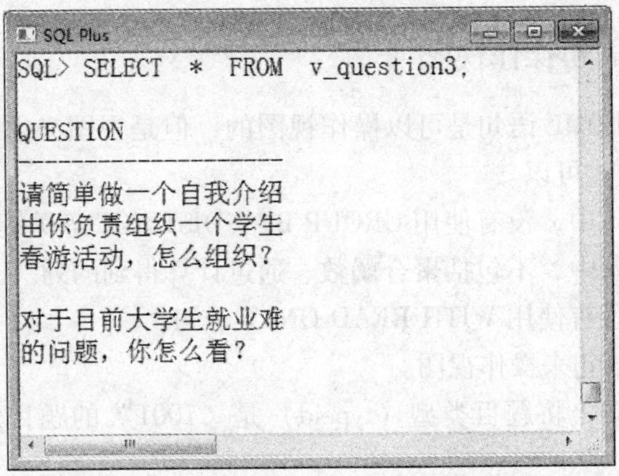

图 8-8　查询视图 v_question3 的数据

8.1.3　删除视图

视图在创建完成后，如需对视图中的语句进行修改，只要在 CREATE 语句后面加上 OR REPLACE 关键字即可。删除视图与视图中的基表和基表中的数据没有任何关系。删除语句如下所示。

```
DROP VIEW [schema.]view_name ;
```

这里，view_name 是视图名称。

【例 8-4】 删除视图 v_question1。

根据题目要求，语句及执行效果如图 8-9 所示。

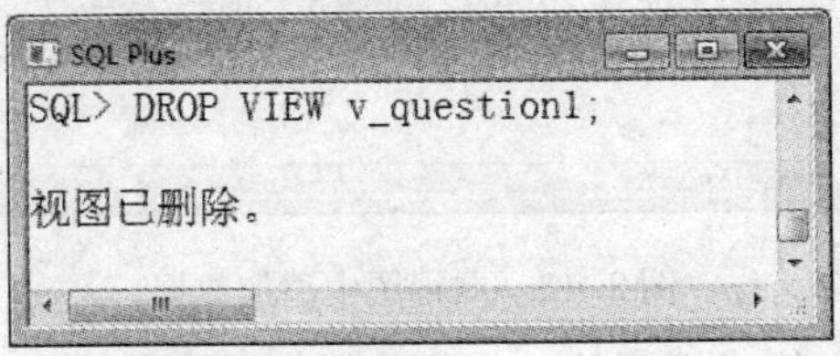

图 8-9　删除视图 v_question1

这样，视图 v_question1 就被删除了。如果将该视图删除后，再查询使用该视图创建的视图 v_question3，效果如图 8-10 所示。

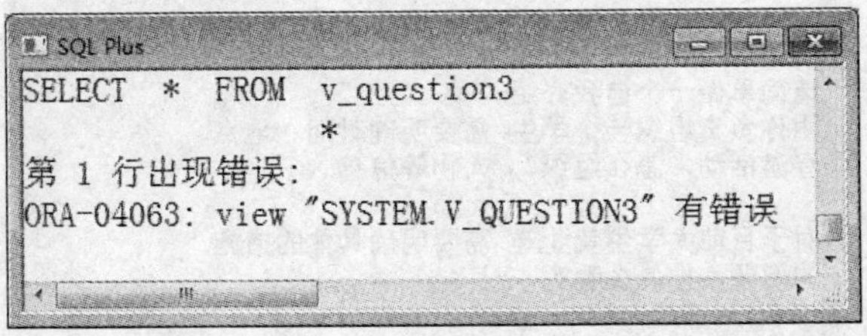

图 8-10　删除 v_question1 视图后查询 v_question3 的效果

从查询结果可以看出，删除视图（v_question1）相当于删除了视图 v_question3 的基表，因此，再查询 v_question3 视图就会出现错误。

8.1.4　使用 DML 语句操作视图

前面提到过，使用 DML 语句是可以操作视图的，但是视图必须是由单表创建的，此外还需要满足下面的条件才可以。

1）创建视图的语句中，没有使用 GROUP BY、DISTINCT 等关键字。

2）创建视图的语句中，不包括聚合函数、通过计算得到的列。

3）创建视图时，没有使用 WITH READ ONLY 子句。

下面就使用 DML 语句来操作视图。

【例 8-5】 创建视图，将题目类型（typeid）是“1001”的题目信息查询出来，并向该视图中添加一条数据。

根据题目要求，由于该视图要求可更新的，不能添加 WITH READ ONLY 子句。创建视图的语句及执行效果如图 8-11 所示。

```
SQL> CREATE VIEW v_question4
  2  AS
  3  SELECT  *  FROM questions WHERE typeid='1001';

视图已创建。
```

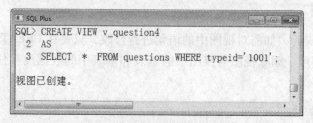

图 8-11　创建视图 v_question4

向该视图中添加数据，语句及执行效果如图 8-12 所示。

```
SQL> INSERT INTO v_question4 VALUES('201404','请说出你的3个缺点。','1001','略',15,'无');

已创建 1 行。
```

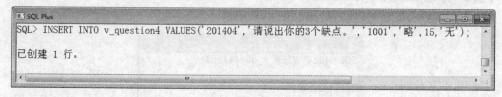

图 8-12　向视图中添加数据

向视图中添加数据后，构成视图的基表中就添加了该条数据。由于面试题目信息表中的列太多，影响显示效果，这里仅查询题目和答案，语句及执行效果如图 8-13 所示。

```
SQL> SELECT question, answer FROM questions;

QUESTION              ANSWER
--------------------  --------------------
请简单做一个自我介绍。 略
由你负责组织一个学生  需要明确时间、地点、
春游活动，怎么组织？  人物等信息

对于目前大学生就业难  需要明确具体的措施
的问题，你怎么看？

请说出你的3个缺点。   略
```

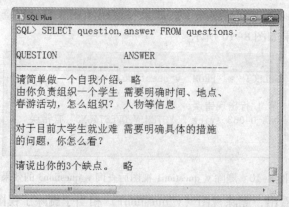

图 8-13　查看面试题目信息表

从查询结果可以看出，通过视图添加的数据，已经添加了到基表 question 中了。

【例 8-6】修改视图 v_question4 中的数据，将题目编号（id）是“201404”的答案（answer）改成“提出的缺点能否通过努力克服”。

根据题目要求，语句及执行效果如图 8-14 所示。

```
SQL Plus
SQL> UPDATE v_question4 SET answer='提出的缺点能否通过努力克服'
  2  WHERE id='201404';

已更新 1 行。
```

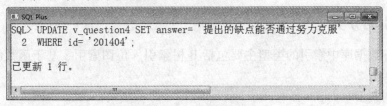

图 8-14　通过视图修改表数据

修改数据后，读者可以查看基表 questions 中数据是否更改了。

【例 8-7】删除视图 v_question4 中的数据，将题目编号（id）是“201404”的题目删除。

根据题目要求，语句及执行效果如图 8-15 所示。

```
SQL Plus
SQL> DELETE  FROM  v_question4 WHERE id='201404';

已删除 1 行。
```

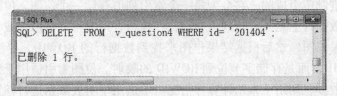

图 8-15　通过视图删除表中的数据

这样，在基表 questions 中也删除了该条数据。

上面通过 DML 语句操作的视图是可以更新的，如果操作的是不允许更新的视图，会出现错误提示。在前面的示例中，定义了 v_question2 视图，下面就用例 8-8 演示更新该视图中的数据。

【例 8-8】修改视图 v_question2 中的数据，将题目类型（typename）是“自我认知”的题目（question）内容中添加一个“自我认知”。

根据题目要求，语句及执行效果如图 8-16 所示。

```
SQL Plus
UPDATE v_question2  SET question='自我认知'|| question
                                  *
SQL>
WHERE typename='自我认知'
第 1 行出现错误:
ORA-42399: 无法对只读视图执行 DML 操作
```

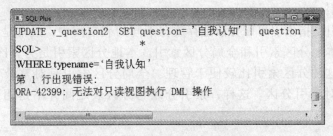

图 8-16　更新只读视图时出现的错误

在更新视图时，如果出现了图中所示的错误，就意味着视图是一个不允许更新的视图即只读视图。

8.2　管理索引

查字典的时候，如果字典中存放的词汇都是无序的，那么，查找单词就是大海捞针了。

因此，字典中都会对词汇进行排序，最终还会形成一个目录。这样，检索单词就方便得多。在表中创建索引也就相当于给数据做了排序，通过索引可以快速定位和查找所需的内容。主键约束和唯一约束也是一种索引，Oracle 会自动为这两种约束的列创建唯一索引，因此，通过创建主键列和唯一约束列之后，查找内容的速度也是很快的。

8.2.1 索引的分类

在 Oracle 数据库中索引的类型主要包括 B 树索引、位图索引、基于函数的索引、分区索引以及域索引。

（1）B 树索引

B 树索引是 Oracle 数据库中默认的索引类型。B 树索引实际上就是指平衡树，是使用平衡算法来管理索引的。在 Oracle 中，B 树索引中存放创建索引的列以及该列所对应行的物理地址，即 ROWID。通常可以将 B 树索引用在存储的数据行数多、列中存储的数据不同值多以及每次查询数据的数据量不超过全部行数的 5% 的情况中。

（2）位图索引

位图是由二进制位组成的，它会为每一个索引列值存储一个位图。位图中的每一位表示索引列值对应的数据行上是否有该列值存在，在执行查询时可以将两个或多个位图进行位运算并得到一个结果位图，然后根据结果位图来找到数据行的 ROWID，要注意位图索引并不能直接存放 ROWID，而是存储字节位到 ROWID 的映射。位图索引适用于列中存储数据的相同值多、数据行数多、列用于布尔计算等情况。不适用于对表数据进行频繁的增、删、改的操作。

（3）基于函数的索引

在某些查询中，查询条件是使用函数或表达式计算出来的，此时不能对查询列直接建立索引，而要使用基于函数的索引，基于函数的索引会先对列的函数或表达式进行计算，然后将结算的结果存入索引中。创建该索引时需要注意的是创建时必须具有 QUERY REWRITE 系统权限、表达式中不能出现聚合函数、不能在 LOB（保存大对象的数据类型）类型的列上创建。

（4）分区索引

所谓分区索引是指索引可以分散地存放在不同的表空间中，通常是用到分区表中的。分区索引还分为本地分区索引和全局分区索引。本地分区索引是为分区表中的每个分区分别建立分区，这种分区索引比较便于管理。全局分区索引是对整个分区表建立索引，然后，由 Oracle 对索引分区。这样，索引分区与分区表之间并不是相互独立的，因此，不便于管理。

（5）域索引

域索引主要是对数据表中的图像、媒体等数据建立索引，这些字段在数据表中基本上都是 BLOB 类型的。

在本章中，主要介绍常用的 B 树索引和位图索引。

8.2.2 创建索引

在 Oracle 中，创建 B 树索引和位图索引使用的语法都类似，具体语法如下所示。

```
CREATE [UNIQUE | BITMAP] INDEX  [schema.]index_name
ON [schema.]table_name(column_name1[ASC | DESC][,column_name2[ASC | DESC],…)
[TABLESPACE tablespace_name]
[NOCOMPRESS | COMPRESS]
[NOSORT | SORT]
[REVERSE];
```

其中：

- UNIQUE：建立唯一索引。建立唯一索引列的值不能重复。
- BITMAP：建立位图索引。如果不指定，默认是 B 树索引。
- index_name：索引名称。通常，索引名称以 IX 为前缀。
- table_name：表名。建立索引的表名。
- column_name1：列名。指定设置索引的列，索引可以由 1 到多列构成，多个列之间用逗号隔开。
- ASC | DESC：排序方式。指定索引列的排序方式，ASC 为升序排列，DESC 为降序排列。默认是 ASC。
- tablespace_name：表空间名。索引创建的表空间名。
- NOCOMPRESS | COMPRESS：设置是否压缩索引，针对由多列构成的复合索引。NOCOMPRESS是不压缩，默认方式。COMPRESS 是压缩，可以节省空间，但是会影响索引使用的效率。
- NOSORT | SORT：设置是否对索引列排序。SORT 是对索引列排序，默认方式。NOSORT 是不对索引列排序，可以加快创建索引的速度。
- REVERSE：指定以反序索引块的字节，不包含行标识符。该选项不能与 NOSORT 选项一起使用。

【例 8-9】给面试题目表（questions）中的题目（question）列创建索引 ix_question。

根据题目要求，语句及执行效果如图 8-17 所示。

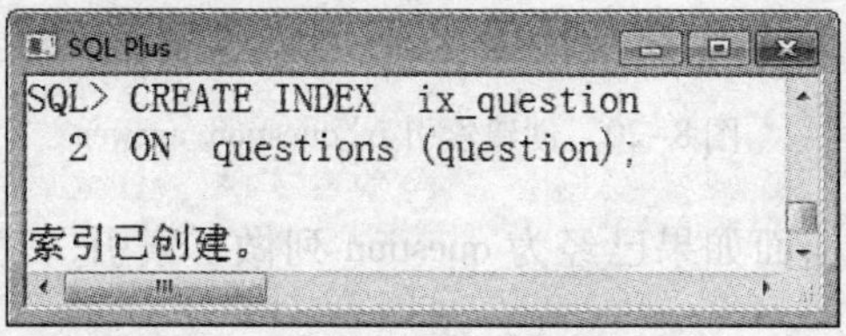

图 8-17　创建索引 ix_question

上面创建的索引是 B 树索引，并且是非唯一索引。在创建该索引时，没有指定表空间，那么，该索引就存放到登录用户的默认表空间中。

【例 8-10】为题目类型表（types）中类型名称（typename）列创建唯一索引 ix_typename。

在创建唯一索引前，要确保表中列的值是唯一的，语句及执行效果如图 8-18 所示。

创建唯一索引后，该列的值必须是唯一的。如果为列设置唯一约束，也会产生一个唯一索引。

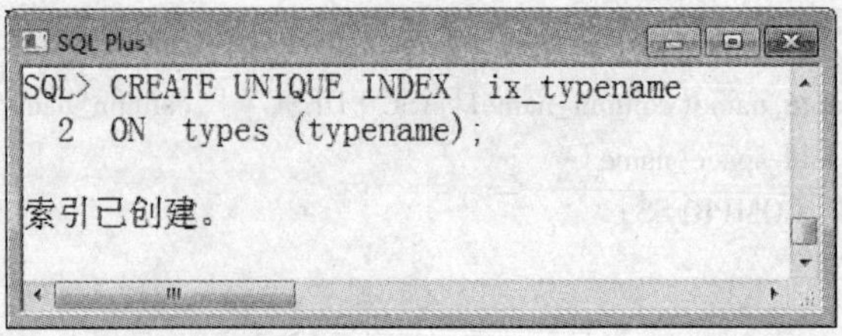

图 8-18　创建唯一索引 ix_typename

【例 8-11】为面试题目表（questions）中的类型编号（typeid）列创建位图索引 ix_typeid。

由于位图索引通常是创建在重复值多的列中，类型编号重复的字段比较多，适合建立位图索引。创建语句及执行效果如图 8-19 所示。

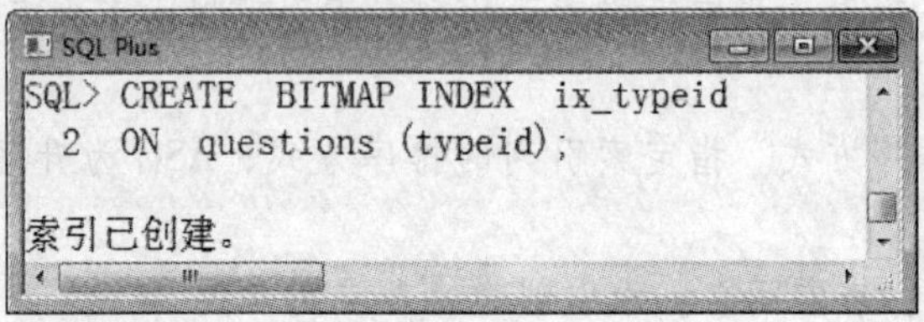

图 8-19　创建位图索引 ix_typeid

【例 8-12】为面试题目表（questions）中的题目（question）和答案（answer）创建索引 ix_question_answer。

根据题目要求，语句及执行效果如图 8-20 所示。

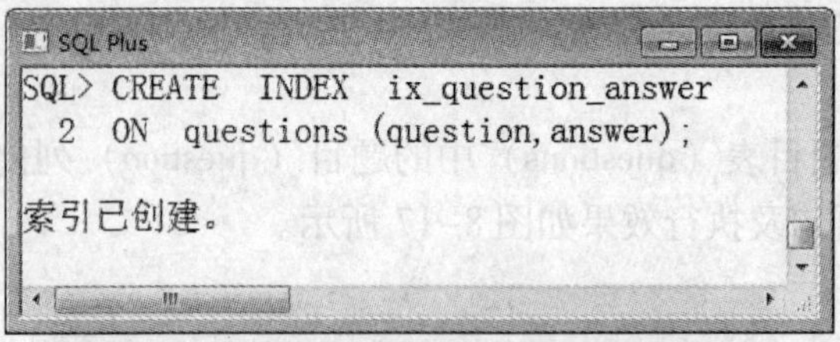

图 8-20　创建索引 ix_question_answer

这里，需要注意的是前面如果已经为 question 列做了索引，就不能再为同一个列设置索引了。

🕮 创建完的索引可以在数据字典视图 dba_indexes 或者 user_indexes 中来查看。

8.2.3　修改索引

修改索引实际上是对索引的维护操作，主要包括修改索引的名称、设置索引是否可见、重新创建索引、合并索引等操作。具体的语法形式如下所示。

```
ALTER INDEX [schema.]index_name
[TABLESPACE tablespace_name]
```

```
[REBUILD [NOCOMPRESS | COMPRESS]]
[NOSORT | SORT]
[REVERSE]
[REBUILD]
[RENAME TO new_index_name]
[INVISIBLE | VISIBLE];
```

其中：

- index_name：索引名称。
- new_index_name：是重命名后的索引名称。
- REBUILD：重建索引。
- INVISIBLE | VISIBLE：设置索引是否可见。INVISIBLE 设置索引不可见，但是是针对查询优化器的；VISIBLE 设置索引可见，默认选项。

其他的选项的说明可以参考创建索引的选项，这里就不再赘述了。

【例 8-13】 将索引名称 ix_question 更名为 ix_question_new。

根据题目要求，语句及执行效果如图 8-21 所示。

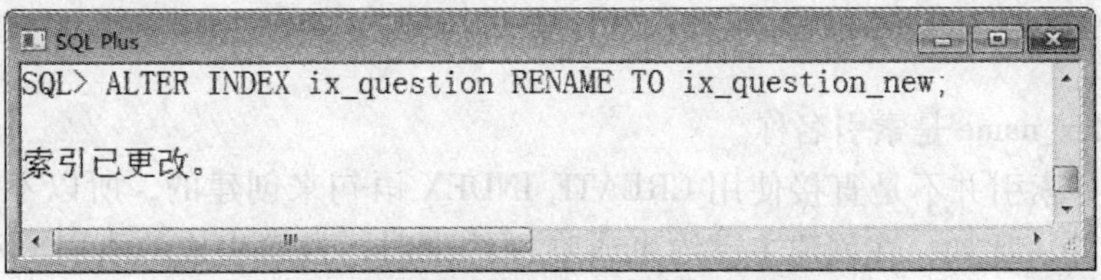

图 8-21　更改索引 ix_question 的名称

【例 8-14】 将索引 ix_question_answer 改成压缩索引。

根据题目要求，语句及执行效果如图 8-22 所示。

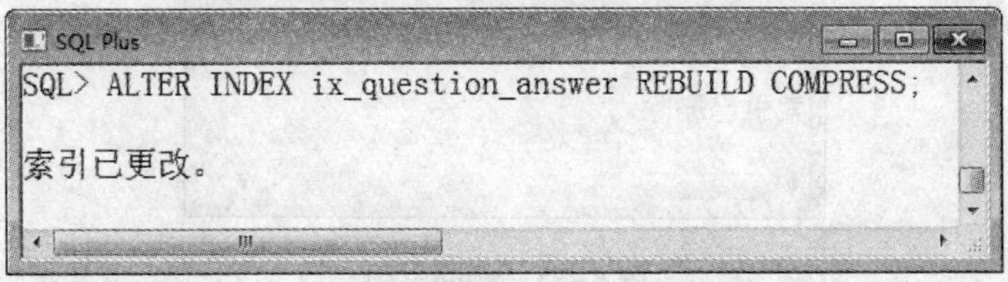

图 8-22　修改索引为压缩状态

【例 8-15】 重新生成索引 ix_typename。

根据题目要求，语句及执行效果如图 8-23 所示。

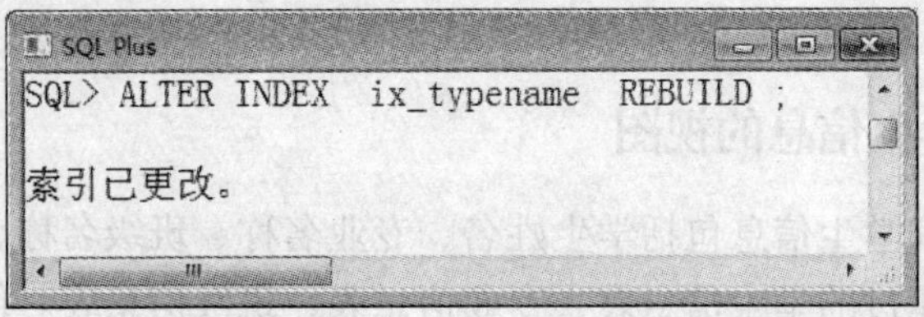

图 8-23　重新生成索引 ix_typename

重新生成索引会清除索引碎片，提高索引的查询效率。

【例 8-16】使索引 ix_typename 不可见。

根据题目要求，语句及执行效果如图 8-24 所示。

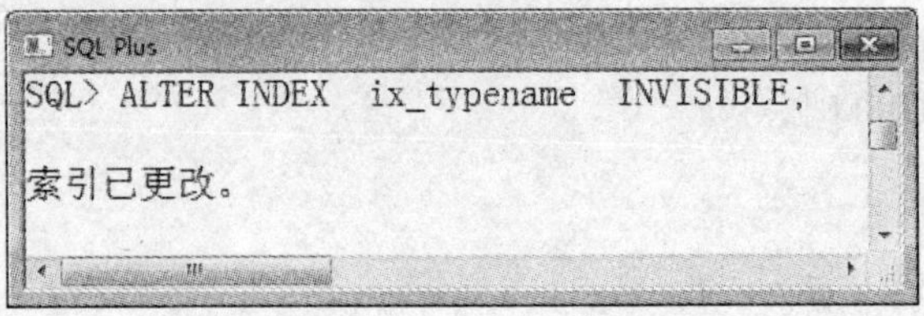

图 8-24　将 ix_typename 设置为不可见

虽然将索引设置为不可见，但是并不会影响索引的正常更新，只是对优化器不可见。

8.2.4　删除索引

如果索引不再使用或者是使用索引的表数据已经变更不适用现有的索引，那么，可以将索引删除。删除索引的语法如下所示。

```
DROP INDEX index_name;
```

这里，index_name 是索引名称。

但是，有些索引并不是直接使用 CREATE INDEX 语句来创建的，所以不能使用 DROP INDEX 语句删除。比如，在创建主键约束或唯一约束时，自动生成的索引。对于约束，要使用删除约束的语句来删除。

【例 8-17】删除索引 ix_typename。

根据题目要求，语句及执行效果如图 8-25 所示。

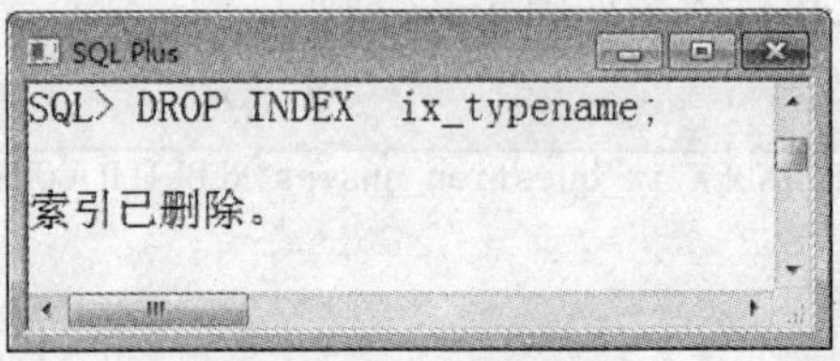

图 8-25　删除索引

需要注意的是，如果将使用索引的表删除，也会直接将表上所创建的索引删除。

8.3　实例演练

8.3.1　创建查询学生信息的视图

在本实例中，查询学生信息包括学生姓名、专业名称、班级名称、入学时间和电话。因此，将会用到前面创建过的学生信息表、专业信息表、班级信息表。创建该视图的语句及执行效果如图 8-26 所示。

```
SQL> CREATE VIEW v_student
  2  AS
  3  SELECT   student.name, majorinfo.majorname, classinfo.classname, student.entrancedate, student.tel
  4  FROM student,  classinfo,  majorinfo
  5  WHERE student.majorid=majorinfo.majorid AND student.classid=classinfo.classid;

视图已创建。
```

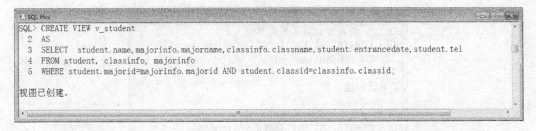

图 8-26　创建视图 v_student

在 v_student 中列比较多，为了显示效果清晰，只查询学生的姓名、专业、班级。查询该视图的语句及执行效果如图 8-27 所示。

```
SQL> SELECT name, majorname, classname FROM v_student;

NAME                    MAJORNAME               CLASSNAME
----------------------  ----------------------  ----------------------
吴琪                    计算机                  自动化1班
张小林                  计算机                  计算机1班
王铭                    会计                    会计1班
```

图 8-27　查询视图

8.3.2　为学生信息表添加索引

在学生信息表中，学号是主键，相当于已经为该列创建了唯一索引。除了学号之外，经常查询的列还有学生姓名、专业、班级等信息，由于学生姓名重复的比较少，可以为其创建 B 树索引，对于专业和班级，应该是重复值比较多的，因此，可以为其创建位图索引。

（1）为学生姓名创建 B 树索引

创建语句及执行效果如图 8-28 所示。

```
SQL> CREATE INDEX ix_stuname
  2  ON student(name);

索引已创建。
```

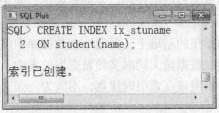

图 8-28　创建索引 ix_stuname

（2）分别为专业编号和班级编号列创建位图索引

创建语句及执行效果如图 8-29 所示。

创建好索引后，由于是使用 system 用户登录的，可以使用 dba_indexes 来查看创建的索引。查询语句及执行效果如图 8-30 所示。

在查询结果中，索引类型 NORMAL，则代表的是 B 树索引，BITMAP 代表的是位图索

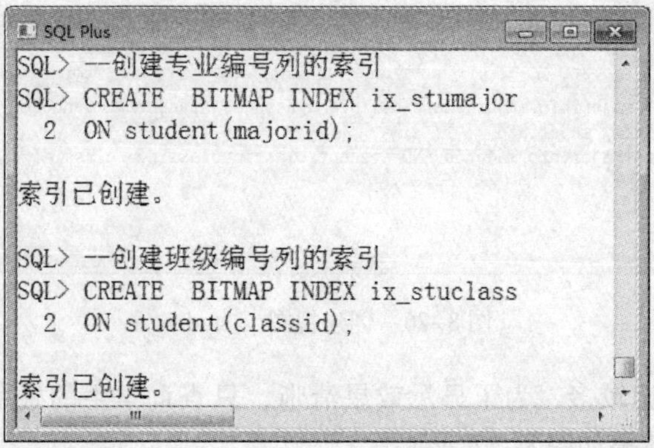

```
SQL> --创建专业编号列的索引
SQL> CREATE  BITMAP INDEX ix_stumajor
  2  ON student(majorid);

索引已创建。

SQL> --创建班级编号列的索引
SQL> CREATE  BITMAP INDEX ix_stuclass
  2  ON student(classid);

索引已创建。
```

图 8-29　为专业编号列和班级编号列创建索引

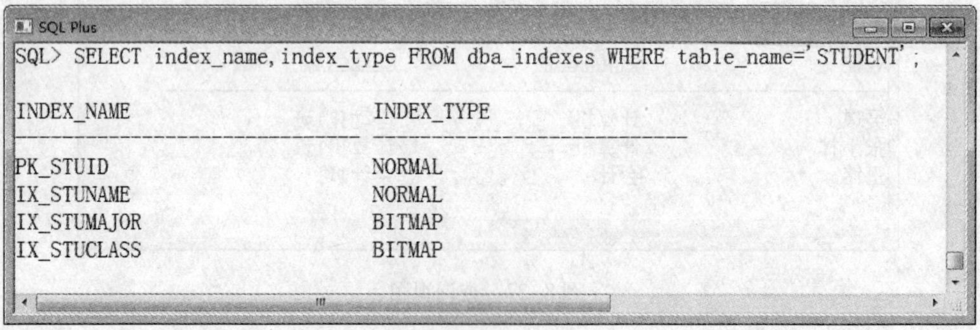

```
SQL> SELECT index_name,index_type FROM dba_indexes WHERE table_name='STUDENT';

INDEX_NAME                     INDEX_TYPE
------------------------------ ---------------------------
PK_STUID                       NORMAL
IX_STUNAME                     NORMAL
IX_STUMAJOR                    BITMAP
IX_STUCLASS                    BITMAP
```

图 8-30　查询 student 表的索引

引。另外，在结果中还有一个索引名称是 PK_STUID，实际上该索引就是学生信息表的主键约束，它的类型也是 B 树索引。

8.4　本章小结

通过本章的学习，能够掌握视图的作用以及创建视图、使用视图的方法；能够掌握索引的类型，特别是 B 树索引和位图索引的适用范围；还能够掌握索引的创建、修改以及删除操作。在掌握了视图的基本操作的基础上，灵活地在数据库中使用视图处理多表查询，能够很好地增强程序的可读性。在数据量大同时又频繁查询的表中，合理地设置索引，能够大幅度地提高查询效率。同时，也应该在索引时注意，不能为一张表中创建过多的索引，这样反而会降低查询速度。

8.5　习题

1. 填空题

1）索引的类型包括____________________。

2）位图索引的适用范围__________。

3）设置只读视图需要使用的子句是__________。

2. 简答题

1）简述视图的作用。

2）简述索引的作用以及 B 树索引和位图索引的区别。

3）使用 DML 语句操作视图需要注意什么？

3. 操作题

1）创建视图 v_course，用于创建查询面试课程的名称、课程类型名称以及课程的分数。

2）查询视图 v_course 中的数据。

3）为面试课程表中的课程名称列和分数列创建索引 ix_course。

4）将 ix_course 索引更改成压缩的。

5）删除 ix_course 索引。

第 9 章　序列与同义词

在 SQL Server、Access 等数据库中，都有标识列或者称为自增长字段。这样在为表创建好主键列后，主键列的值选用标识列或者称为自增长字段，就不用每次都向表中添加该列的值，并且能够确保值的唯一性。Oracle 11g 中替代该功能的数据库对象被称为序列，它能够完成与其同样的作用。在前面学习表时，给表定义过别名，给表中的列定义过别名，但是这些别名都只能在一次 SQL 语句中使用，不能够保存别名。而同义词则不同，它相当于定义了一个全局对象，在任何有权限使用的地方都可以使用。

本章学习目标如下。

- 掌握序列的创建和应用。
- 掌握同义词的创建和应用。

9.1　序列

序列从字面上可以理解为是一组有序的数字，通过它可以向表中的列插入不重复的值，并且多个表可以使用同一个序列。但是，通常使用的方法是每一张表对应一个序列，这样能够使表中的数据更整齐，同时也便于修改序列的值。

9.1.1　创建序列

序列既然产生的是一组有序的数字，就需要为序列设置初值、终值以及步长。另外，在创建序列时，序列的名字最好与使用这个序列的表名对应，以便查找序列。创建序列的语法如下所示。

```
CREATE SEQUENCE sequence_name
[INCREMENT BY step_value]
[START WITH   start_value]
[MAXVALUE   max_value | NOMAXVALUE]
[MINVALUE   min_value | NOMINVALUE]
[CYCLE | NOCYCLE]
[CACHE   cache_value | NOCACHE];
```

其中：

- sequence_name：序列名称。通常序列名称都是以 seq 开头，后面加上表名的形式命名的。比如，给学生信息表定义序列，名称可以定义为 seq_student。
- step_value：步长。序列中相邻的两个值之间的差值，默认值是 1。如果设置的步长值为负数，那么，该序列就是一个递减序列。
- start_value：初值。序列中开始的值，默认值是 1。

- max_value：最大值。序列中的最大值，默认值是 NOMAXVALUE，即递增序列的最大值是 10^{27}，递减序列的最大值是 -1。在实际应用中，序列的最大值通常由表中的数据类型决定的，比如，在学生信息表中，要为学号列定义一个序列，学号列的数据类型是 varchar2(6)，那么。序列的最大值就可以设置为 999999。
- min_value：最小值。序列中的最小值，默认值是 NOMINVALUE，即递增序列的最小值是 1，递减序列的最小值是 -10^{26}。最小值不能大于最大值，通常最小值都与初值相同。
- CYCLE | NOCYCLE：设置序列是否循环生成。默认是不循环生成，即 NOCYCLE。因为序列如果循环生成，就会产生相同的值，无法满足向表中的主键列添加值的要求。如果要设置循环生成，就是用 CYCLE 选项。
- CACHE | NOCACHAE：设置存放序列的内存块的大小，默认是 20，即存放 20 个序列值。通过设置内存块，可以加快存取的速度。如果不使用内存块，就选择 NOCACHE 选项。

【例 9-1】 创建序列 seq_test，初值是 1，最大值 100，步长是 1。

根据题目要求，语句及执行效果如图 9-1 所示。

```
SQL> CREATE  SEQUENCE seq_test
  2  INCREMENT BY  1
  3  START WITH  1
  4  MAXVALUE  100
  5  MINVALUE  1;

序列已创建。
```

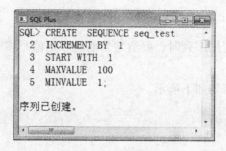

图 9-1　创建序列 seq_test

创建后的序列，在数据字典视图 dba_sequences 或 user_sequences 中可以查看。查看 system 用户下所有的序列，语句及执行效果如图 9-2 所示。

```
SEQUENCE_NAME                          LAST_NUMBER
------------------------------ -----------
REPCAT$_TEMPLATE_OBJECTS_S                   1
REPCAT$_TEMPLATE_PARMS_S                     1
REPCAT$_TEMPLATE_REFGROUPS_S                 1
REPCAT$_TEMPLATE_SITES_S                     1
REPCAT$_TEMP_OUTPUT_S                        1
REPCAT$_USER_AUTHORIZATIONS_S                1
REPCAT$_USER_PARM_VALUES_S                   1
REPCAT_LOG_SEQUENCE                          1
SEQ_TEST                                     1
TEMPLATE$_TARGETS_S                          1

已选择21行。
```

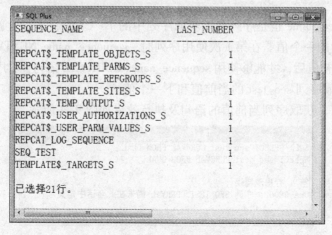

图 9-2　查看序列

由于在 system 用户下，序列共有 21 个，这里只截取后面的一部分序列。在查询结果中，可以看到倒数第 2 个序列 SEQ_TEST 就是刚才创建的，序列中目前最后一个值是 1。在 dba_ sequences 数据字典视图中，还可以查看到序列的最大值、最小值、是否可以循环等信息。

【例 9-2】 创建递减序列 seq_test1，该序列的最大值是 100，最小值是 1，步长是 1，并设置其可以循环。

根据题目要求，语句及执行效果如图 9-3 所示。

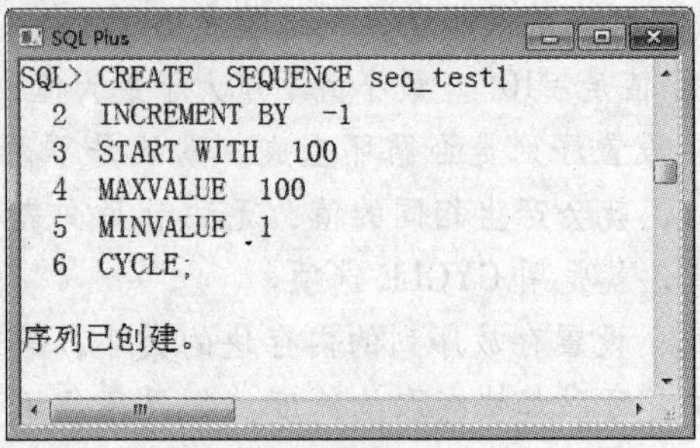

图 9-3　创建递减序列

这样，seq_test1 序列就是从 100 开始每次递减 1，并且可以循环产生序列。

9.1.2　使用序列

序列创建完成后，在使用序列时，要清楚当前的序列值是多少以及序列的下一个值是多少，以便向表中插入值。

获取序列的当前值，语句如下所示。

```
sequence_name. CURRVAL
```

这里，sequence_name 是序列名，序列在未使用的情况下，无法获取当前值。

获取序列中的下一个值，语句如下所示。

```
sequence_name. NEXTVAL
```

这里，sequence_name 也是序列名。获取序列中的下一个值，实际上就是对序列的现有值根据步长变化后的一个值。在第 1 次使用序列时，sequence_name. NEXTVAL 产生的是序列的初值。序列产生初值后，才能够使用 sequence_name. CURRVAL 语句查看序列的当前值。

【例 9-3】 获取序列 seq_test 的当前值和下一个值

根据题目要求，获取序列当前值的语句及执行效果如图 9-4 所示。

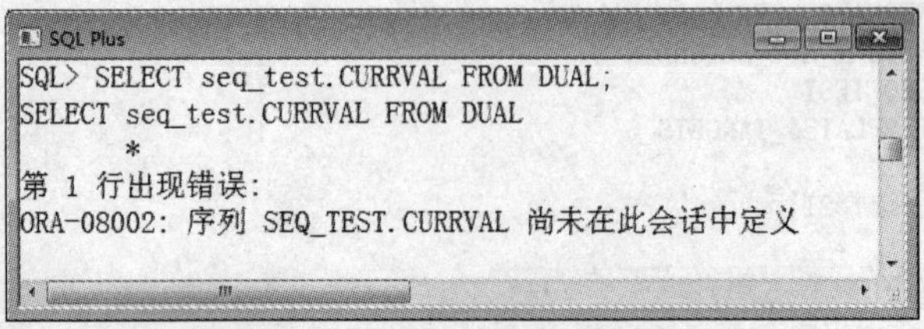

图 9-4　获取序列的当前值

由于 seq_test 序列还未产生序列，因此，获取不到当前的序列值。如果要使用 seq_test 序列，必须使用 seq_test. NEXTVAL 产生序列值。语句及执行效果如图 9-5 所示。

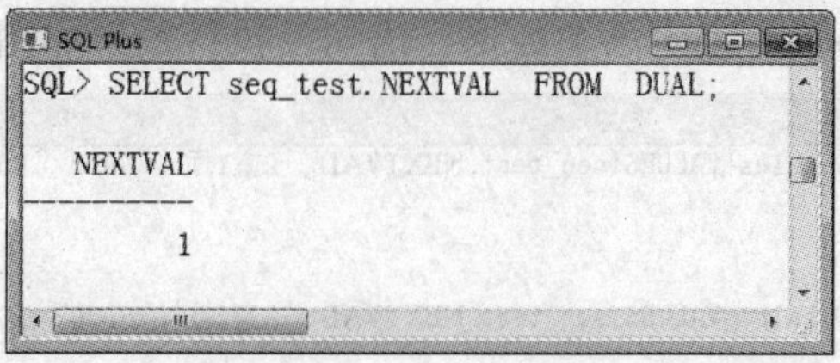

图 9-5　在序列中第 1 次使用 NEXTVAL 获取初值

获取了序列的初值后，可以通过 seq_test. CURRVAL 语句来获取序列的当前值，语句及执行效果如图 9-6 所示。

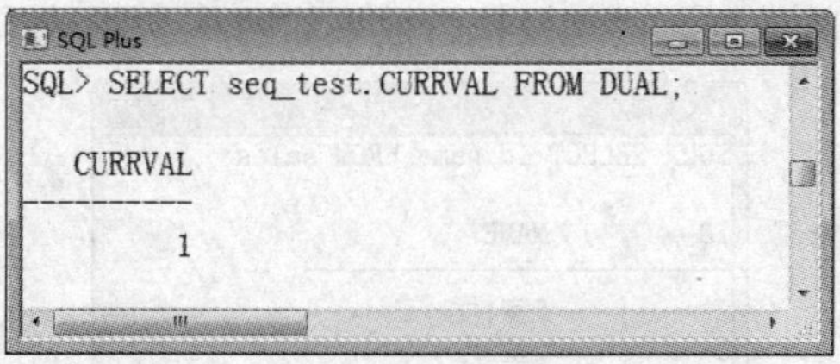

图 9-6　再次获取序列中的当前值

通过对该实例序列的操作结果可以看出，在实际应用中，直接使用 seq_test. NEXTVAL 语句，向表中的指定列中添加值即可。

【**例 9-4**】创建售楼信息表，表结构如表 9-1 所示。售楼表的编号由 seq_test 填充，向表中任意添加两条数据。

表 9-1　售楼信息表（sales）

序　号	列　名	数据类型	描　述
1	id	varchar2(10)	编号，主键
2	name	varchar2(100)	户型名称
3	price	number(6,1)	每平米价格
4	area	number(6,2)	面积
5	buildingno	varchar2(5)	楼号
6	remarks	varchar2(100)	备注

根据题目要求，创建售楼信息表的语句及执行效果如图 9-7 所示。

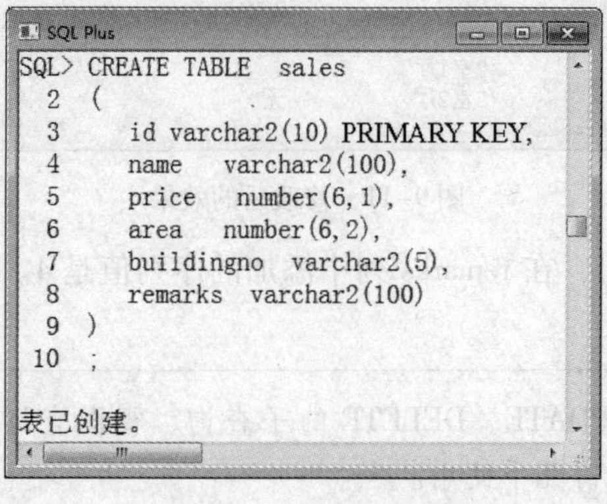

图 9-7　创建 sales 表

使用 seq_test 序列向 sales 表中添加数据，语句及执行效果如图 9-8 所示。

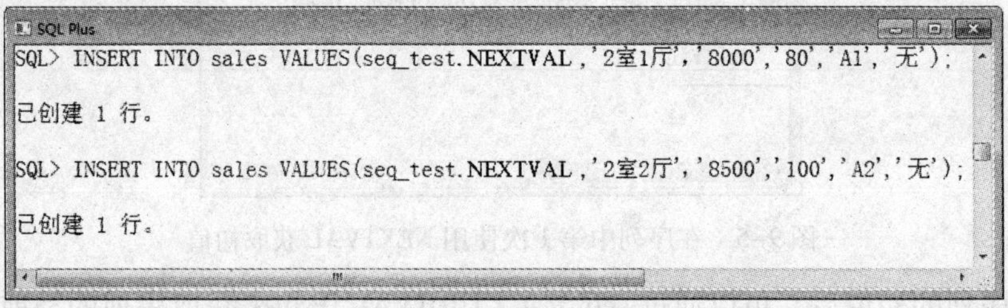

图 9-8　向表中使用序列添加值

添加值后，查看表中的数据，语句及执行效果如图 9-9 所示。

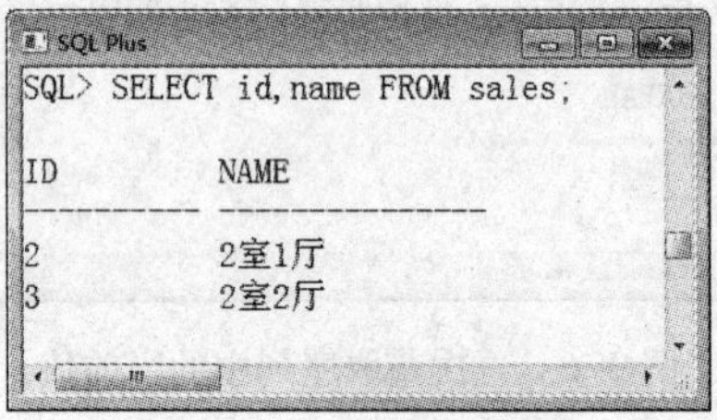

图 9-9　查看添加后的数据

从查询结果可以看出，通过序列向表中添加了两个值，分别是 2 和 3。由于在实例 9-3 中，使用了一次序列，因此，序列就从 2 开始添加了。

【例 9-5】将售楼信息表中的 2 室 1 厅的备注中添加一个序列值。

根据题目要求，修改语句及执行效果如图 9-10 所示。

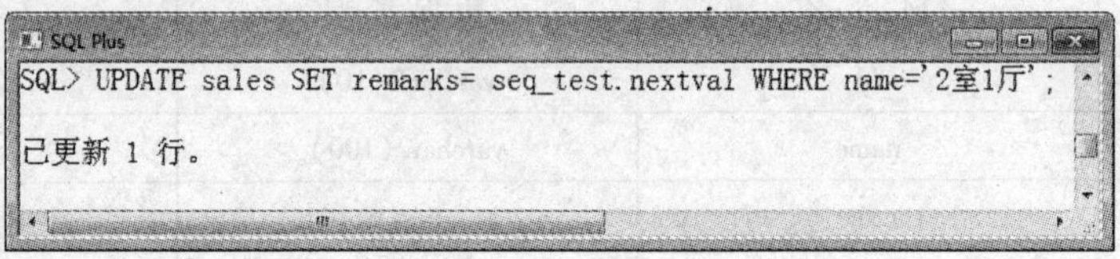

图 9-10　使用序列修改备注列

修改后的效果如图 9-11 所示。

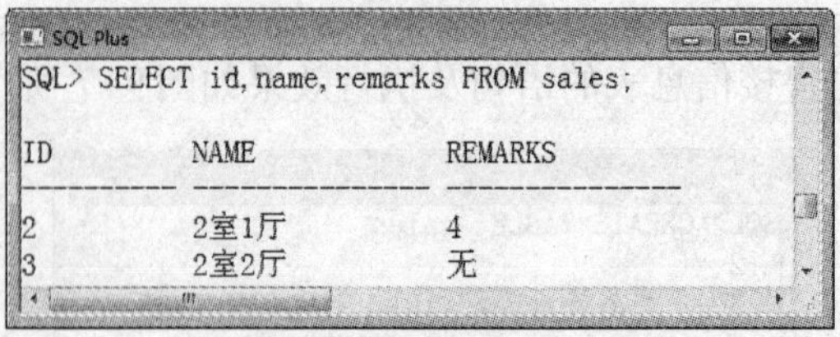

图 9-11　修改后的效果

通过查询结果可以看出，在 remarks 列中添加的序列值是 4。也就是说，在修改语句中也可以用序列。

📖 序列不能在 INSERT、UPDATE、DELETE 的子查询、视图查询、分组查询、对查询结果使用 ORDER BY 子句等情况下使用。

9.1.3 管理序列

序列创建完成后，可以对其进行修改和删除。比如，修改序列的最大值、设置其可以循环产生等。下面就分别介绍序列的修改和删除操作。

1. 修改序列

修改后的序列，只能影响序列以后产生的值。修改语句如下所示。

```
ALTER SEQUENCE sequence_name
[INCREMENT BY   step_value]
[MAXVALUE   max_value | NOMAXVALUE]
[MINVALUE   min_value | NOMINVALUE]
[CYCLE | NOCYCLE]
[CACHE   cache_value | NOCACHE];
```

上面语句与创建序列的语句类似，只是将 CREATE 关键字替换成了 ALTER 关键字，并且没有 START WITH 选项，也就是说不能够更改序列的开始值，如果需要修改开始值，就需要重新创建序列。在修改序列时，需要注意的是在修改序列的最大值时，不能比当前的序列值还要小。

【例 9-6】 修改 seq_test 序列，分别将其最大值改成 50 和 3。

根据题目要求，将 seq_test 序列的最大值修改成 50 的语句及执行效果如图 9-12 所示。

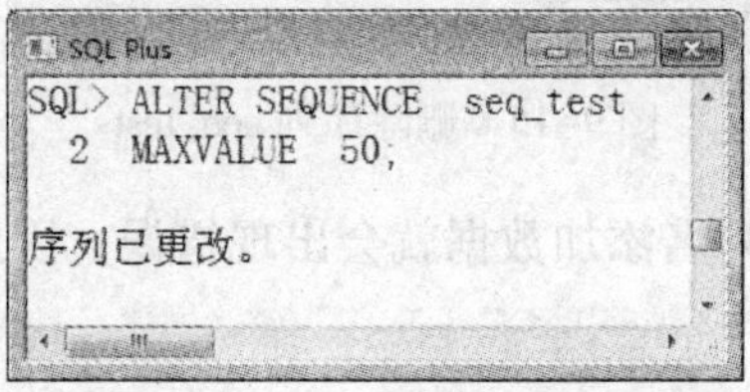

图 9-12　修改序列的最大值

由于该序列当前的值是 4，如果将该序列的最大值修改成 3，会出现如图 9-13 所示的错误提示。

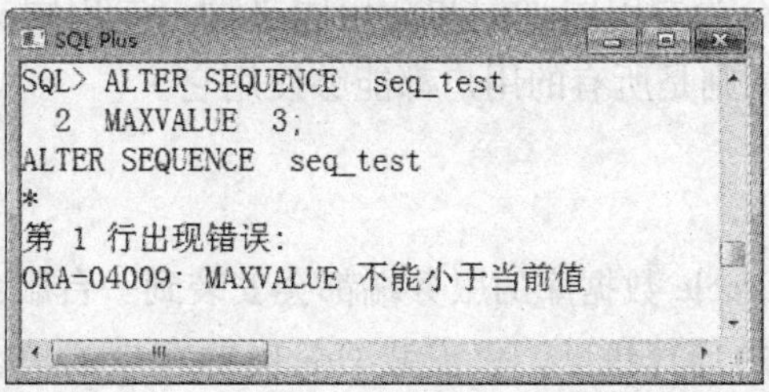

图 9-13　修改序列最大值时出现的错误

通过上面的执行结果可以看出，序列中的最大值不能小于当前值。

【例 9-7】 将 seq_test 设置成可以循环产生序列，并且设置缓存 10 个序列。

根据题目要求，语句及执行效果如图 9-14 所示。

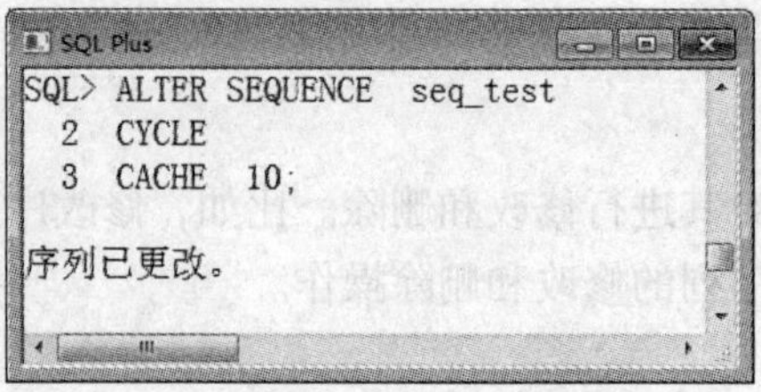

图 9-14　修改序列 seq_test

2. 删除序列

当不再使用某一个序列时，可以将其删除，或者在对序列中的值进行设置比较麻烦的情况下，可以选择将序列删除再重新创建。删除序列的语句如下所示。

```
DROP SEQUENCE sequence_name;
```

这里，sequence_name 是序列名称。如果不清楚要删除的序列名称，可以通过前面提到的 dba_sequences 或者 user_sequences 数据字典视图来查看。

【例 9-8】 将 seq_test 序列删除。

根据题目要求，删除语句及执行效果如图 9-15 所示。

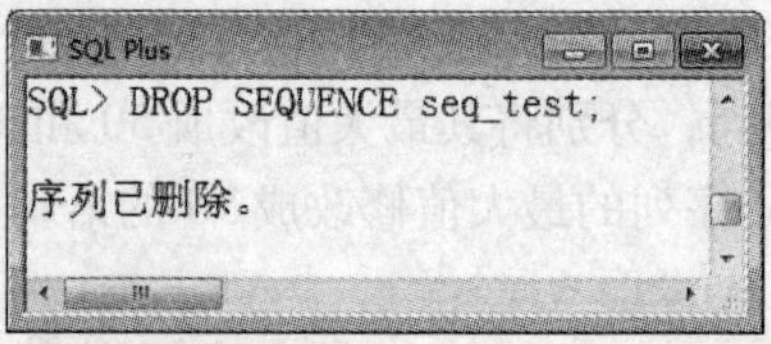

图 9-15　删除序列 seq_test

删除序列后，再使用该序列名添加数据就会出现错误，因此，在删除序列前，一定要确认在程序中是否用到该序列。

9.2　同义词

同义词与前面学习过的创建表的别名、列的别名类似，只不过同义词的使用更广泛一些。在 Oracle 中，同义词分为专用同义词和公用同义词，专用同义词就是只有创建它的用户可以使用，而公用同义词则是所有的用户都能够使用它。

9.2.1　创建同义词

一般在开发环境中，Oracle 数据库的服务端都会安装到一台服务器上（或者是一台普通的 PC 上）。每个开发人员的计算机上，仅安装 Oracle 的客户端，然后通过服务名连接到服务端的 Oracle 数据库。那么，在使用数据库中的对象时，对象名可能就会很长，影响可读性，因此，考虑使用同义词来替代。或者，在有些时候数据库中的表名定义太长，也可以使用同义词来替代。在数据库中的表、索引、视图或者其他模式对象，都可以将其定义为一个同义词，方便以后调用。

创建同义词的语法如下所示。

```
CREATE [OR REPLACE] [PUBLIC]SYNONYM sysnonym_name
FOR [SCHEMA.]OBJECT[@DBLINK];
```

其中：

- [OR REPLACE]：用于重新创建同名的同义词。
- [PUBLIC]：创建公用的同义词，供所有用户使用。默认情况下，是创建专用同义词，仅供创建的用户使用。
- sysnonym_name：同义词的名称。最好与原来的对象、名称相近。
- [SCHEMA.]：指定对象的方案。默认情况是当前用户。
- OBJECT：创建同义词的对象名。该对象可以是表、视图、存储过程、函数、序列等。
- [@DBLINK]：指定创建的同义词是远程数据库的同义词。DBLINK 是数据库的连接名。

在创建公用同义词时，用户必须具有 CREATE PUBLIC SYNONYM 的系统权限才能创建。也就是说，如果要使用 scott 用户来创建同义词，那么，需要使用 system 用户为其授予该系统权限才可以。关于权限授予可以参考本书的第 12 章。

【例 9-9】为售楼信息表（sales）创建专用同义词 house。

根据题目要求，语句及执行效果如图 9-16 所示。

图 9-16　创建专用同义词

创建同义词后，在使用房屋信息表时，就可以用 house 来替代原来的表名了。该同义词创建的是专用同义词，也就是只有创建它的用户才能使用它，这里，使用的是 system 用户登录，因此，该同义词由 system 用户使用。

创建后的同义词，在数据字典视图 dba_synonyms 或者 user_synonyms 中可以查看到相关的信息。dba_synonyms 仍然是只有管理员用户才能查看到。下面就使用该数据字典视图来查看同义词，语句及执行效果如图 9-17 所示。

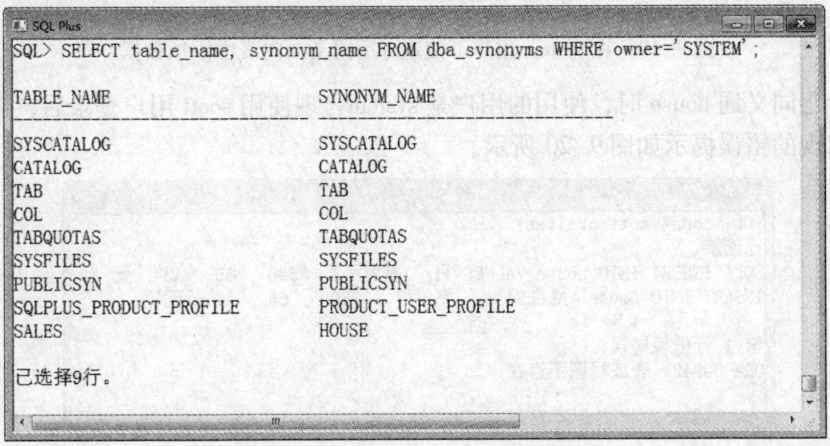

图 9-17　查询 system 用户下的同义词

从查询结果可以看到，创建的同义词就在查询结果中的最后一行。

【例 9-10】为售楼信息表（sales）创建公用同义词 house1。

根据题目要求，语句及执行效果如图 9-18 所示。

```
SQL> CREATE PUBLIC SYNONYM house1
  2  FOR  system.sales;

同义词已创建。
```

图 9-18　创建公用同义词

创建公用同义词后，任何属于 PUBLIC 组中的用户都可以使用该同义词。这里，system. sales 代表要为 system 用户下的 sales 设置同义词，如果省略 system，就表示为当前登录用户的表。

📖 同义词在数据库链接服务中使用时，其创建语句如下所示（假设数据库链接名称是 orcltest）。

```
CREATE PUBLIC SYNONYM t_table   FOR scott. test@ orcltest;
```

这就是为 orcltest 数据库链接中，scott 用户下的 test 表创建同义词。

9.2.2　使用同义词

同义词创建好后，就可以使用同义词来代替表名。下面就通过实例来演示如何用同义词来替代表名。

【例 9-11】向售楼信息表添加数据（使用专用同义词 house）。

使用 system 用户登录，添加数据的语句及执行效果如图 9-19 所示。

```
SQL> INSERT INTO house VALUES(10,'1室2厅','8500','65','A3','无');

已创建 1 行。
```

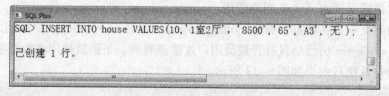

图 9-19　在 system 用户下使用专用同义词向表中添加数据

创建专用同义词 house 时，使用的用户是 system，现使用 scott 用户登录后，再次使用该同义词时出现的错误提示如图 9-20 所示。

```
SQL> conn scott/orcltest
已连接。
SQL> INSERT INTO house VALUES(11,'1室2厅','8500','65','A3','无')
INSERT INTO house VALUES(11,'1室2厅','8500','65','A3','无')
            *
第 1 行出现错误:
ORA-00942: 表或视图不存在
```

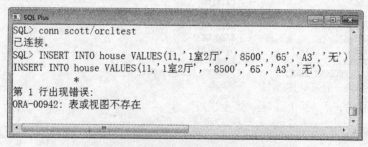

图 9-20　使用专用同义词添加数据出现的错误

如果要使用专用同义词，首先要具有访问需要创建同义词的对象的权限，这里是要有对sales表添加数据的权限。关于授予用户的权限操作，参考本书的第12章。此外，在使用专用同义词时，还要在该同义词的前面加上创建该同义词的用户名，这里的用户名是system。给scott用户授予向sales表添加数据的权限后，再次向表中添加数据，效果如图9-21所示。

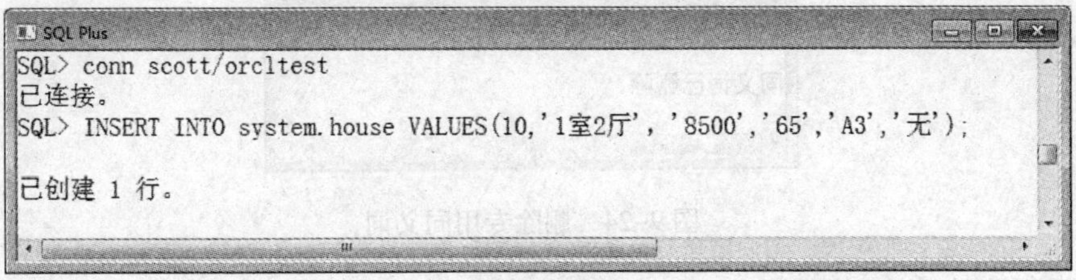

图9-21　在其他用户下使用专用同义词向表中添加数据

📖 给scott用户授予向表sales中添加数据的语句是：GRANT INSERT ON system.sales TO scott。

【例9-12】 向售楼信息表添加数据（使用公用同义词house1）。

使用system用户登录，添加数据语句及执行效果如图9-22所示。

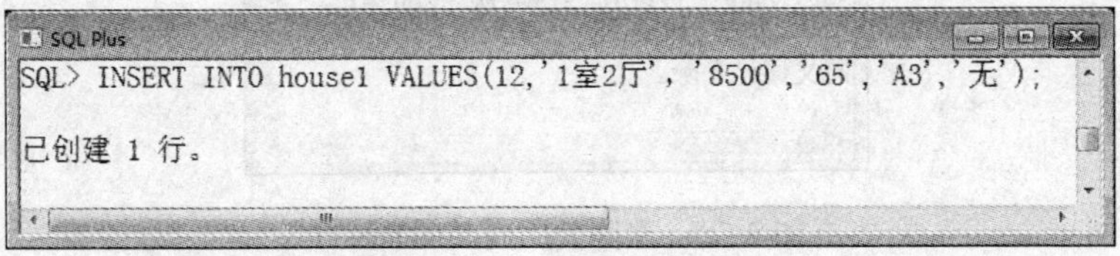

图9-22　在system用户下使用公用同义词添加数据

使用scott用户登录，添加数据的语句及效果如图9-23所示。这里，scott用户也要具有向表sales添加数据的权限。

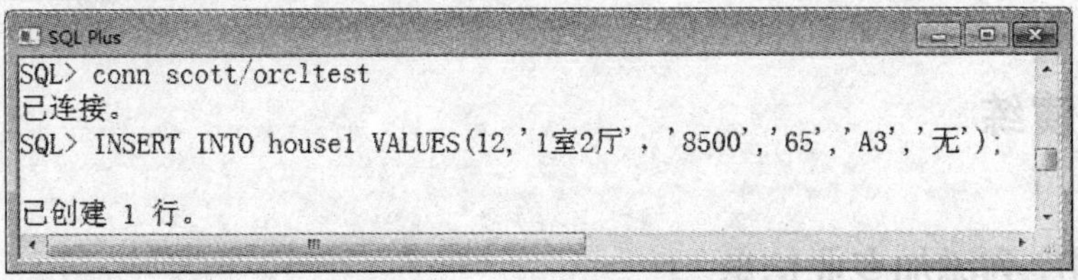

图9-23　在scott用户下使用公用同义词添加数据

从上面显示的效果可以看出，当使用公用同义词时，不必在同义词前面加上system。

9.2.3　删除同义词

同义词创建完成后，如果需要删除同义词，也要分清楚所创建的同义词的类型，如果是专用同义词，删除语句如下所示。

```
DROP SYNONYM synonym_name;
```

这里，synonym_name 是同义词名称。

【例 9-13】删除专用同义词 house。

使用 system 用户登录，删除同义词的语句及执行效果如图 9-24 所示。

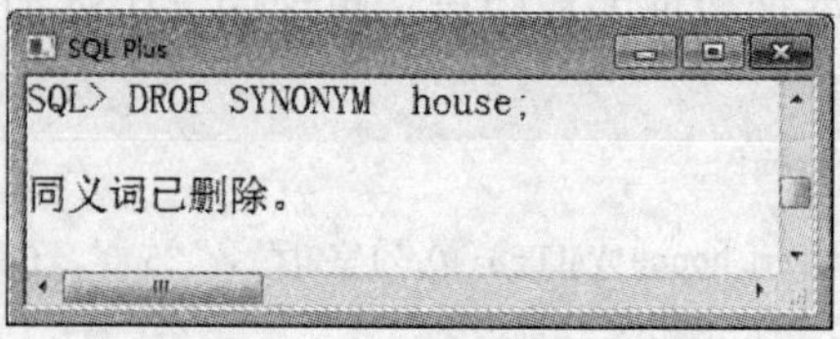

图 9-24　删除专用同义词

如果要删除的是公用同义词，需要使用如下语句。

```
DROP PUBLIC SYNONYM synonym_name;
```

在删除公用同义词时，要在 DROP 关键字后加上 PUBLIC 关键字。

【例 9-14】删除公用同义词 house1。

使用 system 用户登录，删除同义词的语句及执行效果如图 9-25 所示。

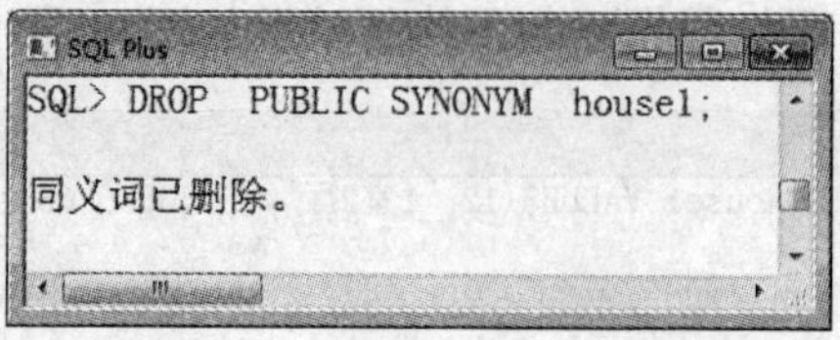

图 9-25　删除公用同义词 house1

🕮 删除同义词时，也需要用户有删除同义词的权限才可以。scott 用户默认是没有该权限的，如果要使用 scott 删除同义词，则需要为其设置删除同义词的权限。

9.3　实例演练

9.3.1　使用序列添加专业信息

专业信息表的表结构如表 9-2 所示。

表 9-2　专业信息表（majorinfo）

序　号	列　名	数据类型	描　述
1	majorid	varchar2(10)	专业编号
2	majorname	varchar2(20)	专业名称

在第 5 章的实例演练中，已经演示了如何向该表中添加数据。下面就先创建一个序列，用于添加专业信息中的专业编号列。

创建序列的语句及执行效果如图 9-26 所示。

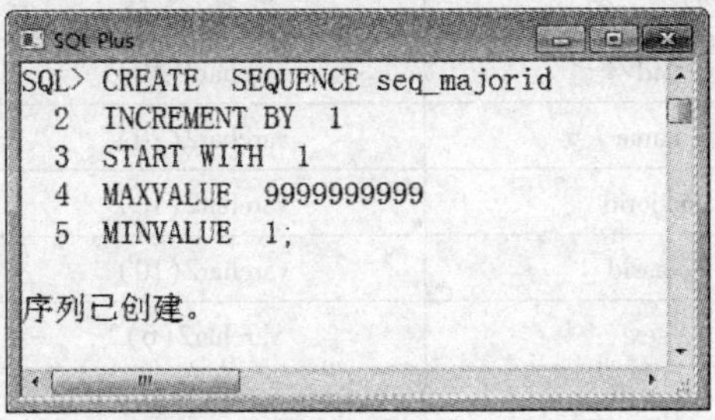

图 9-26　创建序列 seq_majorid

下面使用该序列向专业信息表中添加数据。由于在前面创建专业信息表时，专业编号是主键，并且已经添加过数据，因此，要避免主键值重复，可以先将表中的数据删除。添加语句及执行效果如图 9-27 所示。

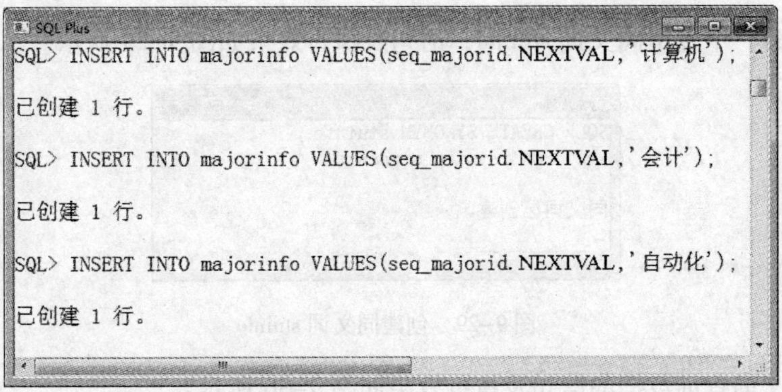

图 9-27　使用序列向表中添加数据

查看添加后的效果如图 9-28 所示。

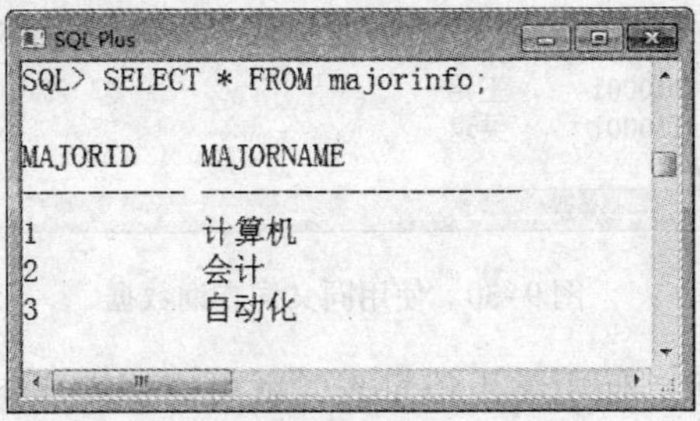

图 9-28　专业信息表中的数据

从查询结果可以看出，通过序列产生了 1 ~3 的专业编号。

9.3.2　为学生信息表创建同义词

学生信息表的结构如表 9-3 所示。

表 9-3　学生信息表（student）

序　号	列　名	数 据 类 型	描　述
1	id	varchar2(10)	学号
2	name	varchar2(20)	姓名
3	majorid	varchar2(10)	专业编号
4	classid	varchar2(10)	班级编号
5	sex	varchar2(6)	性别
6	nation	varchar2(10)	民族
7	entrancedate	varchar2(20)	入学日期
8	idcard	varchar2(20)	身份证号
9	tel	varchar2(20)	电话
10	email	varchar2(20)	电子邮件
11	remarks	varchar2(100)	备注

为该表创建一个专用同义词 stuinfo，语句及执行效果如图 9-29 所示。

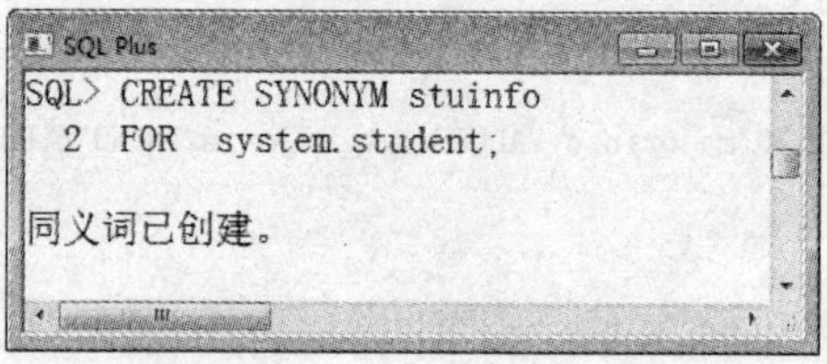

图 9-29　创建同义词 stuinfo

使用该同义词查询数据的语句及执行效果如图 9-30 所示。

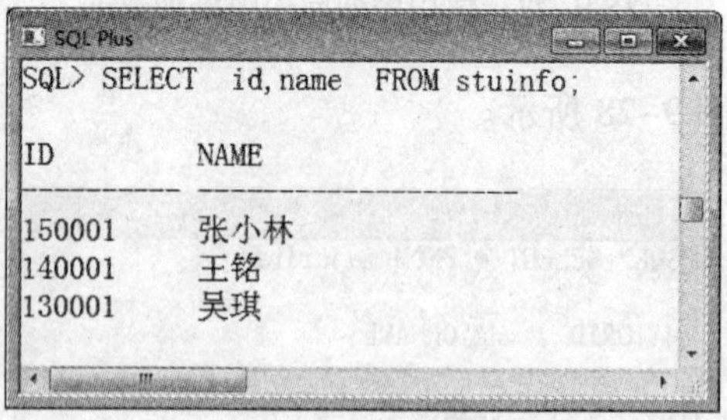

图 9-30　使用同义词查询数据

这样，在 system 用户下，使用学生信息表时就可以用同义词 stuinfo 代替。如果用其他用户登录，使用该同义词时，要在该同义词前面加上 system，即 system.stuinfo。读者可以尝试使用该同义词对表数据进行增、删、改的操作。

9.4　本章小结

通过本章的学习，能够掌握序列定义的方法，使用序列向表中添加、修改数据等操作以管理序列。但是，在使用序列时，一定要注意对于给主键列添加值的序列，不要将序列设置成可以循环生成，否则会出现主键值重复的错误。另外，也能够掌握同义词的定义、使用以及管理方法。在使用同义词时，也要注意同义词是专用的还是公用的。

9.5 习题

1. 填空题

1）获取当前序列的值使用的语句是________。

2）定义递减序列，步长值需要设置为________。

3）在使用专用同义词时，如果使用其他用户登录，必须在该同义词前面加上____。

2. 简答题

1）序列的作用是什么？

2）查看序列的数据字典视图是什么？

3）公用同义词与专用同义词的区别是什么？

3. 操作题

1）分别创建一个递增序列和一个递减序列。

2）分别获得上面递增序列和递减序列的第一个值。

3）为售楼信息表创建公用同义词，并使用该同义词查询数据，最后再将其删除。

第 10 章　PL/SQL 基本语法

PL/SQL 是 Oracle 中用于编写语句块以实现复杂功能的语句，类似 SQL Server 中的 T-SQL 语句。通过 PL/SQL 语句，可以像编程语言一样，在数据库中定义变量、常量以及编写循环语句、条件判断语句。另外，在 PL/SQL 语句中还可以对语句操作做异常处理以及事务的控制，以保证数据的准确性。

本章的学习目标如下。

- 掌握变量和常量的定义方法。
- 掌握控制语句的写法。
- 掌握处理异常的方法。
- 掌握事务在 PL/SQL 中的应用。
- 掌握游标的用法。

10.1　PL/SQL 基础

无论是学习数据库语言还是编程语言，都要从数据类型、变量和常量以及控制语句学起，那么，学习 PL/SQL 也不例外。本节将介绍在 PL/SQL 中数据类型、变量、常量的定义以及控制语句的应用。

10.1.1　数据类型

在 PL/SQL 中，数据类型包括系统预定义类型和用户自定义类型两种。系统预定义类型数据主要包括数字类型、字符类型、日期类型、布尔类型、行标识类型等，这些类型与数据库中存放的类型是类似的。下面就来介绍几种常用的数据类型。

（1）数字类型

数字类型中最常用的是 NUMBER 类型，NUMBER(p,s)类型在定义时，一定要注意 p 和 s 参数的指定。默认情况下，s 是 0。此外，还有 BINARY_INTEGER 和 PLS_INTEGER 这两种数据类型可以选用，它们存储值的范围都是一样的，即 -2 147 483 647 ~ 2 147 483 647。BINARY_INTEGER 是以二进制的形式存储的，当发生值溢出时会自动转换成 NUMBER 类型。PLS_INTEGER 与 BINARY_INTEGER 类似，但是它发生值溢出时会出现错误。

（2）字符类型

字符类型中最常用的是 VARCHAR2 类型，用于存放可变长度的字符串，长度范围是 1 ~ 4000。NVARCHAR2 用于存储所选国家字符集中可变长度的字符串，该类型用于定义中文字符比较多的变量。此外，还有 CHAR、LONG、NCHAR 等类型。

（3）日期类型

日期类型常用的就是 DATE 和 TIMESTAMP 类型。DATE 在表示日期时，用 7 字节存放年、月、日、时、分、秒的数据。默认的格式是“DD - MON - RR”。可以使用 TO_CHAR

函数将日期类型转换成指定格式的字符型数据。TIMESTAMP 类型与 DATE 类型类似，但它可以包括日期时间中秒的小数部分。

（4）布尔类型

布尔类型用 BOOLEAN 来表示，主要在 PL/SQL 中用于逻辑判断，比如，在 IF 语句中使用时，它的取值只有 TRUE 和 FALSE 两个值。

（5）行标识类型

行标识类型是 Oracle 中特有的类型，用 ROWID 和 UROWID 来表示。其中，ROWID 用于存储行的物理地址，而 UROWID 可以用于存储物理、逻辑以及其他的 ROWID 值。行标识类型的作用就是能够确保表数据中行的唯一行，也可用于查找某行的值。

（6）%TYPE

%TYPE 类型的定义并没有直接写明具体的形式，它的作用是将变量的数据类型定义成与表中的某个列相同的数据类型。这种类型的定义方式在 PL/SQL 中使用的是比较多的。

10.1.2 定义常量和变量

常量是指在定义好之后，值不能被改变，换句话说，就是存放固定不变的量。比如，在计算圆面积和周长等时，可以将 pi 定义成一个常量，存放 3.14。变量与常量是相对应的，也就是会变的量的值，比如，计算圆面积、周长时，经常把半径作为一个变量存放，通过改变变量的值，计算不同半径的圆面积和周长。

在了解常量和变量之前，先从整体上来看一些 PL/SQL 语句中的基本框架，如下所示。

```
DECLARE
        --变量和常量的定义部分
BEGIN
        --具体操作部分
END;
```

从上面的结构可以看出，变量和常量的定义部分都会写在 DECLARE 语句的后面。

1. 定义常量

常量定义的语法形式如下所示。

```
constant_name    constant    datatype:=value;
```

其中：

- constant_name：常量名，只能以字母开头，并且长度不能超过 30 个字符，也不能在名称中出现空格。
- datatype：数据类型，这里的数据类型就可以是前面学习过的任意数据类型。
- value：给常量中存放的值，定义常量时必须为常量赋值。

这里的 constant 是定义常量的关键字，不能省略。

【例 10-1】 分别定义一个整型常量存放班级人数，一个字符型常量存放班级名称。

根据题目要求，语句如下所示。

```
class_num    constant    number(4) : =50;
class_name    constant varchar2(20) : ='计算机一班 ';
```

这样，在 PL/SQL 中语句中，使用班级人数或者班级名称时，可以直接用常量名称代替。需要注意的是，常量在定义完成后，不能再给常量名赋新值。

2. 变量定义

变量定义与常量定义类似，只不过没有 constant 关键字而已。具体语法形式如下所示。

```
variable_name datatype[ : = value];
```

其中，在变量时可以先不给变量赋值。变量名的定义方法与常量名一样。

【例 10-2】 分别定义一个数值类型的变量存放学生的年龄、定义一个字符类型的变量存放姓名。

根据题目要求，语句如下所示。

```
age    number(3) : =20;
name varchar2(20) : ='张三 ';
```

定义变量后，还可以在需要时更改变量的值，比如，现在需要将年龄的值从 20 改成 25，那么就可以用如下语句来设置。

```
age: =25;
```

通过上面的两个例子，应该对 PL/SQL 中定义常量和变量有所了解了。下面就将这些定义放到 PL/SQL 中的 DECLARE 语句后面，并将这些变量值输出，在 PL/SQL 语句中输出内容，使用如下的语句形式。

```
DBMS_OUTPUT. PUT_LINE(内容);
```

【例 10-3】 将例 10-2 中定义的变量输出。

根据题目要求，语句及执行效果如图 10-1 所示。

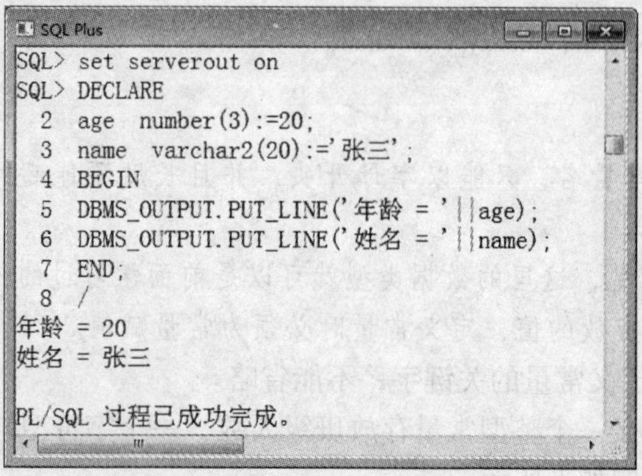

SQL Plus
SQL> set serverout on
SQL> DECLARE
2 age number(3):=20;
3 name varchar2(20):='张三';
4 BEGIN
5 DBMS_OUTPUT.PUT_LINE('年龄 = '||age);
6 DBMS_OUTPUT.PUT_LINE('姓名 = '||name);
7 END;
8 /
年龄 = 20
姓名 = 张三
PL/SQL 过程已成功完成。

图 10-1　定义并输出变量值

在这里，需要注意的是，语句结束后，要在下一行输入“/”才开始执行上面的语句。另外，如果没有使用命令“set serverout on”，则不会在屏幕上显示 DBMS_OUTPUT. PUTLINE 输出的结果；“set serverout on”命令只在 SQL Plus 中执行一次即可，不用每次执行语句时都使用。

10.1.3 流程控制语句

流程控制语句主要包括选择语句和循环语句，在 PL/SQL 中，选择语句包括 IF 语句和 CASE 语句，循环语句包括 LOOP、WHILE 以及 FOR 语句 3 种形式。下面就分别来介绍这些常用流程控制语句。

1. 选择语句

（1）IF 语句

在 PL/SQL 中，IF 语句的基本形式如下所示。

```
IF condition THEN
statements;
END IF;
```

其中，condition 是一个表达式，结果必须是布尔类型值。这是一个最简单的 IF 语句形式。

【例 10-4】使用 IF 语句判断，如果姓名是“张三”就输出“正确”。

根据题目要求，语句及执行效果如图 10-2 所示。

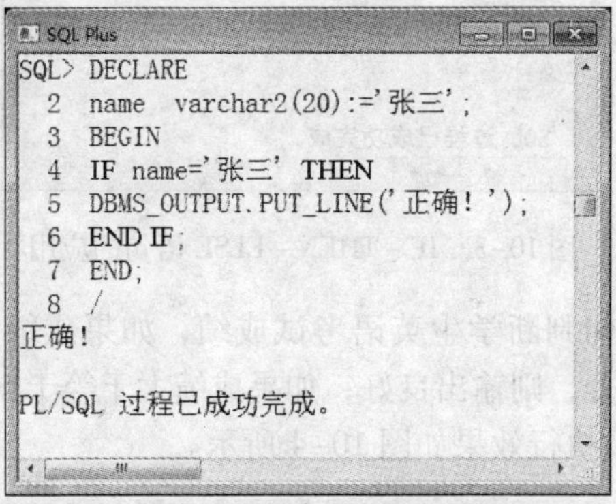
SQL Plus
SQL> DECLARE
2 name varchar2(20):='张三';
3 BEGIN
4 IF name='张三' THEN
5 DBMS_OUTPUT.PUT_LINE('正确!');
6 END IF;
7 END;
8 /
正确!
PL/SQL 过程已成功完成。

图 10-2 IF 语句的应用

从执行效果可以看出，第一行上并没有再出现“set serverout on”命令。

上面介绍的 IF 语句是最简单的一种形式，还可以有如下两种分支形式。

```
IF condition THEN
statements A;
ELSE
statements B;
END IF;
```

此时，IF 语句表示的意思就是当 condition 条件为 TRUE 时，就执行 statements A 部分的语句，否则就执行 statements B 部分的语句。

```
IF condition1 THEN
statements 1;
ELSIF condition2 THEN
statements 2;
……
ELSE
statements N;
END IF;
```

此时，IF 语句表示的意思是当 condition1 条件为 TRUE 时，执行 statements 1 部分的语句；如果 condition2 条件为 TRUE 时，执行 statements 2 部分的语句。如果在 IF 后面的条件都为 FALSE，执行 ELSE 语句后面的 statements N 部分的语句。其中，最后一个 ELSE 语句可以不写。

【例 10-5】使用 IF 语句判断，如果姓名是“张三”输出“正确”，否则输出“错误”。

根据题目要求，语句及执行效果如图 10-3 所示。

```
SQL> DECLARE
  2  name  varchar2(20):='张三';
  3  BEGIN
  4  IF name='张三' THEN
  5  DBMS_OUTPUT.PUT_LINE('正确!');
  6  ELSE
  7  DBMS_OUTPUT.PUT_LINE('错误!');
  8  END IF;
  9  END;
 10  /
正确!

PL/SQL 过程已成功完成。
```

图 10-3　IF－THEN－ELSE 语句的应用

【例 10-6】使用 IF 语句判断学生英语考试成绩，如果成绩大于等于 85 分，则输出优秀；如果成绩大于等于 75 分，则输出良好；如果成绩大于等于 60 分，则输出及格。

根据题目要求，语句及执行效果如图 10-4 所示。

```
SQL> DECLARE
  2  score  number(4,1):=76;
  3  BEGIN
  4  IF score>=85 THEN
  5  DBMS_OUTPUT.PUT_LINE('优秀!');
  6  ELSIF score>=75 THEN
  7  DBMS_OUTPUT.PUT_LINE('良好!');
  8  ELSIF score>=60 THEN
  9  DBMS_OUTPUT.PUT_LINE('及格!');
 10  END IF;
 11  END;
 12  /
良好!

PL/SQL 过程已成功完成。
```

图 10-4　IF－ELSIF 语句的应用

(2) CASE 语句

CASE 语句与 IF 语句的功能类似，但是通常会对某一个值、表中的字段或表达式的值进行判断，来看其满足哪一个分支结构。该语句通常在 SQL 语句中直接使用，用于判断表中列的值是否满足一定的条件。具体的语句形式如下所示。

```
CASE input_value
     WHEN condition1 THEN result1
     WHEN condition2 THEN result2
     …
     WHEN condition n - 1 THEN result n - 1
     [ELSE result n]
END CASE;
```

上面的语句，就是将 CASE 后面 input_value 的值与每一个 WHEN 后面的 condition 进行比较，如果满足，就输出相对应的 result 值。如果都不满足，输出 ELSE 语句后面的 result 值。这里，ELSE 语句也是可以省略的。

【例 10-7】 使用 CASE 语句判断，如果商品类型编号是 001，则输出“图书类”；如果商品类型编号是 002，则输出“电器类”；如果都不满足，则输出“其他类”。

根据题目要求，语句及执行效果如图 10-5 所示。

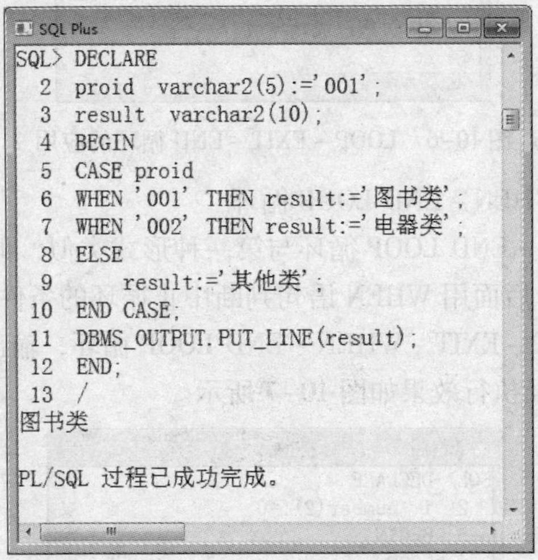
SQL Plus
SQL> DECLARE
2 proid varchar2(5):='001';
3 result varchar2(10);
4 BEGIN
5 CASE proid
6 WHEN '001' THEN result:='图书类';
7 WHEN '002' THEN result:='电器类';
8 ELSE
9 result:='其他类';
10 END CASE;
11 DBMS_OUTPUT.PUT_LINE(result);
12 END;
13 /
图书类
PL/SQL 过程已成功完成。

图 10-5　CASE 语句的应用

2. 循环语句

在 PL/SQL 中，循环语句的形式分为 4 种。下面就分别来介绍每种形式的具体用法。

(1) LOOP - EXIT - END 形式

LOOP - EXIT - END 形式是 PL/SQL 中特有的形式，具体的语句形式如下所示。

```
LOOP
     statement;
     IF  condition THEN
EXIT;
```

```
    END IF;
    END LOOP;
```

这里，statement 是在循环中执行的语句，condition 是判断终止循环的条件。在 LOOP 语句中，必须要有 EXIT 语句，否则循环就会一直执行下去，造成死循环。

【例 10-8】 使用 LOOP 循环，输出 1 ~5 的数。

根据题目要求，语句及执行效果如图 10-6 所示。

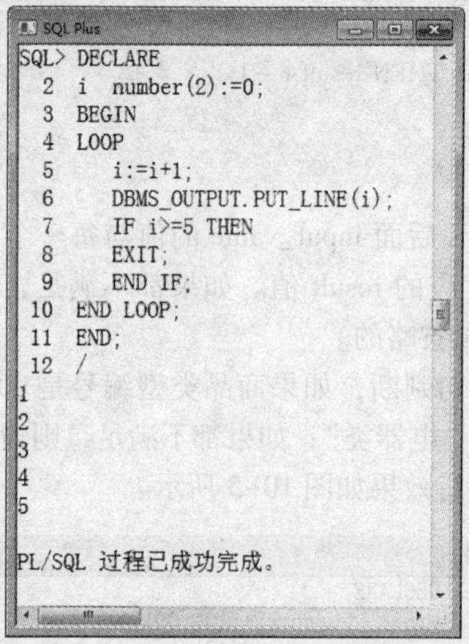
SQL Plus
SQL> DECLARE
2 i number(2):=0;
3 BEGIN
4 LOOP
5 i:=i+1;
6 DBMS_OUTPUT.PUT_LINE(i);
7 IF i>=5 THEN
8 EXIT;
9 END IF;
10 END LOOP;
11 END;
12 /
1
2
3
4
5
PL/SQL 过程已成功完成。

图 10-6　LOOP - EXIT - END 循环的应用

（2）LOOP - EXIT - WHEN - END LOOP 循环

LOOP - EXIT - WHEN - END LOOP 循环与第一种形式类似，但是不用 IF 语句来判断是否终止循环，直接在 EXIT 后面用 WHEN 语句判断中止循环的条件。

【例 10-9】 使用 LOOP - EXIT - WHEN - END LOOP 循环，输出 1 ~5 的数。

根据题目要求，语句及执行效果如图 10-7 所示。

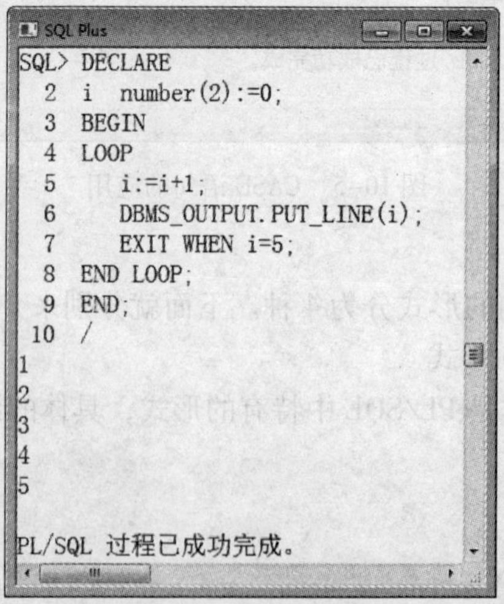
SQL Plus
SQL> DECLARE
2 i number(2):=0;
3 BEGIN
4 LOOP
5 i:=i+1;
6 DBMS_OUTPUT.PUT_LINE(i);
7 EXIT WHEN i=5;
8 END LOOP;
9 END;
10 /
1
2
3
4
5
PL/SQL 过程已成功完成。

图 10-7　LOOP - EXIT - WHEN - END 循环的应用

（3）WHILE - LOOP - END LOOP 循环

WHILE - LOOP - END LOOP 循环是在 WHILE 语句后面的表达式中判断执行循环的条件，具体的语句形式如下所示。

```
WHILE condition
    LOOP
        statement;
    END LOOP;
```

其中，condition 是循环执行的条件，如果 condition 的结果为 TRUE，那么就执行循环，否则就中止循环。

【**例 10-10**】使用 WHILE - LOOP - END LOOP 循环来输出 1 ~ 5 的数。

根据题目要求，语句及执行效果如图 10-8 所示。

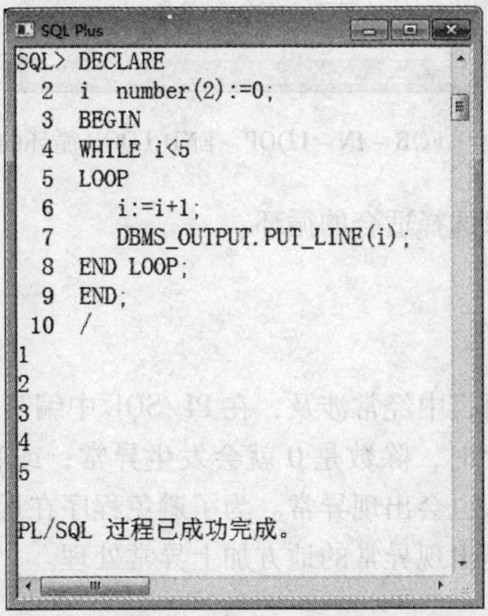
SQL Plus
SQL> DECLARE
2 i number(2):=0;
3 BEGIN
4 WHILE i<5
5 LOOP
6 i:=i+1;
7 DBMS_OUTPUT.PUT_LINE(i);
8 END LOOP;
9 END;
10 /
1
2
3
4
5
PL/SQL 过程已成功完成。

图 10-8　WHILE - LOOP - END LOOP 循环的应用

（4）FOR - IN - LOOP - END LOOP 循环

FOR - IN - LOOP - END LOOP 循环与 WHILE 循环形式类似，但是 FOR 循环的形式一般是在确定循环的次数的时使用的，而 WHILE 循环是不确定次数的循环。具体的语句形式如下所示。

```
FOR variable_i IN count1…count2
    LOOP
    statement;
    END LOOP;
```

这里，variable_i 是变量名，count1 是变量的初值，count2 是变量的终值，表示 variable_i 那么，如果要输出 1 ~ 10 的数，写成 1..10 即可。statement 是要重复执行的语句。需要注意的是在 FOR 语句中，每次增加的步长是 1，是不能更改的。

【**例 10-11**】使用 FOR - IN - LOOP - END LOOP 循环输出 1 ~ 5 的数。

根据题目要求，语句及执行效果如图 10-9 所示。

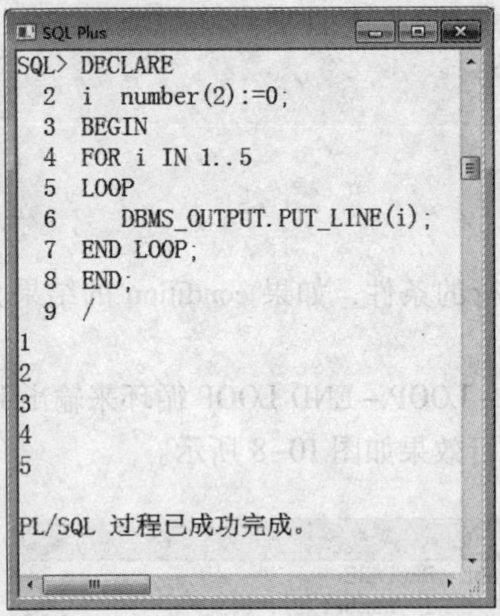
SQL Plus
SQL> DECLARE
2 i number(2):=0;
3 BEGIN
4 FOR i IN 1..5
5 LOOP
6 DBMS_OUTPUT.PUT_LINE(i);
7 END LOOP;
8 END;
9 /
1
2
3
4
5
PL/SQL 过程已成功完成。

图 10-9　FOR - IN - LOOP - END LOOP 循环的应用

在实际应用中，读者可以选择适合的循环。

10.2　异常处理

异常处理的概念在编程语言中经常涉及，在 PL/SQL 中编写语句块的时候有时也会出现一些异常，比如，两个数相除时，除数是 0 就会发生异常；或者从表中查询出的数据是空值，再对其进行一些运算时，也会出现异常。为了避免程序在运行时因出现异常而导致程序中止的情况发生，可以对可能出现异常的地方加上异常处理。

10.2.1　异常的分类

在 PL/SQL 中，异常主要包括了预定义异常和自定义异常。预定义异常指的是在程序运行的过程中出现的异常提示，比如，当除数是 0 的时候，就会出现 ZERO_DIVIDE 异常。自定义异常就是用户自己定义的异常，在本节后面的内容将详细讲解。常见的预定义异常如表 10-1 所示。

表 10-1　预定义异常

序　号	异 常 名 称	说　明
1	case_not_found	在 CASE 语句中，发现不匹配的 WHEN 语句
2	cursor_already_open	当再次打开游标时，提示游标已经被打开
3	no_data_found	没有查询到数据
4	too_many_rows	返回的行太多
5	login_denied	用无效的用户名或口令登录 Oracle
6	timeout_on_resource	Oracle 在等待资源时超时

【例 10-12】在计算值时，将除数设置为 0，查看是否输出“除数为 0”的异常。

根据题目要求，语句及执行效果如图 10-10 所示。

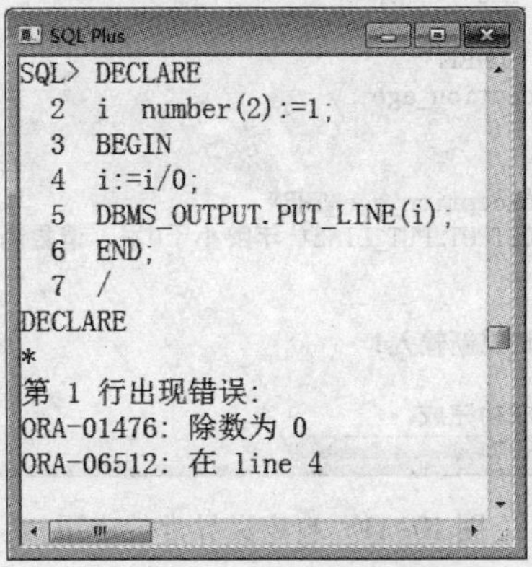

图 10-10 “除数为 0”的异常

从该界面中，可以看出 ORA－01476 错误代码所对应的就是“除数为 0”的异常，由于这里安装的是中文系统，所以显示的是汉字。如果是在英文状态下，就会显示出 ZERO_DIVIDE。

10.2.2 自定义异常

如果预定义异常满足不了需要，那么就可以使用自定义异常。自定义异常定义的语法形式如下所示。

```
EXCEPTION
    WHEN exception_name1 THEN
        statement1;
    WHEN exception_name2 THEN
        statement2;
    ……
   [WHEN OTHERS THEN
   statement n;]
```

这里，exception_name 是异常的名字，需要通过异常处理变量来定义；statement1 是当符合异常的名称时被执行的语句；当上面的所有的异常名字都没有匹配的情况下，执行 WHEN OTHERS THEN 语句后面的 statement n。

在需要使用异常处理的地方抛出异常时，使用如下语句。

```
RAISE exception_name;
```

这样，程序就可以根据抛出的异常名称，与异常处理部分的异常名称进行匹配。

【例 10-13】使用异常处理，如果学生的年龄小于 0，则抛出异常。

根据题目要求，语句及执行效果如图 10-11 所示。

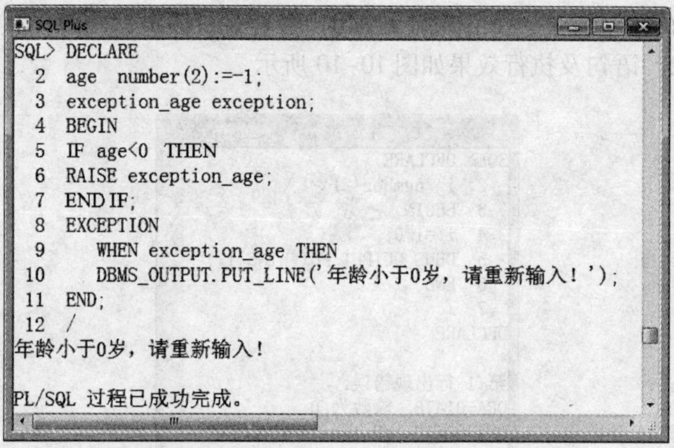

图 10-11　自定义异常的应用

10.3　事务

事务具有确保数据库中数据一致性和完整性的作用，这就相当于在一个流程中只有一个环节出了问题，那么，整个流程都将撤销。比如，在银行的 ATM 取款机中取钱时，把卡插到提款机中，输入密码后，如果输入的金额出现问题，那么，前面的整个流程都将撤销。如果没有撤销，则会出现不可预计的错误。能够在语句块中合理的使用事务，就能在一定程度上保证数据的正确性。

10.3.1　事务的特性

事务在数据库中的作用是不言而喻的，那么，事务的特性都包含什么呢？掌握好事务的特性才能让事务在 PL/SQL 语句中发挥更大的作用。事务主要具备 4 个特性，即原子性、一致性、分离性和持久性。

（1）原子性

它意味着将程序看成是一个不可分割的整体。对于程序中涉及的每个语句，如果其中任意一个语句执行错误，那么，全部语句都不执行。这样就能够保证数据的准确性。

（2）一致性

它是指事务执行的前后，数据库都必须处于一致性状态。所谓一致性就是指只有数据提交后才能被查看。程序在执行过程中，只要不提交数据，其他的用户就不能查看到程序执行的中间的状态。这样也就确保了数据库的完整性。

（3）隔离性

它是指并发事务之间不会出现相互干扰。在数据库中，当多个人同时操作数据时，彼此之间是看不到数据的中间状态的。这样，就能有效的避免数据的“脏读”情况产生。

（4）持久性

它是指一旦事务提交完成，将是对数据永久的修改，即使被修改后的数据遭到破坏，也不会出现回到修改之前的情况。

10.3.2 事务的应用

事务分为显式事务和隐式事务。显式事务就是自定义的事务，是本节学习的重点。隐式事务是指通过命令 SET AUTOCOMMIT ON/OFF 来开启是否自动提交事务。如果开启了这个自动提交事务的选项，那么，在执行了每个 DML 语句后，都可以自动地来提交事务。但是，由于这种方式灵活性不高，因此，并不经常使用。

了解了事务的基本特性后，下面就来系统地学习如何创建和使用显式的事务。整体的语法形式如下所示。

```
sql statement                          --要执行 SQL 的语句
…
SAVEPOINT savepoint_name;              --设置保存点

COMMIT | ROLLBACK | ROLLBACK TO savepoint_name
 --直接提交或回滚事务到保存点
```

其中，在 PL/SQL 语句块中，可以在 SQL 语句中，定义不同的保存点，然后，根据需要使用 ROLLBACK 回滚到不同的保存点。另外，也可以直接回滚到所有语句的最前面。在使用 COMMIT 语句时，是一次将前面的语句全部都提交了。

【例 10-14】 向用户信息表中，连续添加两条数据，并在第二个添加语句前面设置保存点，使其回滚到保存点的位置。

根据题目要求，先创建一个用户信息表，在表中只有 3 个字段，分别存放编号、用户名、密码。创建表的脚本如下所示。

```
CREATE TABLE userinfo
(
    userid   varchar2(10) primary key,
    username   varchar2(20),
    userpwd   varchar2(20)
);
```

向该表中添加数据，并使用事务的语句及执行效果如图 10-12 所示。

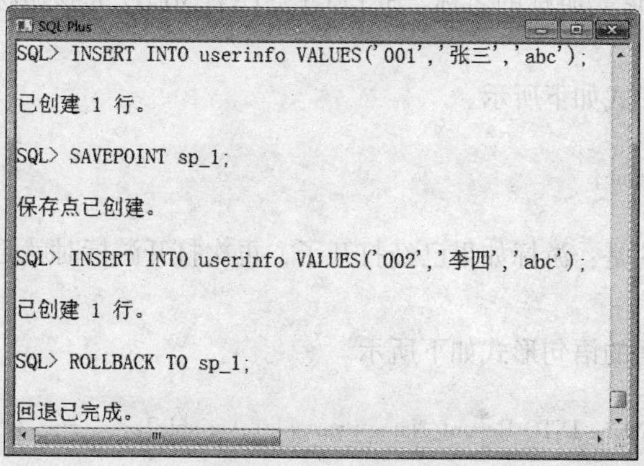

图 10-12 事务的应用

通过上面事务的操作，查看 userinfo 表中数据，执行语句及效果如图 10-13 所示。

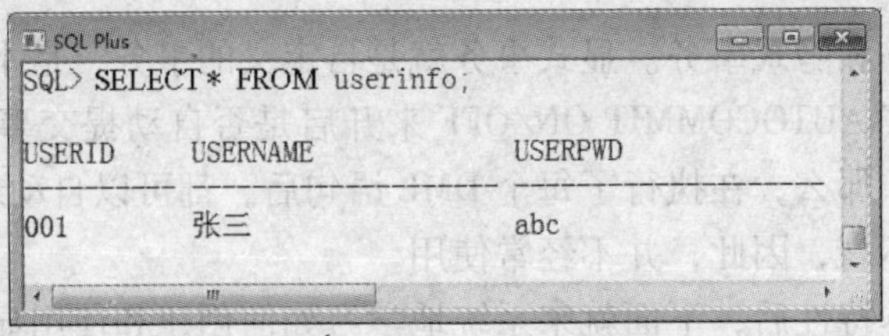

图 10-13　userinfo 表中的数据

通过查询结果可以看出，回滚事务后，在表中只剩下第一条记录。但是，需要注意的是：这条数据也没有被提交，如果关闭了 SQL Plus 工具，下次打开时，查看 userinfo 表的数据会发现数据并没有被保存。如果需要保存添加的第一条数据，需要在语句的最后面加上 COMMIT 语句来提交事务。

10.4　游标

游标实际上可以理解为是一个指针，主要用于查询数据库中的数据，也就是用于操作 SELECT 语句。它可以指向查询结果集中的数据，并可以指定查询结果集中的行，还可以通过循环语句，将结果集中的数据依次查询出来。游标在第 11 章中的存储过程里经常会用到。

10.4.1　显式游标

显式游标是指在使用之前必须明确声明游标的定义，然后通过打开游标、读取数据以及关闭游标的步骤完成游标的操作。下面就将所需的各个步骤做以说明。

（1）定义游标

游标的定义都与 SELECT 语句放到一起的，具体的语句形式如下所示。

```
DECLARE CURSOR Cursor_Name
IS SELECT_STATEMENT;
```

其中，Cursor_Name 是游标的名称，SELECT_STATEMENT 是该游标所对应的查询语句。

（2）打开游标

打开游标的语句形式如下所示。

```
OPEN Cursor_Name;
```

这里，需要注意的是：游标如果已经打开了，再次打开游标时就会出现异常。

（3）读取数据

使用游标读取数据的语句形式如下所示。

```
FETCH Cursor_Name INTO Record_Name | variable1,variable2,…
```

其中，使用 FETCH 来读取游标的数据，只能读取当前指针指向的记录。如果需要将游标中所有的记录全部查询出来，则需要借助循环语句来完成。这里，Record_Name 是指定义的一个行记录类型，与表中列一一对应，或者是用 variable1，variable2…的形式定义多个变量，将查询的结果依次放到指定的变量中。但是，这些变量的定义一定要与游标中读取出来的数据类型相匹配。比如，不能将一个字符串类型的值存放到一个数值型的变量中。

（4）关闭游标

关闭游标的语句形式如下所示。

```
CLOSE Cursor_Name
```

关闭游标后，就不能再读取游标中的数据了。

下面就用 3 个完整的实例来学习如何使用显式游标。

【例 10-15】创建游标来读取用户信息表 userinfo 中编号是“001”的用户名和密码。

根据题目要求，语句及执行效果如图 10-14 所示。

```
SQL> DECLARE
  2  CURSOR cursor_test IS SELECT username,userpwd FROM userinfo WHERE userid='001';
  3  v_username varchar2(20);
  4  v_password varchar2(20);
  5  BEGIN
  6  OPEN cursor_test;
  7  FETCH cursor_test INTO v_username,v_password;
  8   DBMS_OUTPUT.PUT_LINE('用户名：'||v_username);
  9   DBMS_OUTPUT.PUT_LINE('密码：'||v_password);
 10  CLOSE cursor_test;
 11  END;
 12  /
用户名：张三
密码：abc

PL/SQL 过程已成功完成。
```

图 10-14 使用变量接收游标的值

从该图可以看出，游标中存放的数据被读取到了两个变量 v_username 和 v_password 中。

【例 10-16】将例 10-15 中定义的变量更改成一个行记录类型的形式。

根据题目要求，语句及执行效果如图 10-15 所示。

```
SQL> DECLARE
  2  CURSOR cursor_test
  3  IS SELECT * FROM userinfo WHERE userid='001';
  4  cur_record userinfo%ROWTYPE;  --定义cur_record的类型是userinfo表的行类型
  5  BEGIN
  6  OPEN cursor_test;
  7  FETCH cursor_test INTO cur_record;
  8   DBMS_OUTPUT.PUT_LINE('用户名：'||cur_record.username);
  9   DBMS_OUTPUT.PUT_LINE('密码：'||cur_record.userpwd);
 10  CLOSE cursor_test;
 11  END;
 12  /

PL/SQL 过程已成功完成。
```

图 10-15 使用行记录类型读取数据

从查询效果可以看出，得到的结果与前面的是一样的。但是，这里需要注意的是：使用行记录类型后，再用 FETCH 语句读取数据到 cur_record 中时，必须要保证游标中的字段数量与 cur_record 中的是一样的，否则就会出现错误。

【例 10-17】 使用游标读取用户信息表中全部的数据，并输出用户名。

根据题目要求，语句及执行效果如图 10-16 所示。

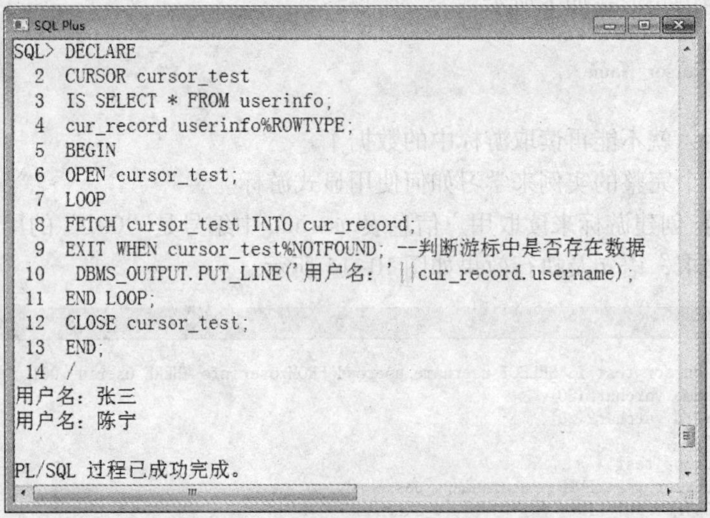

图 10-16　使用循环语句读取游标中的值

从上面的语句中，可以看出，读取了表中的全部记录。

10.4.2　隐式游标

隐式游标不需要显式定义，主要是通过 SELECT…INTO 语句操作完成的。将表中的数据读取出来存放到指定的变量中。另外，变量的类型也要与表中查询出来的数据类型匹配。具体的语句形式如下所示。

```
SELECT col_name1,col_name2,…
INTO v_name1,v_name2,…
FROM table_name
[WHERE conditions]
```

其中，在 SELECT 后面的是表中的列名，INTO 后面的是变量名，变量名的数据类型要与列的数据类型匹配。需要注意的是，在使用这种隐式游标的方式每次只能读取一条记录，否则，就会出现 TOO_MANY_ROWS 的异常。因此，在查询时，要保证查询语句仅能查询出一条记录。由于这种隐式游标的方式并没有显式游标的形式灵活，选择使用显式游标来读取数据是常用的方法。

【例 10-18】 使用隐式游标的方式来读取用户信息表中编号是“001”的用户名。

根据题目要求，语句及执行效果如图 10-17 所示。

从上面的执行效果可以看出，将表中的用户名存放到了变量 v_username 中。

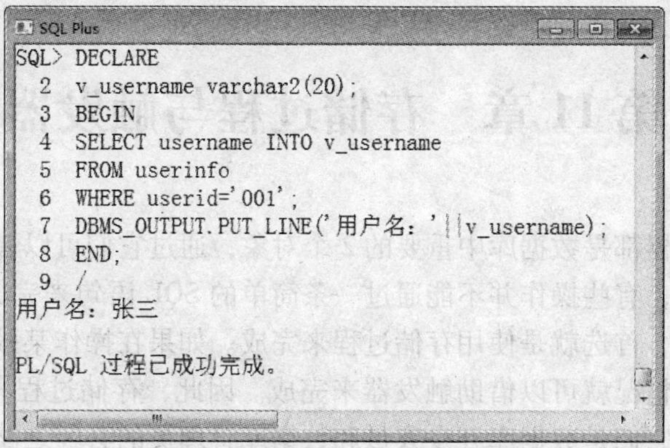

图 10-17　使用隐式游标读取数据

10.5　本章小结

通过本章的学习，能够掌握 PL/SQL 语句中的基本语法规则，包括定义常量和变量的方法，以及控制语句的使用；能够在 PL/SQL 语句中使用异常处理，并且了解事务的相关概念。另外，还能够在 PL/SQL 语句中合理的使用显式游标和隐式游标来查询表中的数据。掌握好本章内容就为在下一章中学习存储过程和触发器的知识打下了基础。

10.6　习题

1. 填空题

1）变量和常量的区别是________________________。

2）事务的特性是____________________________。

3）常见的预定异常包括________________________。

2. 简答题

1）循环语句的 4 种形式分别是什么？

2）显式游标定义的步骤是什么？

3）事务使用过程中所用的关键字都包括什么？

3. 操作题

1）使用循环语句计算 5!。

2）创建图书信息表，包括图书编号、图书名称、图书价格、图书出版社、图书作者 5 个字段。随意向表中添加 3 条数据。然后，使用显式游标的方式读取表中所有的图书信息，并显示图书名称、图书价格信息。

3）使用隐式游标的方式读取图书编号是“10010”的图书名称和图书价格，并将其输出。

第 11 章　存储过程与触发器

存储过程和触发器都是数据库中重要的 2 个对象，通过它们可以快速地实现对数据表中数据的管理。特别是，有些操作并不能通过一条简单的 SQL 语句来完成时，要借助 PL/SQL 语句块来编写，那么，首选就是使用存储过程来完成。如果在操作某张表时，也需要同时更新另一张表时，这种情况就可以借助触发器来完成。因此，存储过程和触发器是 Oracle 11g 中的两大利器，学好它们是数据库开发人员和数据库管理员的必经之路。

本章的学习目标如下。

- 掌握无参和带参存储过程的创建和管理。
- 掌握触发器的创建以及管理。

11.1　管理存储过程

存储过程中所涉及的大部分语法已经在本书的第 10 章中讲解过了，在本节着重讲解存储过程的创建以及管理部分的内容。存储过程作为程序开发中必不可少的对象，它的主要特点就是一次编译多次使用，减少了语句的运行时间。存储过程从参数的角度可以分为无参存储过程和带参数的存储过程，下面就分别介绍这两类存储过程的创建和管理。

11.1.1　创建无参的存储过程

所谓无参的存储过程就是指在调用存储过程时，不需要为其传递任何参数，直接用存储过程的名字来调用即可。创建语法形式如下所示。

```
CREATE [OR REPLACE] PROCEDURE [schema.] procedure_name
{IS | AS}
BEGIN
statements;
END;
```

其中：

- [OR REPLACE]：如果在创建存储过程时，使用该选项，有重名的存储过程就会被替换掉。
- procedure_name：存储过程名。
- statements：语句块。

定义好存储过程后，如何调用存储过程呢？调用的语句如下所示。

```
EXEC[ute] procedure_name
```

这里，EXECUTE 可以简写成 EXEC，由于是不带参数的存储过程，因此，在 EXEC 后面直接加上存储过程的名字即可。

【例 11-1】创建存储过程读取用户信息表（userinfo）中全部数据。

用户信息表就是在第 10 章创建的，包括用户编号（userid）、姓名（username）、密码（userpwd）。根据题目要求，创建语句及执行效果如图 11-1 所示。

```
SQL> CREATE PROCEDURE pro_test1
AS
CURSOR cursor_test
IS SELECT * FROM userinfo;
cur_record userinfo%ROWTYPE;
BEGIN
OPEN cursor_test;
LOOP
FETCH cursor_test INTO cur_record;
EXIT WHEN cursor_test%NOTFOUND; --判断游标中是否存在数据
 DBMS_OUTPUT.PUT_LINE('用户编号:'||cur_record.userid);
 DBMS_OUTPUT.PUT_LINE('用户名:'||cur_record.username);
 DBMS_OUTPUT.PUT_LINE('密码:'||cur_record.userpwd);
END LOOP;
CLOSE cursor_test;
END;
/

过程已创建。
```

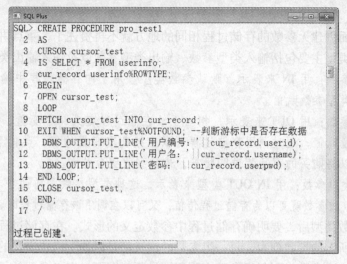

图 11-1　创建不带参数的存储过程

存储过程创建完成后，执行该存储过程的语句及执行效果如图 11-2 所示。

```
SQL> EXEC pro_test1;
用户编号：001
用户名：张三
密码：abc
用户编号：2
用户名：陈宁
密码：123

PL/SQL 过程已成功完成。

SQL>
```

图 11-2　调用存储过程 pro_test1

11.1.2　创建带参数的存储过程

带参数存储过程的创建与不带参数的存储过程的语法类似，只不过需要在存储过程名后面加上指定的参数。在软件开发中，带参数的存储过程是应用比较多的，比如，在用户的登录注册模块中，可以使用存储过程来判断用户输入的用户名和密码是否正确；在注册用户时，可以用来判断用户名是否重复等。

带参数存储过程创建的语法形式如下所示。

```
CREATE [OR REPLACE] PROCEDURE [schema.] procedure_name
[parameter_name [[IN] datatype [{:= | DEFAULT} expression]
              | {OUT | IN OUT} [NOCOPY] datatype
              ] [,…]
```

```
{IS | AS}
BEGIN
statements
END;
```

其中，与前面创建无参数的存储过程相同的地方就不再赘述了，重点讲解存储过程中参数的类型。参数类型主要包括输入类型参数、输出类型参数以及输入输出类型参数。

- 输入类型参数：用 IN 来表示，默认参数类型。用于向存储过程中输入值，但是不能再给输入类型参数赋值。
- 输出类型参数：用 OUT 来表示，相当于给存储过程定义一个变量，可以在存储过程中为该变量赋值，通过调用存储过程可以直接获取变量的值。类似于超市的购物车，购物时可以将购买的商品装进购物车，最后到收银台结账。
- 输入输出类型参数：用 IN OUT 类型来表示，这种类型参数是前两种参数类型的综合，也就是说，该参数既可以为存储过程传值，又可以在调用该存储过程时获取该参数的值。

在说明了参数类型后，要明确存储过程中参数定义的形式。在存储过程名称后面，直接定义该存储过程所需的参数列表，每一组参数的定义都是以如下格式定义的。如果需要在存储过程中，定义多个参数，则每组参数之间用逗号隔开即可。定义参数的语句如下所示。

```
参数名　参数类型 数据类型
```

比如，要定义一个字符类型的参数，语句如下所示。

```
p_name IN varchar2; --定义一个输入类型的参数 p_name
```

下面就分别来讲解这 3 种类型参数的应用。

【例 11-2】 创建存储过程，根据输入的用户名输出密码。

根据题目要求，在这个存储过程中只需要一个输入参数用于传递用户名。具体的语句及执行效果如图 11-3 所示。

```
SQL Plus
SQL> CREATE PROCEDURE pro_test2(p_name IN varchar2)
AS
CURSOR cursor_test
IS SELECT * FROM userinfo WHERE username=p_name;
cur_record userinfo%ROWTYPE;
BEGIN
OPEN cursor_test;
LOOP
FETCH cursor_test INTO cur_record;
EXIT WHEN cursor_test%NOTFOUND; --判断游标中是否存在数据
DBMS_OUTPUT.PUT_LINE('密码：'||cur_record.userpwd);
END LOOP;
CLOSE cursor_test;
END;
/

过程已创建。
```

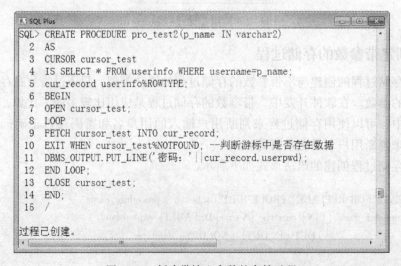

图 11-3　创建带输入参数的存储过程

调用该存储过程，语句及执行效果如图 11-4 所示。

```
SQL> EXEC pro_test2('张三');
密码：abc

PL/SQL 过程已成功完成。
```

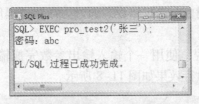

图 11-4　调用 pro_test2 存储过程

从调用结果可以看出，该存储过程执行的是查询用户名是“张三”的用户信息，得到密码“abc”。

【例 11-3】 创建存储过程，根据输入的用户名查询密码，并将密码以输出参数的形式返回。

根据题目要求，在这个存储过程中需要定义两个参数，一个是输入参数，用于传递用户名；一个是输出参数，用于获取密码。具体语句及执行效果如图 11-5 所示。

```
SQL> CREATE PROCEDURE pro_test3(p_name IN varchar2,p_pwd OUT varchar2)
AS
CURSOR cursor_test
IS SELECT * FROM userinfo WHERE username=p_name;
cur_record userinfo%ROWTYPE;
BEGIN
OPEN cursor_test;
LOOP
FETCH cursor_test INTO cur_record;
EXIT WHEN cursor_test%NOTFOUND; --判断游标中是否存在数据
p_pwd:=cur_record.userpwd;
END LOOP;
CLOSE cursor_test;
END;
/

过程已创建。
```

图 11-5　创建带输出参数的存储过程

执行该存储过程，执行语句及效果如图 11-6 所示。

调用带输出参数的存储过程时，传入的输出参数是变量名，而不是具体的数值。否则，就会出现如图 11-7 所示的错误。

```
SQL> DECLARE
p_pwd1 varchar2(20);
BEGIN
pro_test3('张三',p_pwd1);
DBMS_OUTPUT.PUT_LINE('密码为:'||p_pwd1);
END;
/
密码为:abc

PL/SQL 过程已成功完成。
```

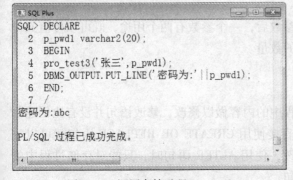

图 11-6　调用存储过程 pro_test3

```
SQL> EXEC pro_test3('张三','aa');
BEGIN pro_test3('张三','aa'); END;

                      *
第 1 行出现错误:
ORA-06550: 第 1 行, 第 24 列:
PLS-00363: 表达式 'aa' 不能用作赋值目标
ORA-06550: 第 1 行, 第 7 列:
PL/SQL: Statement ignored
```

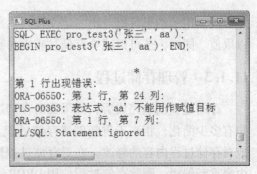

图 11-7 对输出参数错误的赋值

另外，如果使用如图 11-6 中的语句来调用存储过程，BEGIN 和 END 之间省略调用存储过程的 EXEC 关键字，否则也会出现错误。通过为存储过程传递输出参数，可以在调用存储过程后获取输出参数的值。

【**例 11-4**】创建存储过程，使用一个输入输出参数完成输入用户名返回密码的操作。

根据题目要求，语句及执行效果如图 11-8 所示。

```
SQL> CREATE PROCEDURE pro_test4(p_namepwd IN OUT varchar2)
  2  AS
  3  CURSOR cursor_test
  4  IS SELECT * FROM userinfo WHERE username=p_namepwd;
  5  cur_record userinfo%ROWTYPE;
  6  BEGIN
  7  OPEN cursor_test;
  8  LOOP
  9  FETCH cursor_test INTO cur_record;
 10  EXIT WHEN cursor_test%NOTFOUND; --判断游标中是否存在数据
 11  p_namepwd:=cur_record.userpwd;
 12  END LOOP;
 13  CLOSE cursor_test;
 14  END;
 15  /

过程已创建。
```

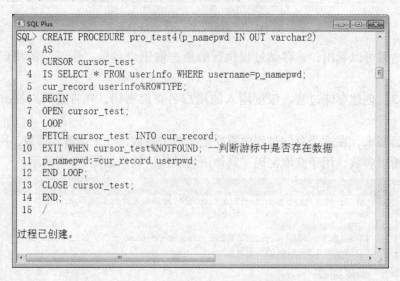

图 11-8　创建带输入输出参数的存储过程

执行该存储过程，语句及执行效果如图 11-9 所示。

```
SQL> DECLARE
  2  p_namepwd varchar2(20):='张三';
  3  BEGIN
  4  pro_test4(p_namepwd);
  5  DBMS_OUTPUT.PUT_LINE('密码为:'||p_namepwd);
  6  END;
  7  /
密码为:abc

PL/SQL 过程已成功完成。
```

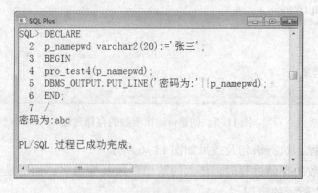

图 11-9　调用存储过程 pro_test4

从调用的结果可以看出，定义输入输出参数后，一个参数有两个用途，既可以传值又可以取值。同时，还可以减少存储过程中参数的数量。

11.1.3　管理存储过程

存储过程创建完成后，如果要对存储过程中的内容做以修改，修改语句并没有比创建语句有多少简化，相当于重新创建存储过程。直接使用 CREATE OR REPLACE 语句就可以完成对存储过程内容的修改。在对存储过程修改，使用 ALTER 语句时，只能对存储过程中的内容重新编译。删除存储过程使用 DROP 语句。

1. 重新编译存储过程

重新编译存储过程的语句如下所示。

```
ALTER PROCEDURE proc_name COMPILE;
```

其中，proc_name 是存储过程的名称。通过重新编译存储过程，可以获得存储过程的最新版本。

【例 11-5】重新编译 pro_test1 存储过程。

根据题目要求，语句及执行效果如图 11-10 所示。

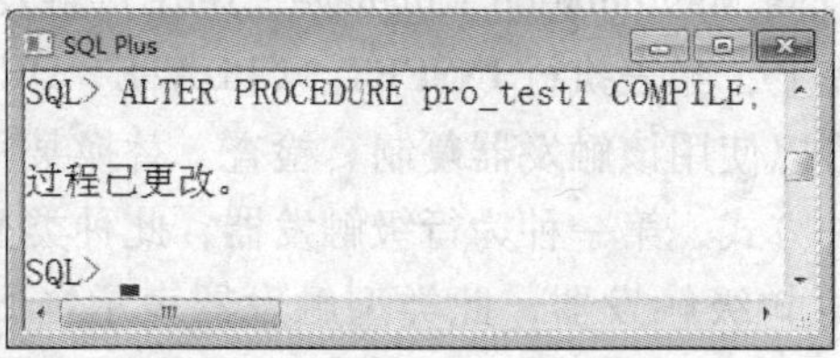

图 11-10　重新编译存储过程 pro_test1

2. 删除存储过程

删除存储过程的语法也很简单，具体的语法形式如下所示。

```
DROP PROCEDURE proc_name;
```

其中，proc_name 是存储过程的名称。

【例 11-6】删除存储过程 pro_test1。

根据题目要求，语句及执行效果如图 11-11 所示。

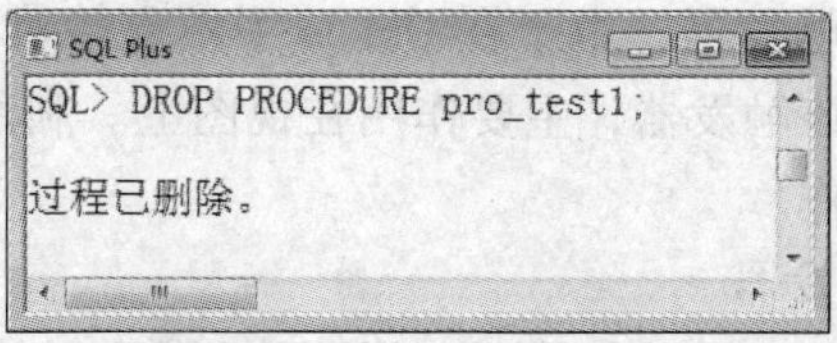

图 11-11　删除存储过程 pro_test1

需要注意的是，如果在一个存储过程中调用了被删除的存储过程，再重新编译就会出现错误。

📖 如果需要查询创建存储过程的具体语句，可以通过数据字典视图 user_source 来查看，查看时注意存储过程的名字要大写。例如：SELECT text FROM user_source WHERE name = 'PRO_TEST2';，这样，查看的就是存储过程 PRO_TEST2 的创建语句。后面的用触发器创建内容，也可以通过该数据字典视图来查看。

11.2　触发器

从名字上来看，触发器就是通过触发才能够使用的，这就好像是电灯的开关，只要按下开发灯就会亮。触发器数据库中的作用也是举足轻重的，通过它可以维护表中数据的正确性和一致性。当两张表中存在主外键的关系时，主表中删除一条记录，就需要将从表中引用过的主表中的记录也一并删除，这时，就可以通过触发器完成，当主表删除记录时，自动删除从表中相关的数据。

11.2.1 触发器的类型

触发器按照触发它的操作不同分为数据操作语言触发器、数据定义语言触发器、复合触发器、INSTEAD OF 触发器、用户和系统事件触发器这 5 种触发器。

（1）数据操作语言（Data Manipulation Language，DML）触发器

该类型触发器作用到表上，当表执行 INSERT、UPDATE、DELETE 操作时，可以触发该类型的触发器。此时，就可以使用该触发器复制、检查、替换某种符合指定条件的数据。按照触发级别又可以分为两种方式，第一种为行级触发器，此种类型表示每条记录修改时都会激发该触发器；第二种为语句级触发器，此类型触发器表示当 SQL 语句执行时会激发它，与修改多少条记录没有关系。另外，根据对数据操作之前和数据操作之后执行触发器的顺序，又可以分为 before 触发器和 after 触发器。DML 类型触发器是应用最多的。

（2）数据定义语言（DDL）触发器

该类型的触发器就是指执行 CREATE、ALTER、DROP 操作时，触发的触发器。它的作用是当修改数据对象结构时进行相应的处理，比如，禁止修改或删除操作等。

（3）复合触发器

复合触发器包含了 BEFORE 类型的语句级，BEFORE 类型的行级，AFTER 类型的语句级，AFTER 类型的行级触发器。通过这种触发器可以使变量的传递变得更加方便。

（4）INSTEAD OF 触发器

该类触发器被称为替代触发器。由于在 Oracle 中不支持对两个以上表的构成的视图直接进行操作，因此，提供了该触发器，主要作用在视图上。利用它可以把对视图的 DML 操作转换成对多个源表进行操作。

（5）用户和系统事件触发器

该触发器是由数据库事件激发的触发器，例如，启动和关闭数据库的事件。

虽然触发器的类型有很多，但是最常用的是 DML 触发器和 DDL 触发器。下面的内容中也将详细讲解这两种类型触发器的使用。

11.2.2 创建 DML 触发器

所谓 DML 操作，就是对表或视图的增、删、改的操作。创建 DML 触发器的语法形式如下所示。

```
CREATE [OR REPLACE] TRIGGER [schema.] trigger_name
{BEFORE | AFTER | INSTEAD OF}
{DELETE | INSERT | UPDATE [OF column [, column]...]}
[OR {DELETE | INSERT | UPDATE [OF column [, column]...]}]
ON [schema.]table | [schema.] view}
```

```
[FOR EACH ROW]
[ENABLE | DISABLE]
[WHEN (condition)]
sql_statement
```

其中：

- trigger_name：触发器的名称。
- {BEFORE | AFTER | INSTEAD OF}：指定触发器的种类，BEFORE 是指在指定操作执行前触发；AFTER 是指在指定操作执行后触发；INSTEAD OF 是指创建替代触发器，只能用于视图上使用。用于指定的操作不执行，替换成其他的操作。
- {DELETE | INSERT | UPDATE [OF column [, column]...]}：指定触发的事件，可以指定一个到多个事件，多个事件之间用 OR 关键字连接。OF column，代表的是这些事件操作的列，如果为多个列，列之间用逗号隔开。
- ON [schema.]table | [schema.] view}：指定触发器中的表或视图的名称。
- [FOR EACH ROW]：指定行级触发器。如果不指定该选项，就是语句级触发器。行级触发器就是对表中每一行操作后，都会触发该触发器。
- WHEN (condition)：用于指定触发器触发的条件，只有满足指定的条件才能够触发该触发器。
- [ENABLE | DISABLE]：设置触发器是否可用。
- sql_statement：触发器中要执行的语句。

在 Oracle 中，触发器还有两个重要的限定符。在使用行级触发器时，使用“:old”表示表或视图中变化前的值；使用“:new”表示表或者视图中变化后的值。在使用限定符时，“:old.列名”表示修改前的列值，“:new.列名”表示修改后的列值。另外，限定符是不区分大小写的。

【例 11-7】 创建触发器，当删除用户信息表的数据时，将该数据记录到另一个用户信息表中。

根据题目要求，先新创建一个与原来结构一样的用户信息表，然后再创建触发器。创建触发器的语句及执行效果如图 11-12 所示。

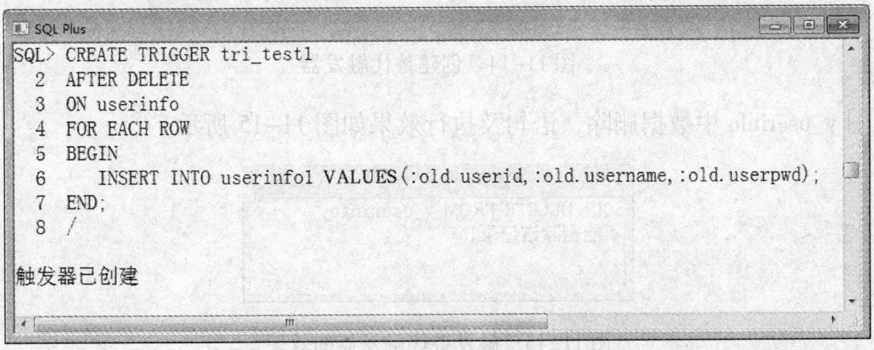

图 11-12　创建触发器 tri_test1

触发器与存储过程，不是直接调用的。当执行触发器中某个表的操作时，会自动触发该触发器。在 tri_test1 中，是在删除 userinfo 中一条记录时，触发该触发器。当触发该触发器后，查询 userinfo1 表就会将删除的记录添加上。语句及执行效果如图 11-13 所示。

```
SQL> DELETE FROM userinfo WHERE userid='001';

已删除 1 行。

SQL> SELECT * FROM userinfo1;

USERID     USERNAME          USERPWD
---------- ----------------- -----------------
001        张三              abc
```

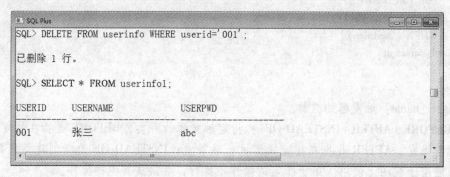

图 11-13　tri_test1 触发器的效果

如果需要将添加到 userinfo 表的数据，也添加到 userinfo 表中，就可以在触发器中使用 “new. 列名” 的方式添加。

【例 11-8】 创建替代类型触发器，禁止删除 v_userinfo 视图中的数据，在 v_userinfo 视图中查询 useinfo 表中的用户名和密码。

创建 v_userinfo 视图的语句如下所示。

```
CREATE VIEW v_userinfo
AS
SELECT username,userpwd FROM userinfo;
```

创建触发器的语句及执行效果如图 11-14 所示。

```
SQL> CREATE OR REPLACE TRIGGER tri_test2
  2  INSTEAD OF DELETE
  3  ON v_userinfo
  4  BEGIN
  5    DBMS_OUTPUT.PUT_LINE('不能删除该记录！');
  6  END;
  7  /

触发器已创建
```

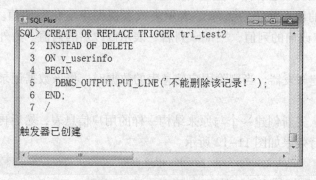

图 11-14　创建替代触发器

对视图 v_userinfo 中数据删除，语句及执行效果如图 11-15 所示。

```
SQL> DELETE FROM v_userinfo;
不能删除该记录!
```

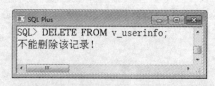

图 11-15　触发替代触发器的效果

从该图的效果可以看出，当对视图中的数据进行删除时，会自动触发替代触发器，并显示相应的提示。另外，也可以再次查看视图来检验视图中的数据是否真的被删除了。

11.2.3 创建 DDL 触发器

DDL 触发器主要是作用到数据定义语句 CREATE、ALTER、DROP 操作的。具体的语法形式如下所示。

```
CREATE [OR REPLACE] TRIGGER [schema.] trigger_name
{BEFORE | AFTER}
  {ddl_event [OR ddl_event]...
  database_event [OR database_event]...
}
ON {[schema.] SCHEMA | DATABASE}
  [FOLLOWS [schema.] trigger [, [schema.] trigger]...]
[ENABLE | DISABLE]
[WHEN (condition)]
sql_statement
```

与创建 DML 触发器相同的地方这里就不再介绍了。其中：

- ddl_event：DDL 的事件，多个事件之间用 OR 隔开。常用的 DDL 事件包括 CREATE、ALTER、DROP、TRUNCATE、GRANT、RENAME、COMMENT、REVOKE 等。
- database_event：数据库事件，多个事件之间用 OR 隔开。常用的数据库事件包括 STARTUP、SHUTDOWN 等。
- {[schema.] SCHEMA | DATABASE}：[schema.] SCHEMA 是用于用户级别上的 DDL 事件；DATABASE 是用于数据库级别上的数据库事件。

在本节中以 DDL 事件为例，讲解该类型触发器的创建。

【例 11-9】 创建触发器，当执行 DROP 操作时，将删除的对象名输出。

获取删除的对象名可以通过 ORA_DICT_OBJ_NAME 属性获得，对象的类型可以通过 ORA_DICT_OBJ_TYPE。根据题目要求，语句及执行效果如图 11-16 所示。

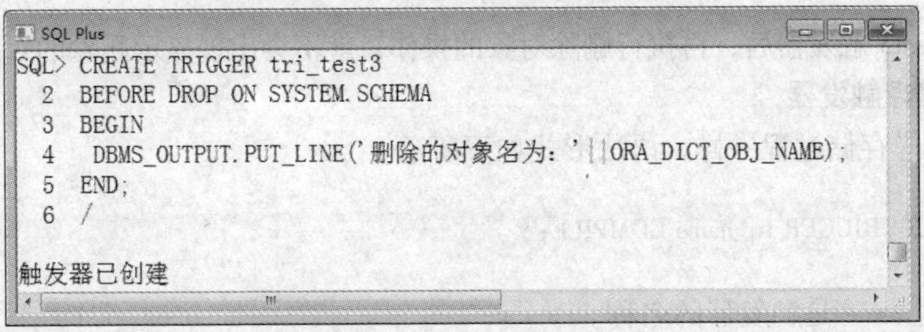

```
SQL> CREATE TRIGGER tri_test3
  2  BEFORE DROP ON SYSTEM.SCHEMA
  3  BEGIN
  4   DBMS_OUTPUT.PUT_LINE('删除的对象名为: '||ORA_DICT_OBJ_NAME);
  5  END;
  6  /

触发器已创建
```

图 11-16　创建触发器 tri_test3

删除 userinfo1 表的语句及执行效果如图 11-17 所示。

```
SQL> DROP TABLE userinfo1;
删除的对象名为: USERINFO1

表已删除。
```

图 11-17　删除表时的效果

📖 如果同时执行多个 DDL 事件，每一个 DDL 事件中都想完成不同的操作，则需要通过 SYSEVENT 属性来判断具体执行的是哪个 DDL 事件。判断的方法如下所示。

```
IF SYSEVENT ='CREATE' THEN   sql statement
```

11.2.4 管理触发器

触发器与存储过程一样，修改触发器的内容相当于重新创建触发器，可以通过 CREATE OR REPLACE 语句来实现。使用 ALTER 语句仅能更改触发器的状态、重新编译触发器。删除触发器使用 DROP 语句即可。

1. 更改触发器的状态

在创建触发器时，语句中就有一项 ENABLE/DISABLE 的选项，设置触发器是否可用。默认情况下，新创建的触发器都是可用的。如果要对其状态进行修改，语句如下所示。

```
ALTER TRIGEGR tri_name  [DISABLE | ENABLE];
```

其中，tri_name 是触发器的名称。

【例 11-10】 禁用 tri_test3 触发器。

根据题目要求，语句及执行效果如图 11-18 所示。

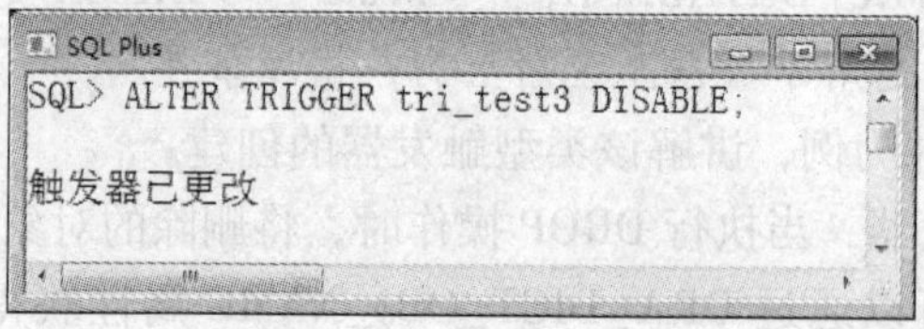

图 11-18 禁用触发器 tri_test3

禁用 tri_test3 触发器后，再执行删除对象的操作，就不会出现显示删除的对象名信息了。

2. 重新编译触发器

与重新编译存储过程一样，语法形式如下所示。

```
ALTER TRIGGER tri_name COMPILE;
```

其中，tri_name 是触发器的名称。

【例 11-11】 重新编译触发器 tri_test3。

根据题目要求，语句及执行效果如图 11-19 所示。

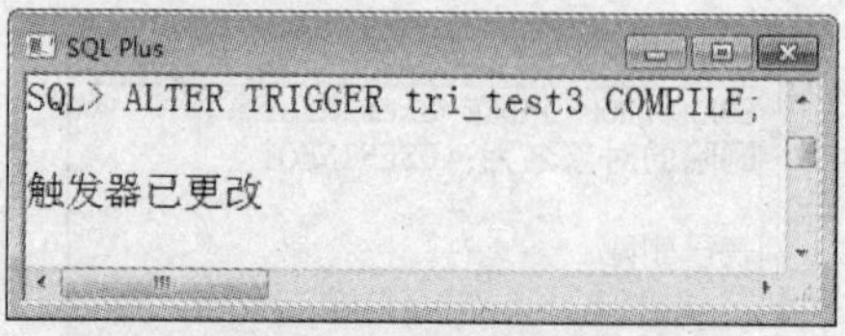

图 11-19 重新编译触发器

3. 删除触发器

建议如果不确定触发器是否真的要删除，可以先将其禁用，待确定之后再删除。删除触发器的语句如下所示。

```
DROP TRIGGER tri_name;
```

其中，tri_name 是触发器的名称。

【例 11-12】删除触发器 tri_test3。

根据题目要求，语句及执行效果如图 11-20 所示。

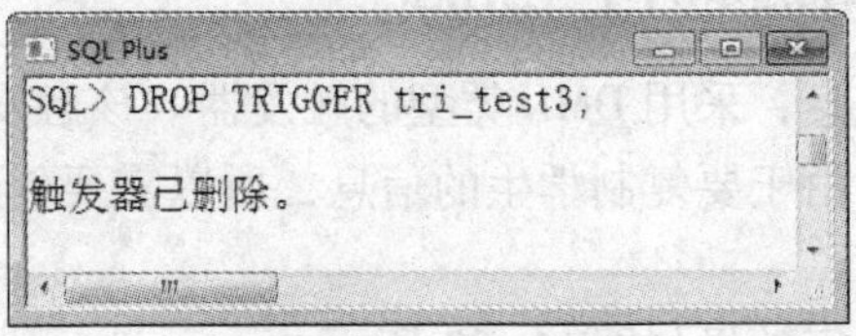

图 11-20　删除触发器

11.3　实例演练

11.3.1　为查询学生专业创建存储过程

在第 5 章中已经完成了学生管理信息系统表的创建操作，查询学生所在的专业，需要用到的是学生信息表（student）和专业信息表（majorinfo）。在这个存储过程中，创建一个根据学生的学号查询学生专业的存储过程，那么，学生的学号可以作为一个输入参数。具体的存储过程语句及执行效果如图 11-21 所示。

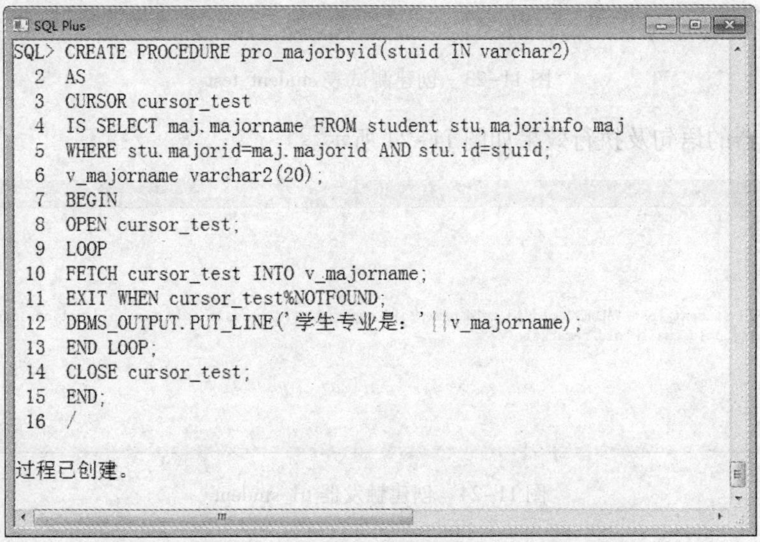
SQL Plus
SQL> CREATE PROCEDURE pro_majorbyid(stuid IN varchar2)
2 AS
3 CURSOR cursor_test
4 IS SELECT maj.majorname FROM student stu,majorinfo maj
5 WHERE stu.majorid=maj.majorid AND stu.id=stuid;
6 v_majorname varchar2(20);
7 BEGIN
8 OPEN cursor_test;
9 LOOP
10 FETCH cursor_test INTO v_majorname;
11 EXIT WHEN cursor_test%NOTFOUND;
12 DBMS_OUTPUT.PUT_LINE('学生专业是：'||v_majorname);
13 END LOOP;
14 CLOSE cursor_test;
15 END;
16 /
过程已创建。

图 11-21　创建存储过程 pro_majorbyid

存储过程创建完成后，测试存储过程的语句及执行效果如图 11-22 所示。

```
SQL> EXEC pro_majorbyid('150001');
学生专业是：计算机

PL/SQL 过程已成功完成。
```

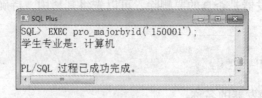

图 11-22　测试存储过程效果

11.3.2　创建触发器复制删除的学生信息

创建复制删除的学生信息，采用 DML 类型的触发器。该触发器可以设置为行级触发器，这样方便复制删除的信息。由于要复制学生的信息，所以需要创建一个与学生表结构一样的测试表。

创建测试表的语句及执行效果如图 11-23 所示。

```
SQL> CREATE  TABLE student_test
  2  (id  varchar2(10),
  3  name varchar2(20),
  4  majorid  varchar2(10),
  5  classid  varchar2(10),
  6  sex      varchar2(6),
  7  nation   varchar2(10),
  8  entrancedate  varchar2(20),
  9  idcard varchar2(20),
 10  tel    varchar2(20),
 11  email   varchar2(20),
 12  remarks varchar2(100)
 13  );

表已创建。
```

图 11-23　创建测试表 student_test

创建触发器的语句及执行效果如图 11-24 所示。

```
SQL> CREATE TRIGGER tri_student
  2  AFTER DELETE
  3  ON student
  4  FOR EACH ROW
  5  BEGIN
  6      INSERT INTO student_test VALUES(:old.id, :old.name, :old.majorid, :old.classid, :old.sex, :old.nation, :old.entrancedate,
:old.idcard, :old.tel, :old.email, :old.remarks);
  7  END;
  8  /

触发器已创建
```

图 11-24　创建触发器 tri_student

触发器创建完成后，可以按照触发器的触发条件，测试触发器，效果如图 11-25 所示。

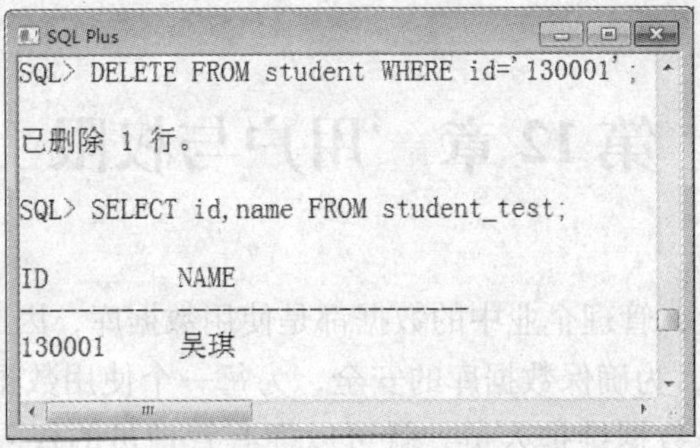

图 11-25　删除学生表记录测试触发器

11.4　本章小结

通过本章的学习，能够掌握 Oracle 11g 中两个重要的数据库对象存储过程和触发器的使用。在存储过程部分，能够掌握存储过程中不同类型参数的使用以及管理存储过程，并且也能掌握在存储过程中游标的应用；在触发器部分，能够了解触发器的分类，以及常用的 DML 触发器和 DDL 触发器的创建和管理。

11.5　习题

1. 填空题

1）存储过程中参数的类型包括________________。

2）调用存储过程的关键字是________________。

3）DDL 触发器中常用的事件有________________。

2. 简答题

1）说明替代触发器（INSTEAD OF）的作用。

2）简述触发器与存储过程的区别。

3）什么是行级触发器？什么是语句级触发器？

3. 操作题

1）创建存储过程，判断传入的用户名和密码是否正确。(用两个输入参数)

2）创建触发器，在修改用户信息表后，把修改之前的数据插入到另一张表中。(用户信息表用本章的 userinfo)

3）创建触发器，禁止用户修改和删除用户信息表视图中的数据。(用户信息表视图用本章的 v_userinfo)

第 12 章　用户与权限

现在越来越多的企业，管理企业中的数据都是使用数据库，因此，数据库的安全性就至关重要了。Oracle 11g 中，为确保数据库的安全，为每一个使用数据库的用户都可以分配不同的权限。比如，如果是数据维护人员，就可以拥有管理员的权限，对数据具有维护的权限；如果是普通员工，就可以仅拥有该员工所在部门需要的数据的权限等。

本章的学习目标如下。

- 掌握用户的创建和维护。
- 掌握角色的作用，以及给用户授予角色。
- 掌握为用户授予和收回权限的操作。

12.1　用户

通过前面内容的学习，已经了解了登录数据库中常用的用户，比如 system、sys、scott 等用户。这些是系统默认的用户，换句话说，就是安装好数据库后就可以使用的用户。由于系统默认的用户有的权限过高，有的又过低，因此，不管是在软件开发过程中，还是在企业中所使用的软件，通常都使用的是自定义的用户而不是这些系统默认的用户。

12.1.1　创建用户

创建用户是自定义用户的首要环节，由于在创建用户时需要设置很多的选项，因此，语法有些复杂，这里，只列出常见的创建语法形式，具体如下所示。

```
CREATE USER username IDENTIFIED BY password
[DEFAULT TABLESPACE tablespace]
[TEMPORARY TABLESPACE tablespace | tablespace_group_name]
[QUOTA size | UNLIMITED ON tablespace]
[PASSWORD EXPIRE]
[ACCOUNT LOCK | UNLOCK]
```

其中：

- username：为用户名。
- password：为密码。
- [DEFAULT TABLESPACE tablespace]：设置默认表空间，如果省略了该语句，那么这个新创建的用户就存放在数据库中的默认表空间中。通常一个数据库的默认表空间是 system 表空间。
- [TEMPORARY TABLESPACE tablespace | tablespace_group_name]：设置临时表空间或临时表空间组。如果省略了该语句，则会把临时的文件存放到当前数据库中默认的临

时表空间中。

- [QUOTA size | UNLIMITED ON tablespace]：设置当前用户使用表空间的最大值，在创建用户时可以有多个限额来设置用户在不同表空间中能够使用的表空间大小；如果设置成 UNLIMITED，表示对表空间的使用没有限制。另外，需要注意的是创建用户时不能设置用户在临时表空间中的使用范围。
- [PASSWORD EXPIRE]：设置当前用户密码处于过期状态。如果用户想再登录数据库必须要更改密码。
- [ACCOUNT LOCK | UNLOCK]：设置用户账号的锁定状态。设置成 LOCK，那么该用户暂时不能访问数据库；设置成 UNCLOCK，用户才可以访问数据库。在 Oracle 11g 中新创建的用户都是未锁定的状态。如果有些用户暂时不用，可以考虑将其锁定。

下面通过例 12-1 和例 12-2 来演示如何创建用户。

【例 12-1】创建用户名为 user_ test1，并且密码为 123456，设置 users 为其默认表空间。

根据题目要求，创建用户的语句及执行效果如图 12-1 所示。

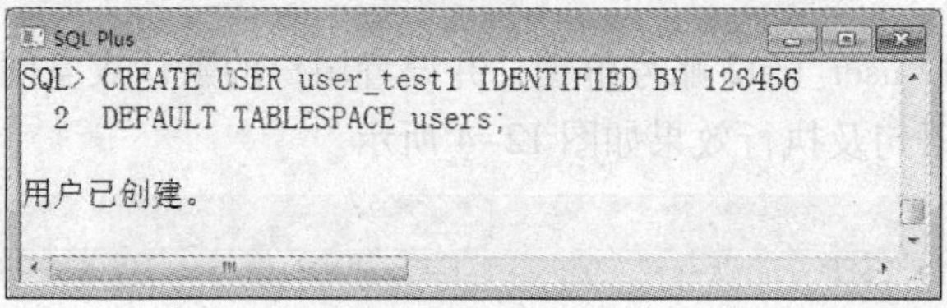

图 12-1　创建用户 user_test1

在创建用户时，要注意登录到 SQL Plus 中的用户要具有创建用户的权限才可以，通常其应具有管理员权限。

【例 12-2】创建用户名为 user_test2，并且密码为 123456，并在 users 空间上设置使用的最大值为 10MB，并且账户处于锁定状态。

根据题目要求，创建用户的语句及执行效果如图 12-2 所示。

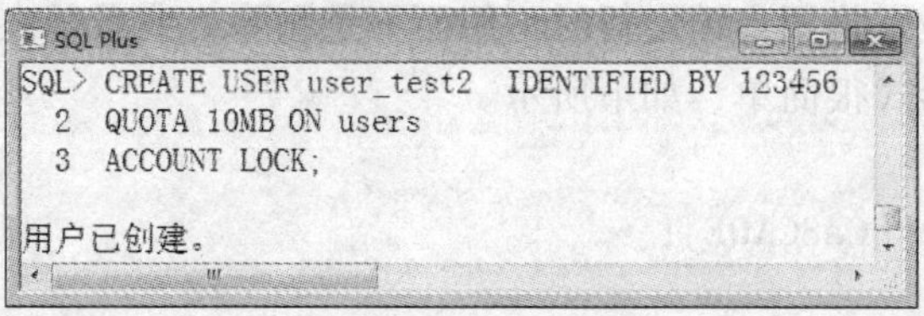

图 12-2　创建用户 user_test2

12.1.2　修改用户

尽管在创建用户时已经深思熟虑，但是仍可能需要修改用户的信息。比如，在前面创建用户时，锁定了用户账户，但是，现在需要使用该用户账号，那么，就要修改该账号的锁定状态；或者，当前用户的默认表空间是 users，但是，现在新创建了一个表空间，需要更改用户的表空间。这些操作都可以通过修改用户的语句来实现，具体的语法形式如下所示。

```
ALTER USER user IDENTIFIED BY password
[DEFAULT TABLESPACE tablespace]
[TEMPORARY TABLESPACE { tablespace | tablespace_group_name }]
```

```
[QUOTA { size_clause | UNLIMITED} ON tablespace]
[PASSWORD EXPIRE]
[ACCOUNT { LOCK | UNLOCK } ]
```

从上面的语法形式，可以看出与创建用户时的类似，只是将 CREATE 关键字换成了 ALTER。

下面就来尝试使用修改用户的语法形式，来完成例 12-3 和例 12-4 的操作。

【例 12-3】 将用户 user_test1 的密码修改成 654321。

根据题目要求，语句及执行效果如图 12-3 所示。

```
SQL> ALTER USER user_test1 IDENTIFIED BY 654321;

用户已更改。
```

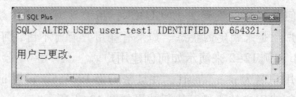

图 12-3　修改用户 user_test1

【例 12-4】 将用户 user_test2 账号解锁，并设置用户的默认表空间为 system。

根据题目要求，语句及执行效果如图 12-4 所示。

```
SQL> ALTER USER user_test2  DEFAULT TABLESPACE system ACCOUNT UNLOCK;

用户已更改。
```

图 12-4　修改用户 user_test2

12.1.3　删除用户

如果用户不再使用，可以将其删除，但是删除后就不能恢复了。因此，如果不确定以后是否还使用该用户，最好将用户锁定暂时不用而不是删除，或者是在删除用户前先备份数据库。删除用户的语法形式很简单，如下所示。

```
DROP UESR user [CASCADE];
```

其中，CASCADE 关键字是可选的，用于删除用户中包含的对象。

下面就使用例 12-5 来完成删除用户的操作。

【例 12-5】 删除用户 user_test2。

根据题目要求，语句及执行效果如图 12-5 所示。

```
SQL> DROP  USER  user_test2  CASCADE;

用户已删除。
```

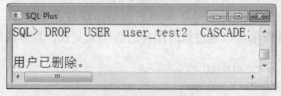

图 12-5　删除用户 user_test2

12.2 权限

创建好用户后，要做的任务就是为用户分配权限，只有合理的为用户分配好权限，才能确保数据库的安全性。

12.2.1 权限的类型

在 Oracle 11g 中，权限主要分为系统权限和对象权限两类。系统权限主要是为用户提供某种数据库操作的权限。通常将系统权限授予系统管理员或者是程序开发人员，同时，系统管理员也可以将该权限授予其他用户。

系统权限在 Oracle 中比较多，可以通过数据字典视图 system_privilege_map 来查看，查看结果如图 12-6 所示。

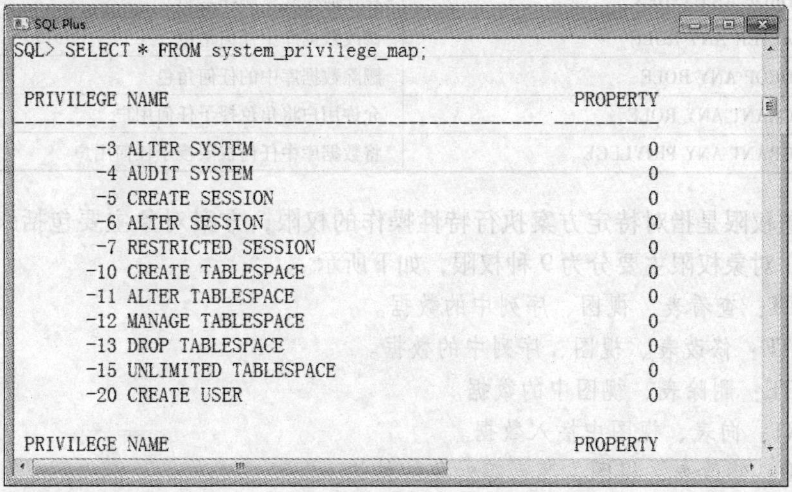

图 12-6 查看系统权限

在该图中，只显示了一部分系统权限，在 Oracle 11g 中共有 208 个系统权限。有兴趣的读者可以一一去查看。这里，只介绍一些常用的系统权限，如表 12-1 所示。

表 12-1 常用的系统权限

序　号	权 限 名 称	说　明
1	CREATE TABLE	创建表
2	DROP ANY TABLE	删除任何表
3	CREATE VIEW	创建视图
4	DROP ANY VIEW	删除任何视图
5	CREATE TRIGGER	创建触发器
6	DROP ANY TRIGGER	删除任何触发器
7	CREATE PROCEDURE	创建存储过程
8	DROP ANY PROCEDURE	删除任何存储过程
9	ALTER DATABSE	修改数据库

（续）

序　号	权限名称	说　明
10	CREATE ROLE	创建角色
11	ALTER ANY ROLE	修改任何角色
12	DROP ANY ROLE	删除任何角色
13	CREATE TABLESPACE	创建表空间
14	ALTER TABLESPACE	修改表空间
15	DROP TABLESPACE	删除表空间
16	CREATE USER	创建用户
17	ALTER USER	修改用户
18	DROP USER	删除用户
19	CREATE ANY INDEX	在任何表上创建索引
20	ALTER ANY INDEX	在任何模式下修改索引
21	DROP ANY INDEX	在任何模式下删除索引
22	ALTER ANY ROLE	修改数据库中任何角色
23	DROP ANY ROLE	删除数据库中的任何角色
24	GRANT ANY ROLE	允许用户将角色授予任何用户
25	GRANT ANY PRIVLEGE	将数据库中任何权限授予任何用户

对象权限是指对特定方案执行特性操作的权限，方案对象主要包括表、视图、过程、函数等。对象权限主要分为 9 种权限，如下所示。

- SELECT：查看表、视图、序列中的数据。
- UPDATE：修改表、视图、序列中的数据。
- DELETE：删除表、视图中的数据。
- INSERT：向表、视图中插入数据。
- ALTER：修改表、视图、序列等对象的结构。
- READ：读取数据字典中的数据。
- INDEX：生成索引。
- PEFERENCES：生成外键。

12.2.2 授予权限

在了解了权限的具体分类后，那么，如何为用户授予上面列出的这些权限呢？下面就分别介绍系统权限和对象权限授予的语法形式。

1. 授予系统权限

系统权限的关键字如果记不清楚，可以直接通过数据字典视图 SYSTEM_PRIVILEGE_MAP 来查看，具体语法形式如下所示。

```
GRANT system_privilege | ALL PRIVILEGES TO {PUBLIC | user | role}
[WITH ADMIN OPTION]
```

其中：

- system_privilege：系统权限名称，多个系统权限名称之间用逗号隔开。

- ALL PRIVILEGES：设置除 SELECT ANY DICTIONARY 权限之外的所有系统权限，一般情况下，是不会对用户直接设置这么高的权限的。
- {PUBLIC | user | role}：设置权限的对象，PUBLIC 代表的是 Oracle 中的公共用户组，指的是为所有用户设置权限；user 指的是授予权限的用户名，在授予权限时也可以一次为多个用户授予权限，多个用户之间用逗号隔开即可；role 代表的是角色。关于为角色设置权限的操作将在 12.3 节中详细介绍。
- WITH ADMIN OPTION：指定用户可以为其他用户授予相同系统权限。一般情况下，只有给管理员级别的用户才设置该选项。

下面就分别用例 12-6 和例 12-7 演示为用户授予系统权限。

【例 12-6】为用户 user_test1 授予创建表的权限

根据题目要求，语句及执行效果如图 12-7 所示。

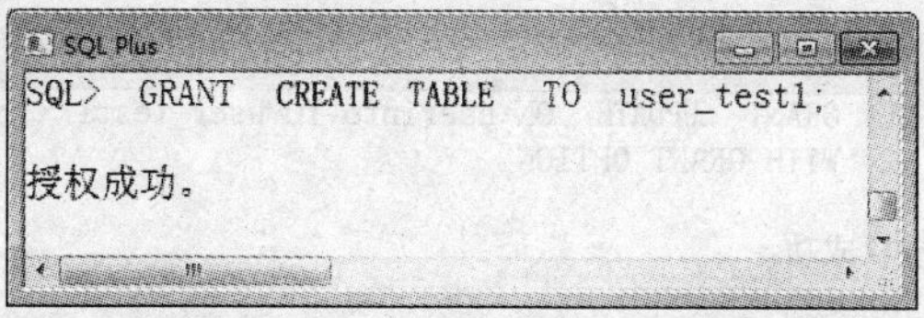

图 12-7　授予用户 user_test1 建表权限

【例 12-7】为用户 user_test1 授予创建视图和删除视图的权限，并设置其还能为其他用户授予权限。

根据题目要求，语句及执行效果如图 12-8 所示。

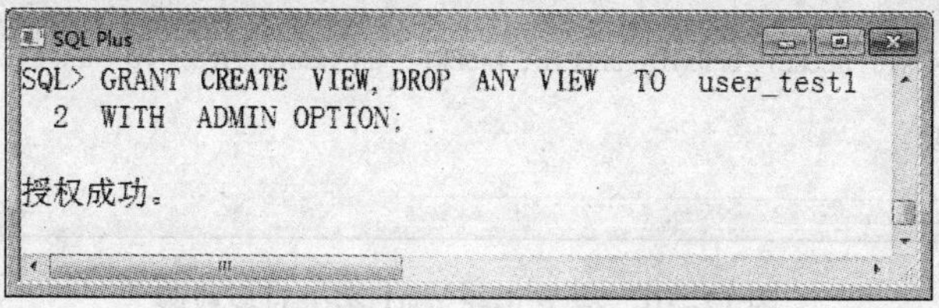

图 12-8　授予用户 user_test1 多个权限

如果要同时为 user_test1 和 user_test2 授予创建视图和删除任何视图的权限时，可以使用如下的语句来完成。

```
GRANT CREATE VIEW,DROP ANY VIEW TO user_test1,user_test2;
```

2. 授予对象权限

授予用户对象权限时，需要注意与授予系统所不同的地方是，需要指定对象权限应用的对象。具体语法如下所示。

```
GRANT object_privilege | ALL
ON schema. object
TO user | role
[WITH THE GRANT ANY OBJECT]
```

其中：

- object_privilege：对象权限的名称，一次也可以授予多个对象权限，对象权限名称之间用逗号隔开即可。
- ALL：代表授予用户所有的对象权限。一般不会使用这种方式为用户授权。
- schema. object：对象权限应用的对象，比如，用户表、图书信息表等。
- user | role：user 代表的是用户，role 代表的是角色。
- WITH GRANT OPTION：指定用户还可以为其他用户授予相同权限。

下面就用例 12-8 和例 12-9 来演示授予用户对象权限。

【例 12-8】授予 user_test1 用户在 userinfo 表上的修改权限，并允许其给其他用户传递权限。

根据题目要求，语句及执行效果如图 12-9 所示。

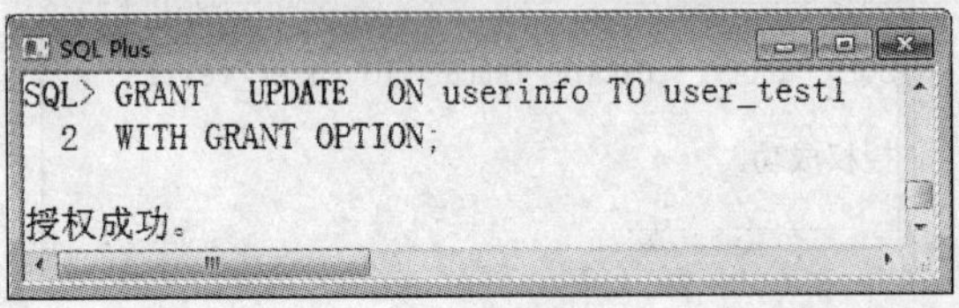

图 12-9　授予用户 user_test1 修改 userinfo 表的权限

【例 12-9】授予 user_test1 用户向 userinfo 表中查看、修改、删除、添加操作的权限。

根据题目要求，语句及执行效果如图 12-10 所示。

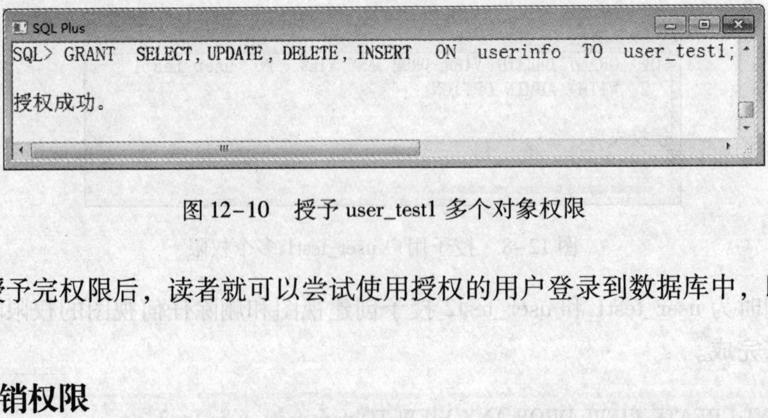

图 12-10　授予 user_test1 多个对象权限

为用户授予完权限后，读者就可以尝试使用授权的用户登录到数据库中，以验证权限授予后的效果。

12.2.3　撤销权限

权限在授予之后，如果发现权限过大或其他问题时，都是可以将权限撤销的。撤销权限时，对于不同的权限类型也是有区别的。下面也分别介绍撤销系统权限和对象权限的语法形式。

1. 撤销系统权限

撤销系统权限比较简单，语句如下所示。

```
REVOKE system_privilege
FROM user | role
```

其中，system_privilege 指系统权限的名称。一次也可以撤销多个权限，只要多个权限之间用逗号隔开即可。“user | role”是指用于撤销用户还是角色的系统权限，一次也可以撤销多个用户权限，同样也是在用户名之间用逗号隔开。

【例 12-10】 撤销 user_test1 的 CREATE TABLE 权限。

根据题目要求，语句及执行效果如图 12-11 所示。

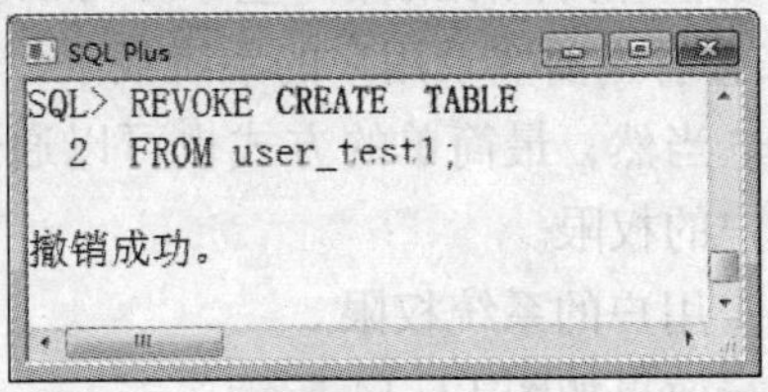

图 12-11　撤销 user_test1 的系统权限

【例 12-11】 撤销 user_test1 和 user_test2 的 CREATE VIEW 权限。

根据题目要求，语句及执行效果如图 12-12 所示。

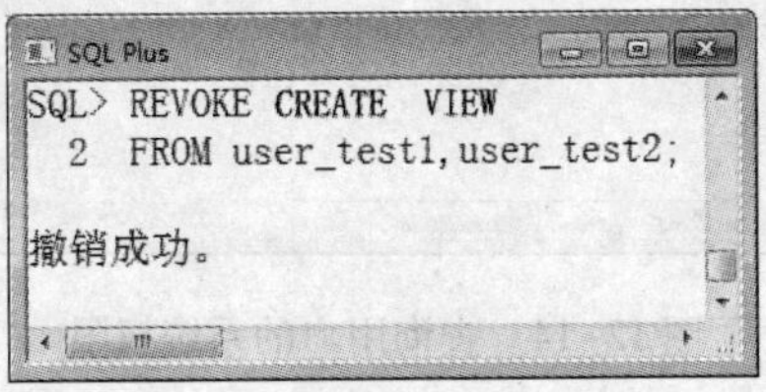

图 12-12　撤销多用户的权限

2. 撤销对象权限

撤销对象权限要比撤销系统权限稍微复杂一些，具体语法如下所示。

```
REVOKE object_privilege | ALL
ON schema. object
FROM user | role
[CASCADE CONTRAINTS]
```

其中，CASCADE CONTRAINTS 选项，表示该用户传递给其他用户的权限也一同撤销。类似于一个单位的部门取消了，也就取消了这个部门员工的职务。

【例 12-12】 撤销 user_test1 用户的修改 userinfo 表的权限。

根据题目要求，语句及执行效果如图 12-13 所示。

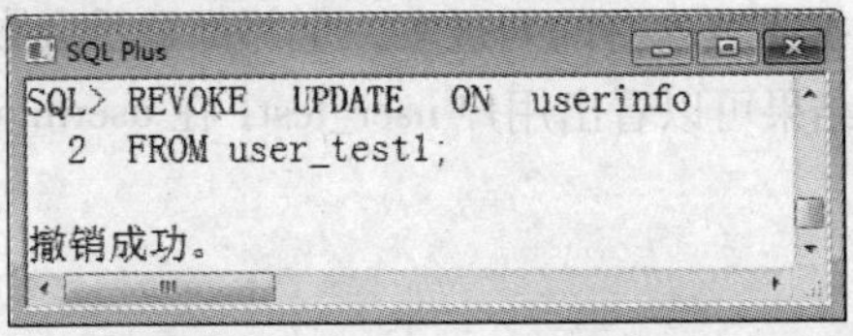

图 12-13　撤销 user_test1 的对象权限

12.2.4 查看权限

有时在系统中可能会创建很多的用户，容易造成用户权限混乱，而记不清楚的情况。那么，如何知道用户具有什么权限呢？在 Oracle 11g 中，可以通过数据字典来查看，dba_sys_privs 中存放着用户的系统权限；dba_tab_privs 中存放这用户的对象权限。但是，在使用这两个数据字典时，必须以管理员权限的用户登录才可以。如果用其他用户登录，需要使用 user_sys_privs 数据字典来查看当前登录用户的系统权限，使用 all_tab_privs 数据字典来查看当前登录用户的对象权限。当然，最简单的方式也可以通过图形化界面的方式来查看，比如，在企业管理器中查看用户的权限。

【**例 12-13**】查询 user_test1 用户的系统权限。

根据题目要求，语句及执行效果如图 12-14 所示。

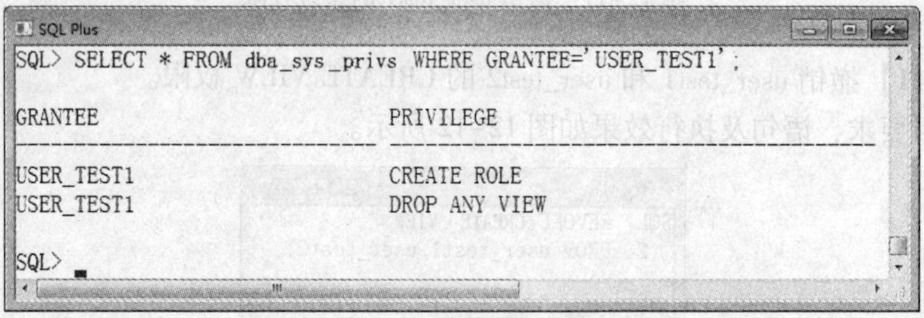
SQL Plus
SQL> SELECT * FROM dba_sys_privs WHERE GRANTEE='USER_TEST1';
GRANTEE
PRIVILEGE
USER_TEST1
CREATE ROLE
USER_TEST1
DROP ANY VIEW
SQL>

图 12-14　查询用户的系统权限

这里，需要注意的是在 dba_sys_privs 中存放的信息都是大写的。从图上的查询结果可以看出，用户 user_test1 有两个系统权限。

【**例 12-14**】查询 user_test1 用户的对象权限。

根据题目要求，语句及执行效果如图 12-15 所示。

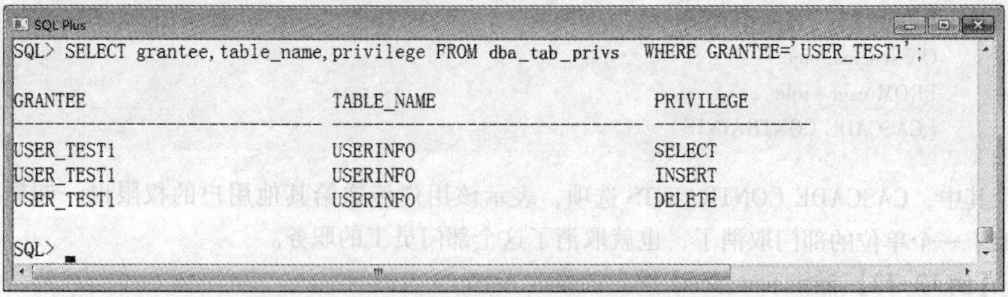
SQL Plus
SQL> SELECT grantee, table_name, privilege FROM dba_tab_privs WHERE GRANTEE='USER_TEST1';
GRANTEE
TABLE_NAME
PRIVILEGE
USER_TEST1
USERINFO
SELECT
USER_TEST1
USERINFO
INSERT
USER_TEST1
USERINFO
DELETE
SQL>

图 12-15　查询用户的对象权限

由于在 dba_tab_privs 数据字典含有的列过多，全部都显示会影响查看的效果，因此，就选取了 3 个列查看。从查看的结果可以看出用户 user_test1 在 userinfo 表上共有 3 个对象权限。

12.3 角色

角色相当于是权限的打包，换句话说，角色就是由一系列的权限构成的。授予和撤销角色的权限的语法与前面为用户授予和撤销权限的语法类似。在给角色设置好权限后，可以将角色授予给用户。

12.3.1 创建角色

在 Oracle 11g 中，默认情况下，有一些角色是预定义的，可以直接使用。例如，DBA 角色，如果给一个用户授予 DBA 角色，那么，这个用户就具有了管理员的权限。系统中预定的角色，共计 55 个，可以通过数据字典视图 dba_roles 查看，查看效果如图 12-16 所示。

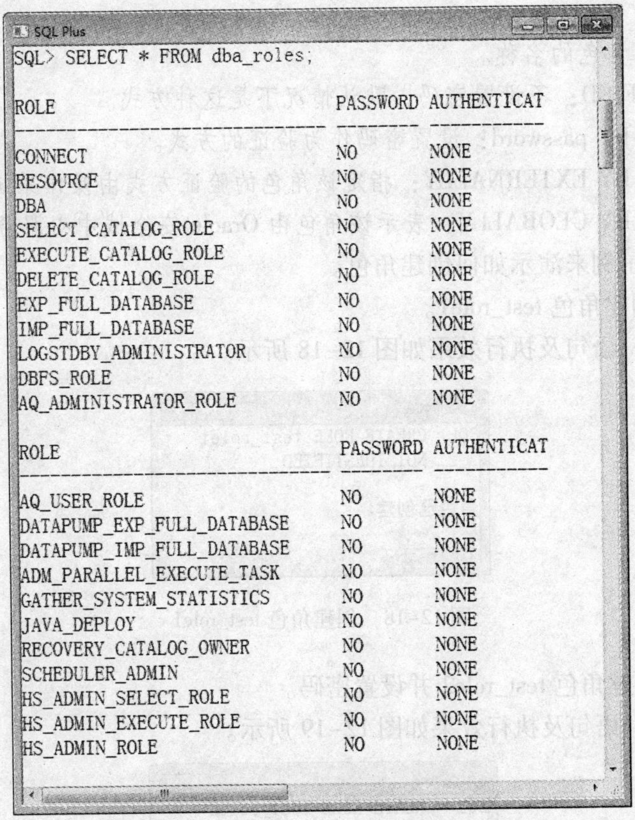

```
SQL> SELECT * FROM dba_roles;

ROLE                           PASSWORD AUTHENTICAT
------------------------------ -------- -----------
CONNECT                        NO       NONE
RESOURCE                       NO       NONE
DBA                            NO       NONE
SELECT_CATALOG_ROLE            NO       NONE
EXECUTE_CATALOG_ROLE           NO       NONE
DELETE_CATALOG_ROLE            NO       NONE
EXP_FULL_DATABASE              NO       NONE
IMP_FULL_DATABASE              NO       NONE
LOGSTDBY_ADMINISTRATOR         NO       NONE
DBFS_ROLE                      NO       NONE
AQ_ADMINISTRATOR_ROLE          NO       NONE

ROLE                           PASSWORD AUTHENTICAT
------------------------------ -------- -----------
AQ_USER_ROLE                   NO       NONE
DATAPUMP_EXP_FULL_DATABASE     NO       NONE
DATAPUMP_IMP_FULL_DATABASE     NO       NONE
ADM_PARALLEL_EXECUTE_TASK      NO       NONE
GATHER_SYSTEM_STATISTICS       NO       NONE
JAVA_DEPLOY                    NO       NONE
RECOVERY_CATALOG_OWNER         NO       NONE
SCHEDULER_ADMIN                NO       NONE
HS_ADMIN_SELECT_ROLE           NO       NONE
HS_ADMIN_EXECUTE_ROLE          NO       NONE
HS_ADMIN_ROLE                  NO       NONE
```

图 12-16　系统预定义角色

如果需要查看预定义角色中所包含的权限，可以通过数据字典视图 dba_sys_privs 来查看。假设这里要查看 CONNECT 角色的权限，语句及执行效果如图 12-17 所示。

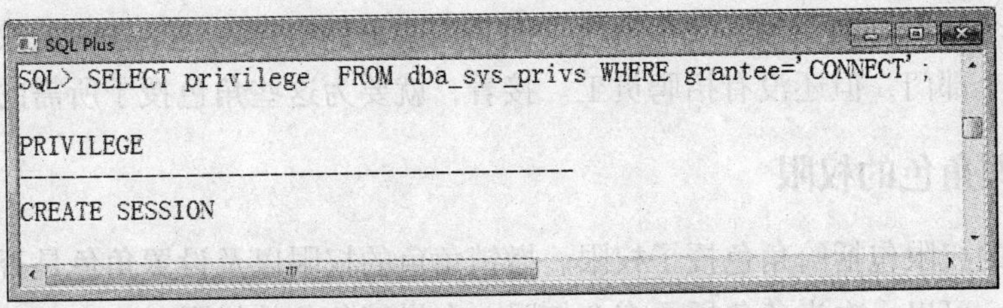

```
SQL> SELECT privilege FROM dba_sys_privs WHERE grantee='CONNECT';

PRIVILEGE
----------------------------------------
CREATE SESSION
```

图 12-17　CONNECT 角色的权限

从该图可以看出，CONNECT 角色中只有一个权限 CREATE SESSION。如果系统预定义的角色不能满足所有需要时，就要自定义角色。

创建角色的语法形式如下所示。

```
CREATE ROLE role_name
[NOT IDENTIFIED |
IDENTIFIED BY [password] | [ EXTERNALLY] | [ GLOBALLY]
]
```

其中：

- role_ name：角色的名称。
- NOT IDENTIFIED：不设置密码，默认情况下是这种方式。
- IDENTIFIED BY password：设置密码作为验证的方式。
- IDENTIFIED BY EXTERNALLY：指定该角色的验证方式由操作系统决定。
- IDENTIFIED BY GLOBALLY：表示该角色由 Oracle 安全域中心服务器验证。

下面就用两个示例来演示如何创建角色。

【例 12-15】 创建角色 test_role1。

根据题目要求，语句及执行效果如图 12-18 所示。

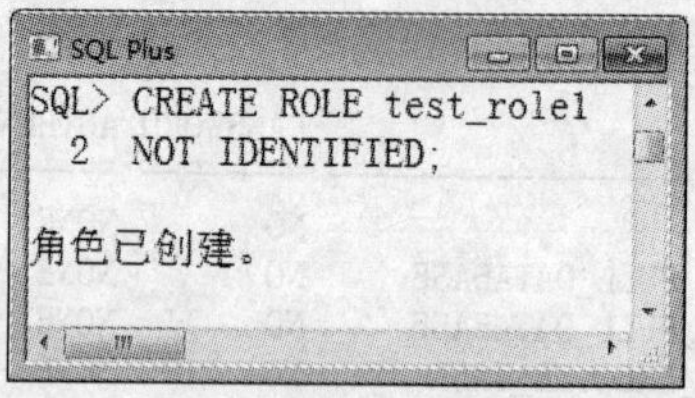

图 12-18　创建角色 test_role1

【例 12-16】 创建角色 test_role2 并设置密码。

根据题目要求，语句及执行效果如图 12-19 所示。

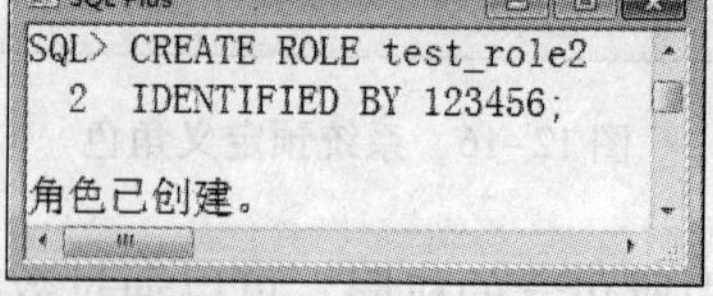

图 12-19　创建角色 test_role2

上面的两个示例已经创建了两个角色，但是这些角色中还不包括任何的权限。这就好像是新成立了一个部门，但还没有招聘员工。接着，就要为这些角色授予所需的权限。

12.3.2　管理角色的权限

管理角色的权限包括给角色授予权限、撤销角色的权限以及设置角色是否可用。在给角色授予权限时，可以一次为角色授予多个权限；在撤销角色的权限时，也可以一次从角色中撤销多个权限。

1. 授予角色权限

授予角色权限与给用户授予权限的语法类似，具体的语法形式如下所示。

```
GRANT privileges | ALL PRIVILEGES TO role_name
[WITH ADMIN OPTION]
```

其中，privileges 代表的是权限的名称；ALL PRIVILEGES 代表的是将当前用户的所有权限授予指定的角色。除了可以授予角色前面所提到过的系统权限、对象权限外，还可以直接将角色授予其他的角色，这样，其他的角色也具有了相应的权限。

【例 12-17】授予 test_role1 角色创建表、创建序列的权限。

根据题目要求，语句及执行效果如图 12-20 所示。

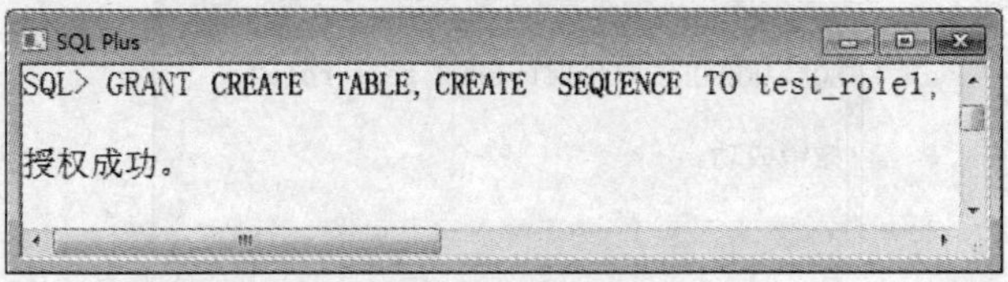

图 12-20　给 test_role1 角色授予权限

【例 12-18】授予 test_role2 角色 CONNECT 角色的权限。

根据题目要求，语句及执行效果如图 12-21 所示。

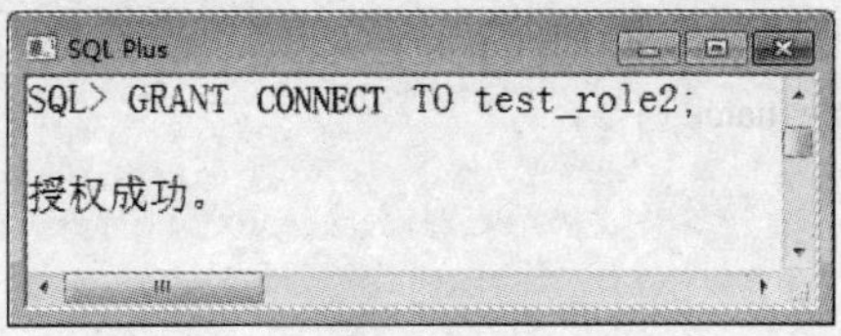

图 12-21　授予 test_role2 角色

通过上面的语句，test_role2 就已经具备了 CONNECT 角色的 CREATE SESSION 权限。

2. 撤销角色权限

撤销角色权限与撤销用户权限也是类似的，无论是撤销角色的系统权限还是对象权限都是一样的。此外，还可以撤销为角色授予的角色。下面就分别用两个示例来演示如何撤销角色的权限。

【例 12-19】撤销 test_role1 的 CREATE TABLE 权限。

根据题目要求，语句及执行效果如图 12-22 所示。

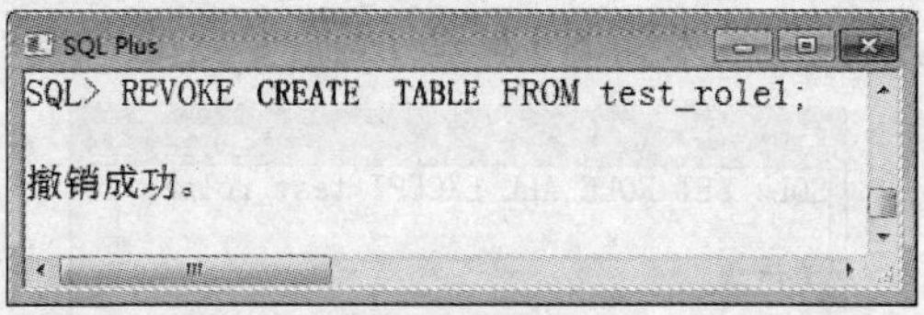

图 12-22　撤销 test_role1 的权限

撤销 CREATE TABLE 权限后，再次查看 test_role1 所具有的权限，语句及执行效果如

图 12-23所示。

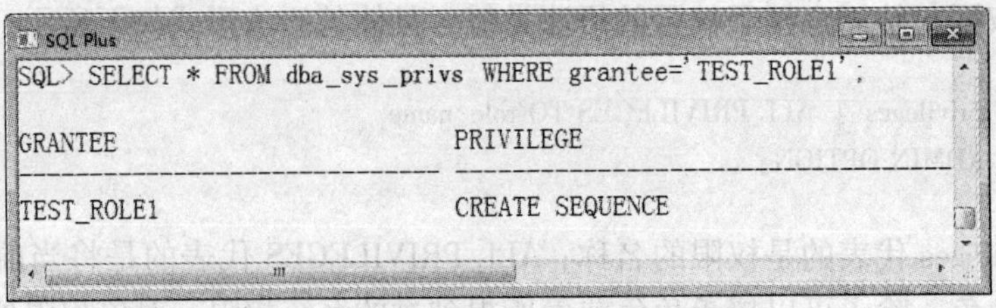

图 12-23　查看 test_role1 角色的权限

【例 12-20】撤销为 test_role2 角色授予的角色。

根据题目要求，语句及执行效果如图 12-24 所示。

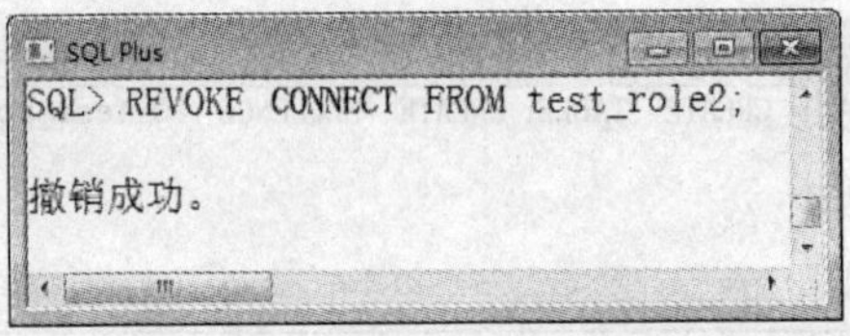

图 12-24　撤销为 test_role2 角色的角色

3. 设置角色的状态

角色的状态就是指角色是否可用的状态，并不是将角色删除。具体的语法形式如下所示。

```
SET ROLE [role_name[IDENTIFIED BY password]]
|[ALL| [EXCEPT role_name]]
|[NONE]
```

其中：

- role_name：角色名。
- IDENTIFIED BY password：在角色名后面加上该子句，是指给角色输入验证密码，针对有密码的角色来使用的。
- ALL：当前登录用户的所有角色生效。
- EXCEPT role_name：如果在 ALL 后面加上该子句，就表示除了指定的角色外，其他角色都生效。
- NONE：当前登录用户的所有角色失效。

下面就分别用两个示例来演示如何设置角色的生效与失效的操作。

【例 12-21】使 test_role2 角色失效。

根据题目要求，语句及执行效果如图 12-25 所示。

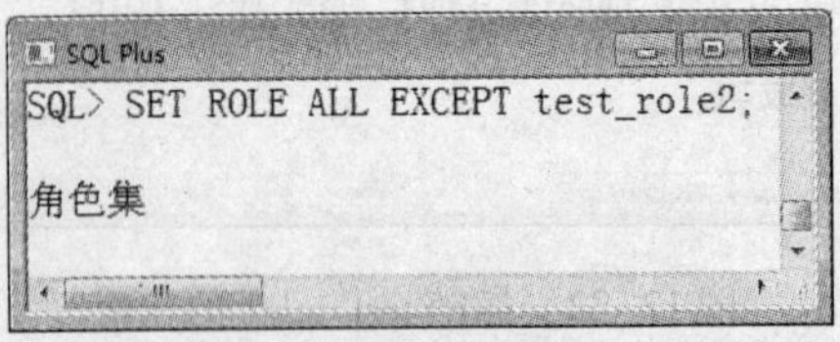

图 12-25　让 test_role2 角色失效

【例 12-22】使 test_role2 角色生效。

根据题目要求，语句及执行效果如图 12-26 所示。

```
SQL> SET ROLE test_role2 IDENTIFIED BY 123456;

角色集
```

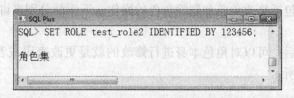

图 12-26　使 test_role2 角色生效

由于 test_role2 角色是需要密码的，因此，在设置该角色生效时也要输入密码才可以，否则就会出现如图 12-27 所示效果。

```
SQL> SET ROLE test_role2;
SET ROLE test_role2
*
第 1 行出现错误:
ORA-01979: 角色 'TEST_ROLE2' 的口令缺失或无效
```

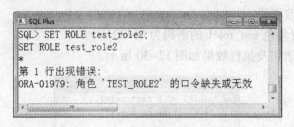

图 12-27　不给角色输入密码

12.3.3　给用户授予角色

角色创建好后，就可以根据需要授予不同的权限。创建角色最终的目的就是将角色中的权限授予给用户，给用户授予角色与给用户授予权限的语法形式是一样的，这里不再赘述。下面就用两个示例来演示如何给用户授予角色和撤销角色。

【例 12-23】将角色 test_role1 授予给用户 user_test1。

根据题目要求，语句及执行效果如图 12-28 所示。

```
SQL> GRANT test_role1 TO user_test1;

授权成功。
```

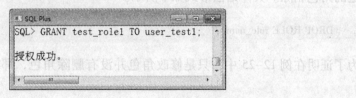

图 12-28　授予用户 user_test1 指定的角色

给用户授予角色后，也可以用 REVOKE 语句来撤销角色，如例 12-24 所示。

【例 12-24】撤销 user_test1 中的 test_role1 角色。

根据题目要求，语句及执行效果如图 12-29 所示。

```
SQL> REVOKE  test_role1 FROM  user_test1;

撤销成功。
```

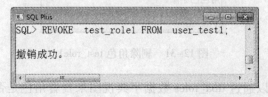

图 12-29　撤销 user_test1 中指定的角色

12.3.4 管理角色

管理角色的操作包括修改角色和删除角色的操作，下面就分别来讲解这两种操作。

1. 修改角色

角色在创建完成后，可以对角色本身进行修改的就是更改密码或者是取消密码的操作。具体的语法形式如下所示。

```
ALTER ROLE role_name
[NOT IDENTIFIED ]|[ IDENTIFIED BY password]
```

其中，NOT IDENTIFIED 选项用于取消角色的密码；IDENTIFIED BY password 选项用于给角色增加密码或更改密码。

【例 12-25】设置角色 test_role1 的密码为 654321。

根据题目要求，语句及执行效果如图 12-30 所示。

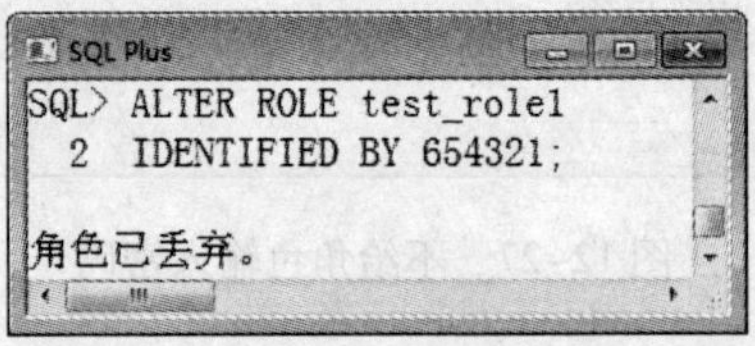

图12-30 给角色 test_role1 设置密码

虽然在该图上执行完上面的语句后，提示的是“角色已丢弃”，但是该角色并不是被删除了，是被修改了。

2. 删除角色

当角色不再使用，就可以将其删除，但是删除角色后，使用过该角色的用户也会相应地将指定的角色删除。具体语法形式如下所示。

```
DROP ROLE role_name;
```

为了证明在例 12-25 中，只是修改角色并没有删除角色，那么，用例 12-26 来删除该角色。

【例 12-26】删除角色 test_role1。

根据题目要求，语句及执行效果如图 12-31 所示。

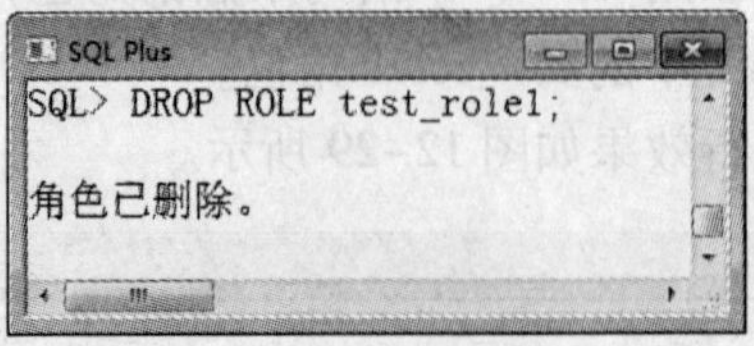

图 12-31 删除角色 test_role1

在删除角色后，可以通过 dba_roles 数据字典视图来查看角色是否存在。

12.4 本章小结

通过本章的学习，能够掌握 Oracle 11g 用户和权限管理相关的内容。在用户部分，掌握了创建用户以及管理用户的方法；权限部分，掌握了数据库中默认的系统权限、对象权限，并且掌握了将这些权限授予用户的方法，但是在授予权限时，还要注意登录的用户是否有相应的授予权限；在角色部分，了解了系统中预定的角色，以及创建角色和管理角色的方法，并掌握了将角色授予给用户或者其他角色及撤销用户的角色的语句操作。相信，合理的为数据库分配好权限和角色，一定能提高数据库访问的安全性。

12.5 习题

1. 填空题

1）系统默认的权限分为________和________。

2）列举常用的预定义角色____________________。

3）能够创建用户，必须具有__________________权限。

2. 简答题

1）角色、权限、用户之间的关系如何理解？

2）授予用户权限时，必须加上哪个子句，该用户才能为其他用户也授予权限？

3）当角色删除后，给用户授予的角色还有效吗？

3. 操作题

1）创建一个名为 test_user3 的用户，并设置密码。

2）给用户 test_user3 授予两个系统权限、两个对象权限。

3）撤销用户 test_user3 的一个对象权限。

4）查看用户 test_user3 所具有的权限。

5）创建角色 user3_role，并给角色授予任意两个系统权限。

6）将角色 user3_role 授予用户 test_user3。

7）分别删除角色 user3_role 和用户 test_user3。

第 13 章　备份与恢复

目前，越来越多的企业使用软件系统来管理公司的业务，比如，OA 办公自动化系统、考勤系统、薪酬系统、进销存系统等。一旦企业中使用的软件数据库出现了问题，那么，就会有难以估量的损失。因此，越来越多的数据库开发人员也更注重企业软件中数据库的备份操作，以便数据库出现了问题，能够及时恢复，维护好企业的利益。因此，数据库的备份与恢复也是每一个数据库管理员和数据库开发人员必备的知识。

本章的学习目标如下。

- 掌握数据库的物理备份和逻辑备份的方法。
- 掌握数据库的物理恢复和逻辑恢复的方法。

13.1　数据库备份

在创建完数据库后，将其复制到其他的计算机上是在所难免的。对数据库的复制并不像复制文件夹一样的容易，需要根据数据库是否正在使用的情况来选择备份的方式，常用的方式有两种，一种是物理备份，另一种是逻辑备份。

13.1.1　物理备份

物理备份是指存档模式备份（也叫热备份）和非存档模式备份（也叫冷备份）。存档模式备份是在数据库的模式设置成存档模式时进行的备份，而非存档模式备份是在数据库的模式设置成非存档模式时进行的备份。

1. 存档模式备份数据库

存放模式是在数据库正在使用状态下进行备份的，存档模式被称为热备份。如果要在存档模式下备份表空间，具体的步骤如下。

（1）查看数据库日志模式

需要拥有 sysdba 权限的用户才可以使用查看数据库的日志模式是否为存档状态语句。

```
ARCHIVE LOG LIST
```

使用 sys 用户登录后，查看数据库日志模式的语句及执行效果如图 13-1 所示。

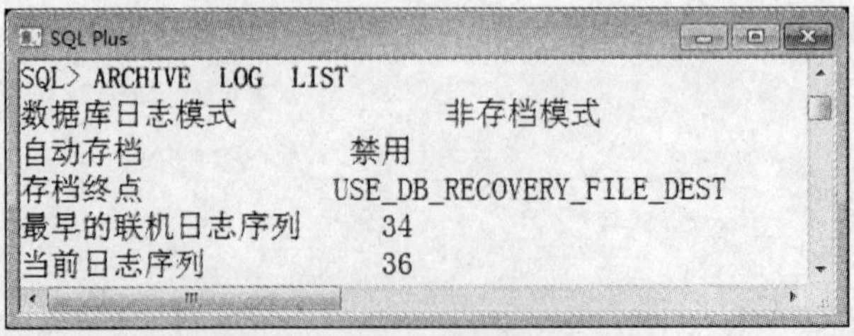

图 13-1　查看数据库的日志

从查询结果可以看出，当前数据库的日志模式是非存档模式。因此，要使用存档模式备份数据库还需要更改数据库的日志模式。

（2）更改数据库的日志模式

如果查询数据库的日志模式结果是存档模式的，可以省去该步骤。更改数据库的日志模式语句及执行效果如图 13-2 所示。

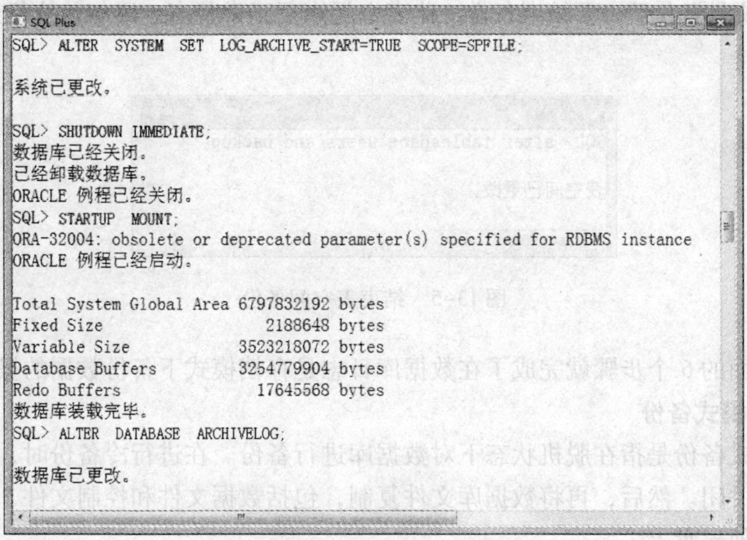

图 13-2　更改数据库的日志模式

至此，数据库的日志模式已经更改成了存档模式。

（3）打开数据库

在第（2）步中，更改日志模式时已经将数据库关闭了。如果要继续使用该数据库就必须将数据库打开，语句及执行效果如图 13-3 所示。

图 13-3　打开数据库

（4）开始备份表空间

备份表空间时，首先需要执行开始备份表空间的语句，然后再将其表空间在磁盘上进行复制。开始备份表空间的语句及执行效果如图 13-4 所示。假设这里要备份的表空间是 users 表空间。

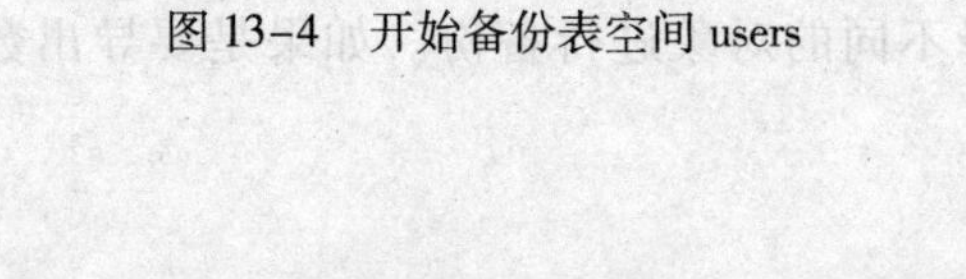

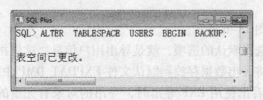

图 13-4　开始备份表空间 users

（5）从磁盘上复制表空间

通常表空间都会保存到安装目录下的 oradata 文件夹下，将 USERS01. DBF 文件直接复制到其他位置即可。这里，将 USERS01. DBF 文件复制到 D 盘根目录下，方便在后面的内容中恢复表空间。

（6）结束表空间备份

在完成了文件备份后，要结束备份，让表空间恢复正常状态。语句及执行效果如图 13-5 所示。

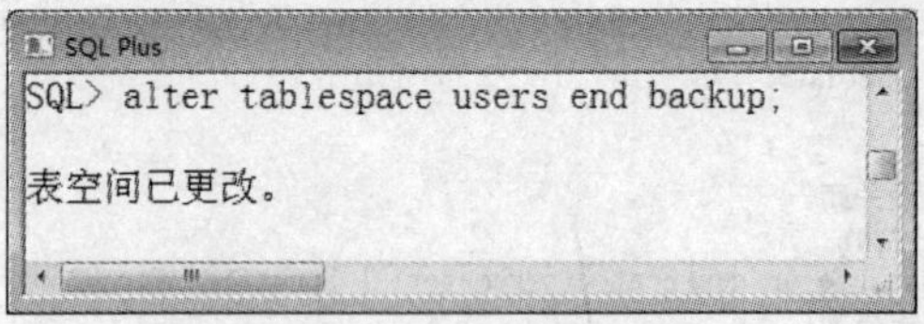

图 13-5　结束表空间备份

这样，通过上面的 6 个步骤就完成了在数据库日志是存档模式下备份数据的操作。

2. 非存档模式备份

非存档模式备份是指在脱机状态下对数据库进行备份。在进行冷备份时，需要先将数据库运行的服务关闭。然后，再将数据库文件复制，包括数据文件和控制文件，然后再将这些文件复制到其他磁盘上。

13.1.2　逻辑备份

所谓逻辑备份实际上就是指对数据库的导出操作，在 Oracle 10g 之前使用的是 EMP 的方式进行导出操作。从 Oracle 10g 开始引入了数据泵技术，使用的是 EXPDP 的方式对数据进行导出的操作。

下面分别使用 EMP 和 EXPDP 的方式对数据库做导出操作。

1. 使用 EXP 工具备份

通过 EXP 工具可以将数据库中的对象，比如表、方案、表空间以及数据库有选择性的备份出来。EXP 工具并不是在 SQL Plus 环境中操作的，而是在 DOS 命令窗口下完成操作的。

在 DOS 命令窗口下，EXP 语句的形式如下所示。

```
EXP username/password
```

需要注意的是，这里输入的用户名不能是 sys 用户。默认情况下，是导出登录用户中所包含的信息。

语句及执行效果如图 13-6 所示。

在该界面中，如果选择默认的选项，就是导出用户信息，这里指定的用户是 scott 用户。在界面中的导出过程，将导出数据存放到默认文件 EXPDAT. DMP 中。

从该界面中，可以看出使用 EXP 导出时，导出的对象有完整的数据库、用户以及表，那么，可以根据需要选择不同的对象进行备份。如果是要导出数据库中的表，还可以指

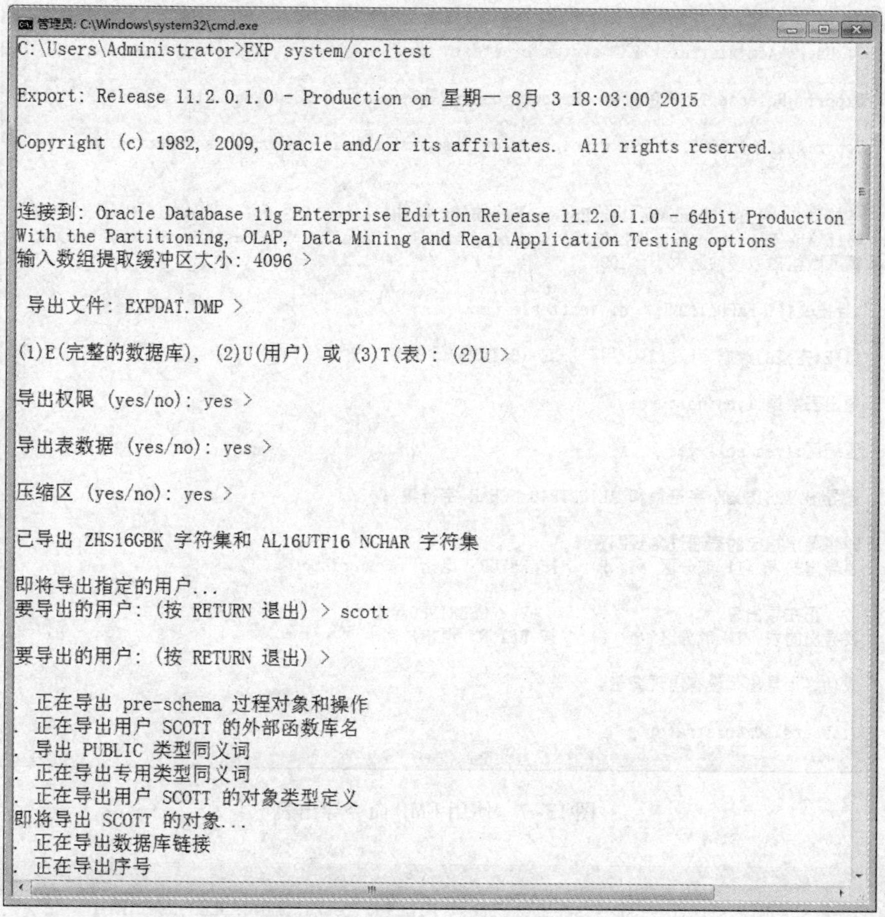

图 13-6　导出 scott 用户的数据

定导出某一张表。如图 13-7 所示，导出的是 system 用户下 userinfo 表，在该表中只有两个字段，一个是用户名，另一个是密码。读者也可以自行创建该表，或者导出一个以前创建过的表。

在此界面中，就完成了 userinfo 表导出操作，如果还需要导出其他的表，可以继续填写表名进行导出。这样就可以有选择地导出一些表，而不必将所有的表全部导出。如果要导出完整的数据库，可以直接在选择导出对象时，输入“E”即可。

另外，如果只是需要导出表，也可以用下面的语句完成。

```
EXP username/userpwd FILE = filepath. dmp TABLES = table_name
```

这里，在用户名和密码后面，直接加上了导出的表要存放的位置以及表名，方便导出指定的数据表。如果需要一次导出多张表的数据，可以在每张表的表名之间用逗号隔开。另外，还需要注意的是上面的语句后面不加分号，否则就会出现错误。

使用上面的语句，导出 userinfo 表的效果如图 13-8 所示。

如果需要导出整个表空间中的内容，就不能只使用上面的语句完成，还需要使用如下所示的语句。

```
C:\Users\Administrator>EXP system/orcltest

Export: Release 11.2.0.1.0 - Production on 星期一 8月 3 18:08:45 2015

Copyright (c) 1982, 2009, Oracle and/or its affiliates.  All rights reserved.


连接到: Oracle Database 11g Enterprise Edition Release 11.2.0.1.0 - 64bit Production
With the Partitioning, OLAP, Data Mining and Real Application Testing options
输入数组提取缓冲区大小: 4096 >

 导出文件: EXPDAT.DMP > d:\testtable.dmp

(1)E(完整的数据库), (2)U(用户) 或 (3)T(表): (2)U > T

导出表数据 (yes/no): yes >

压缩区 (yes/no): yes >

已导出 ZHS16GBK 字符集和 AL16UTF16 NCHAR 字符集

即将导出指定的表通过常规路径...
要导出的表 (T) 或分区 (T: P): (按 RETURN 退出) > userinfo

. . 正在导出表                    USERINFO导出了          1 行
要导出的表 (T) 或分区 (T: P): (按 RETURN 退出) >

成功终止导出, 没有出现警告。

C:\Users\Administrator>
```

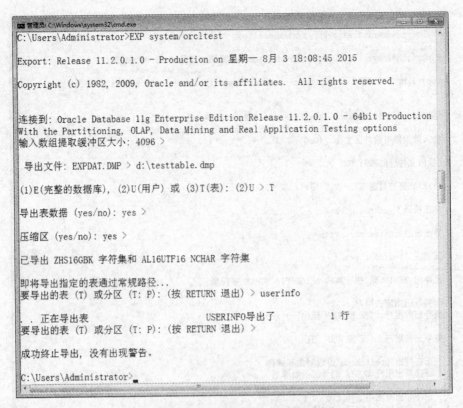

图 13-7 使用 EMP 命令导出表

```
C:\Users\Administrator>EXP system/orcltest FILE=d:\test1.dmp TABLES=userinfo

Export: Release 11.2.0.1.0 - Production on 星期一 8月 3 18:10:47 2015

Copyright (c) 1982, 2009, Oracle and/or its affiliates.  All rights reserved.


连接到: Oracle Database 11g Enterprise Edition Release 11.2.0.1.0 - 64bit Production
With the Partitioning, OLAP, Data Mining and Real Application Testing options
已导出 ZHS16GBK 字符集和 AL16UTF16 NCHAR 字符集

即将导出指定的表通过常规路径...
. . 正在导出表                    USERINFO导出了          1 行
成功终止导出, 没有出现警告。

C:\Users\Administrator>
```

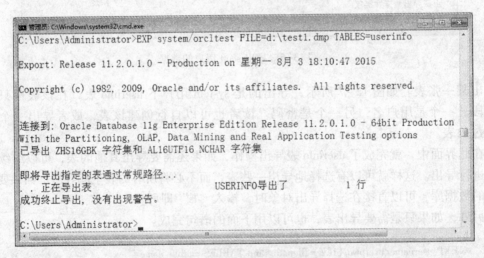

图 13-8 使用语句直接导出表

```
EXP username/password FILE = filename.dmp TABLESPACES = tablespaces_name
```

在导出表空间时，需要具有管理员权限的用户才可以操作。同样，在语句后面也不能添加分号。如果需要导出多个表空间，也要用逗号将多个表空间的名字隔开。

使用上面的语句导出表空间 users，执行效果如图 13-9 所示。

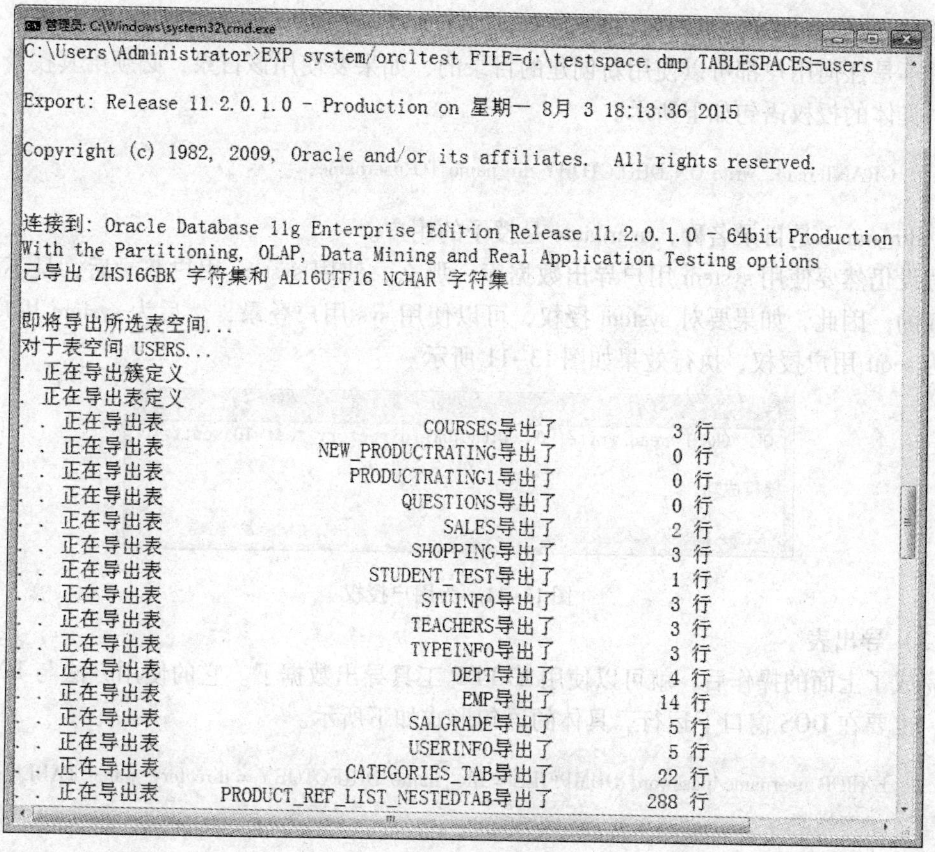

图 13-9　使用 EXP 导出表空间

2. 使用 EXPDP 工具导出数据

EXPDP 是 Oracle 10g 开始引入的数据泵技术。数据泵技术就是在数据库之间或数据库与操作系统之间传输数据的工具。通过该工具，可以把数据库中的对象导出到操作系统中。与 EXP 不同的是，使用 EXPDP 前需要先创建目录，通过该目录就可以找到备份数据库所在的服务器，并且备份出来的数据也必须存放在该目录所对应操作系统中的目录里。具体的导出步骤如下。

（1）创建目录

使用 EXPDP 工具就必须先要创建目录，但是创建目录的语句要在 SQL Plus 中完成，并不是在 DOS 界面下完成的。具体语句如下所示。

```
CREATE DIRECTORY dir_name AS 'file_name';
```

其中，dir_name 是目录的名称，file_name 是存放该目录的文件名。创建效果如图 13-10 所示。

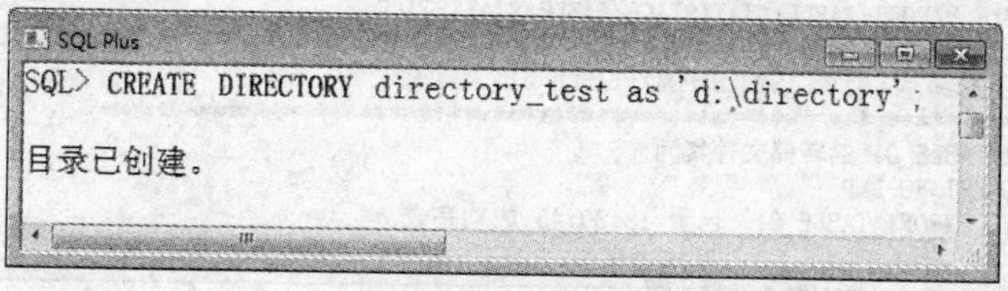

图 13-10　创建目录

（2）给使用目录的用户赋权限

并不是任何用户都可以使用新创建的目录的，如果要使用该目录，必须给其授予权限才可以。具体的授权语句如下所示。

```
GRANT read ,write ON DIRECTORY dir_name TO username;
```

这里，dir_name 是目录名称，username 是授予的用户。

假设仍然要使用 system 用户导出数据库，那么，使用 system 用户登录后，是不能对自己授权的。因此，如果要对 system 授权，可以使用 sys 用户登录，然后为 system 用户授权。这里为 scott 用户授权，执行效果如图 13-11 所示。

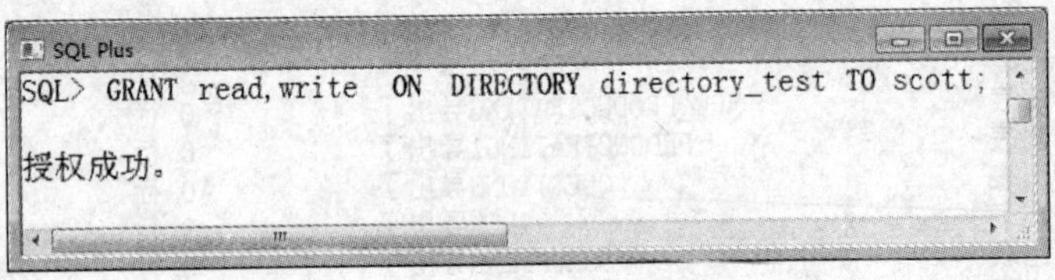

图 13-11　为用户授权

（3）导出表

完成了上面的操作后，就可以使用 EXPDP 工具导出数据了。它的使用方法与 EXP 方法类似，也要在 DOS 窗口下运行。具体的语句形式如下所示。

```
EXPDP username/password DUMPFILE = file_name DIRECTORY = directory_name TABLES = table
_name
```

这里，directory_name 就是前面创建的目录名，file_name 导出后的文件存放的文件名，table_name 就是要导出数据的表名。如果需要导出多张表，将多张表的表名之间用逗号隔开即可。

使用上面的语句导出 userinfo 表，效果如图 13-12 所示。

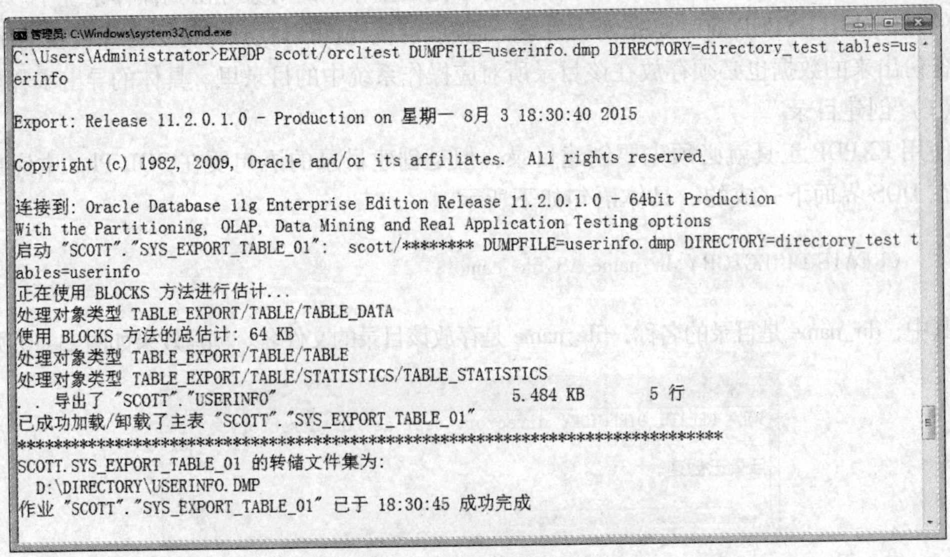

图 13-12　使用 EXPDP 命令导出表

这里，需要注意的是前面是在 system 用户下创建的 userinfo 表，那么，使用 scott 用户登录后，不能导出 system 用户下的表，因此，要在 scott 用户下重新创建一个 userinfo 表。

如果不是导出表，而是导出其他数据库对象，那么可以在该语句后面加入表 13-1 所示的任一参数。

表 13-1　EXPDP 命令常用参数

序　号	关 键 字	说　明
1	logfile	日志文件名
2	full	导出整个数据库
3	schemas	导出的访问列表
4	tablespace	导出的表空间列表
5	transport_tablespaces	卸载元数据的表空间列表
6	content	指定导出的数据，有 3 个选项，分别是 all、data_only、metadata_only

13.1.3 使用企业管理器（OEM）导出数据

无论是使用 EXP 还是 EXPDP 命令导出数据，都需要添加命令中冗繁的参数。企业管理器的导出工具会引导用户完成 EXPDP 的操作，具体的步骤如下所示。

（1）登录企业管理器

打开企业管理器的登录界面，在该界面中要以 system 用户的 sysdba 权限登录，登录后的界面如图 13-13 所示。

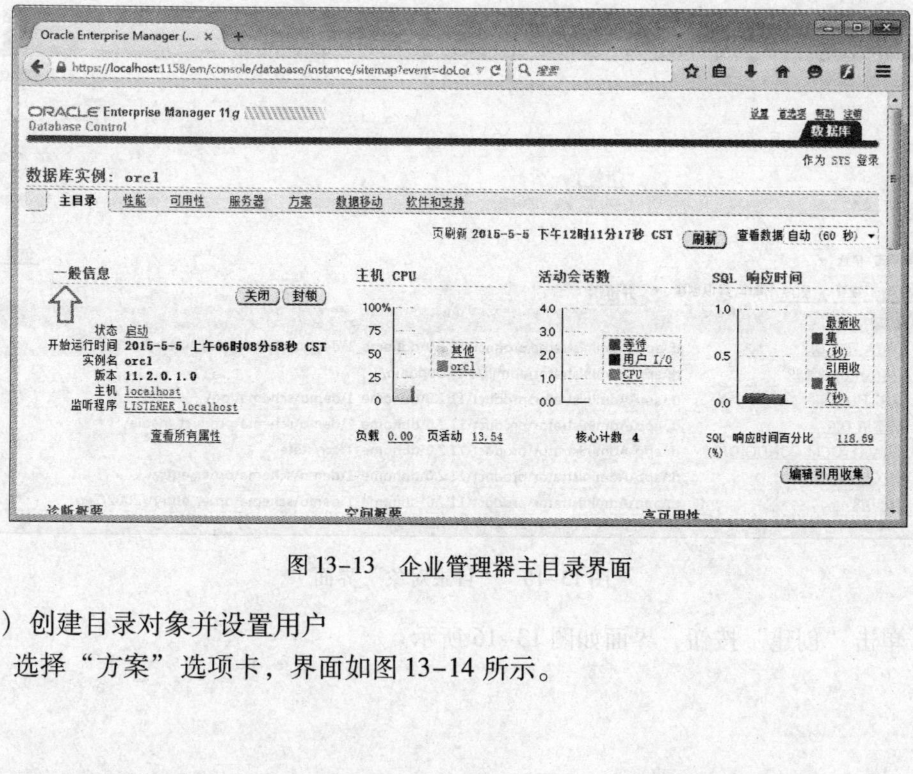

图 13-13　企业管理器主目录界面

（2）创建目录对象并设置用户

1）选择“方案”选项卡，界面如图 13-14 所示。

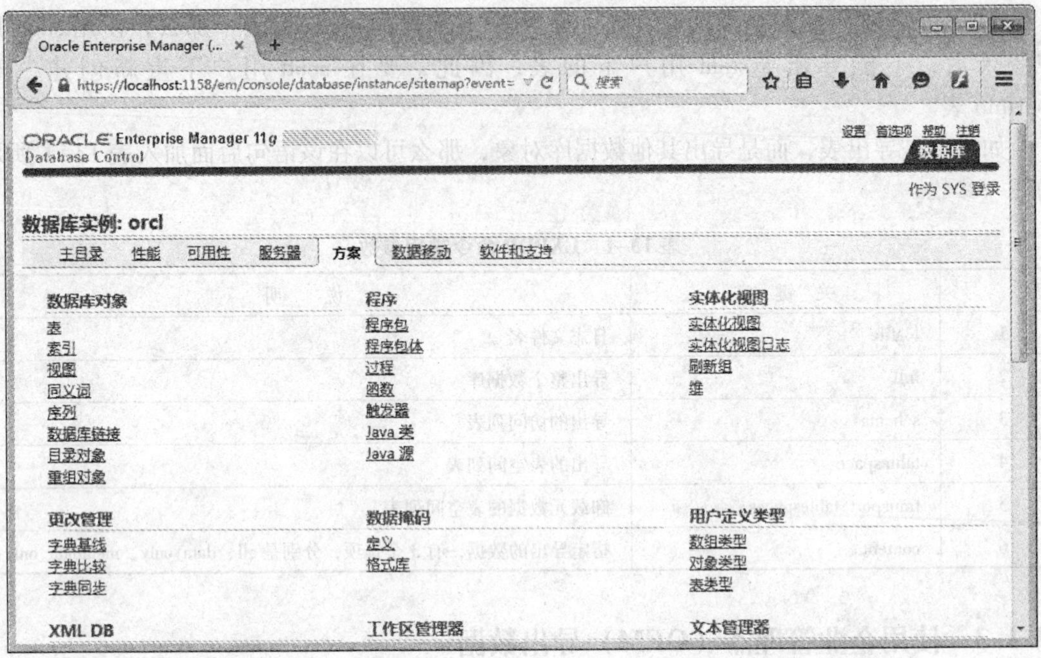

图 13-14 “方案”选项卡

2）选择“数据库对象”中的“目录对象”选项，界面如图 13-15 所示。

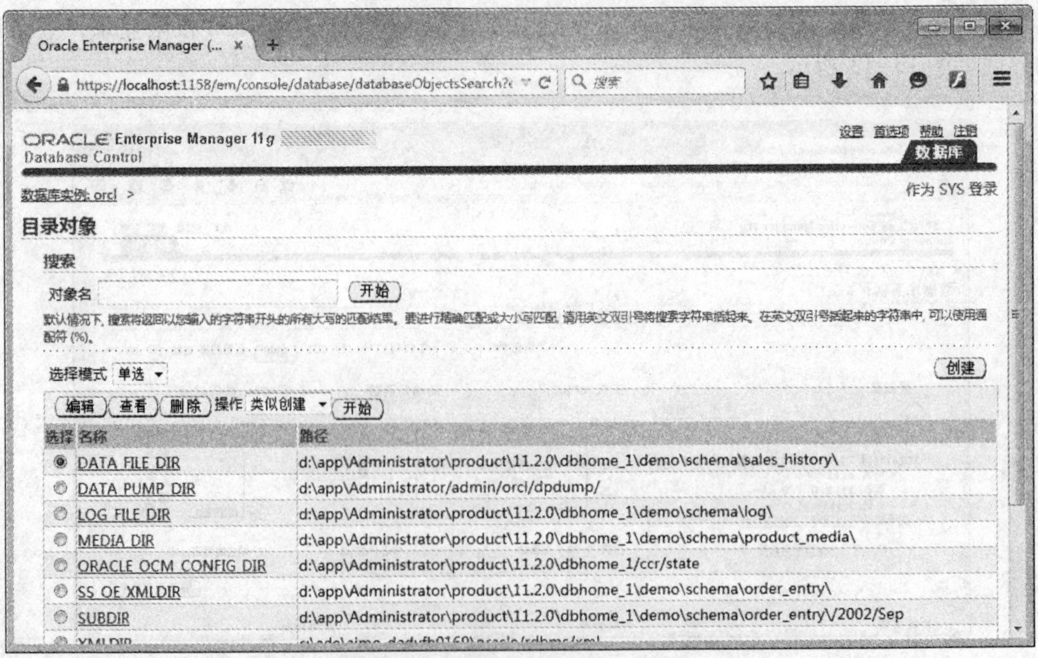

图 13-15 “目录对象”界面

3）单击“创建”按钮，界面如图 13-16 所示。

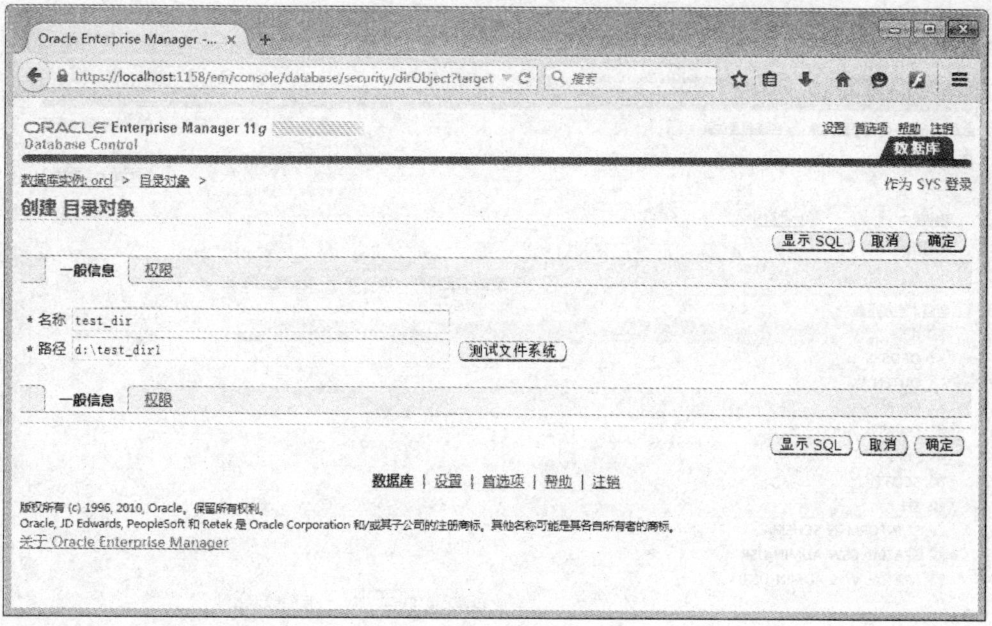

图 13-16　创建目录对象界面

4）输入目录的“名称”和“路径”，然后，单击“权限”选项卡，添加使用该目录的用户，如图 13-17 所示。

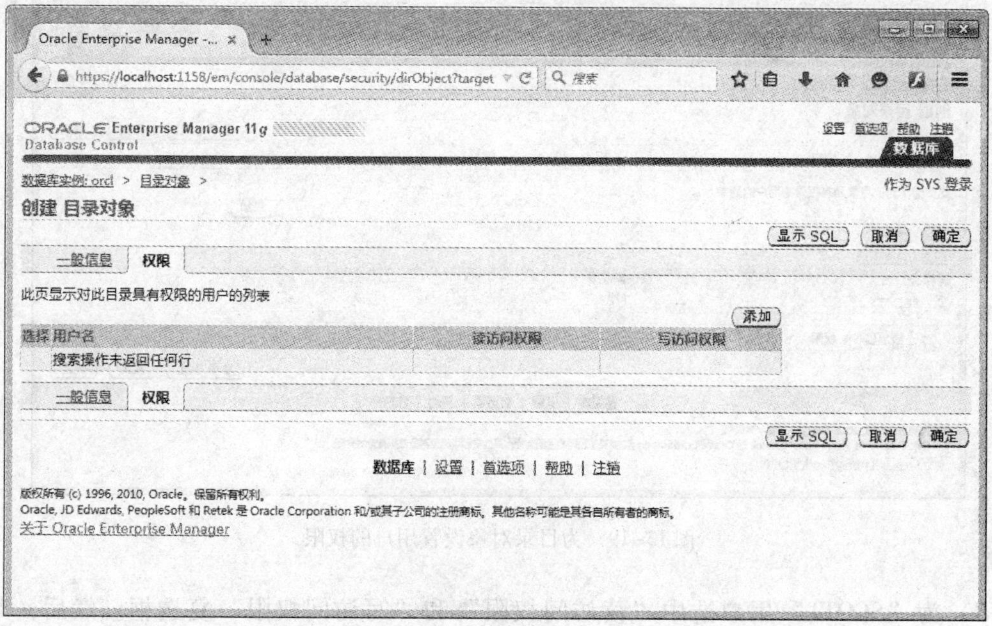

图 13-17　“权限”选项卡

5）单击“添加”按钮，如图 13-18 所示。

6）选择能够使用该目录对象的用户，这里选择“SCOTT”用户。单击“确定”按钮，如图 13-19 所示。

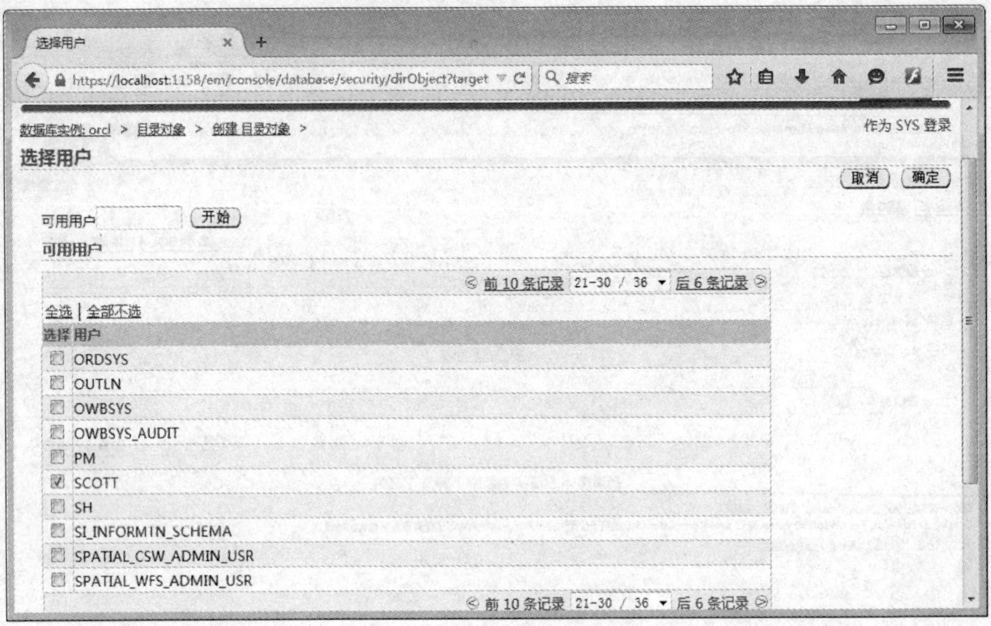

图 13-18　添加用户界面

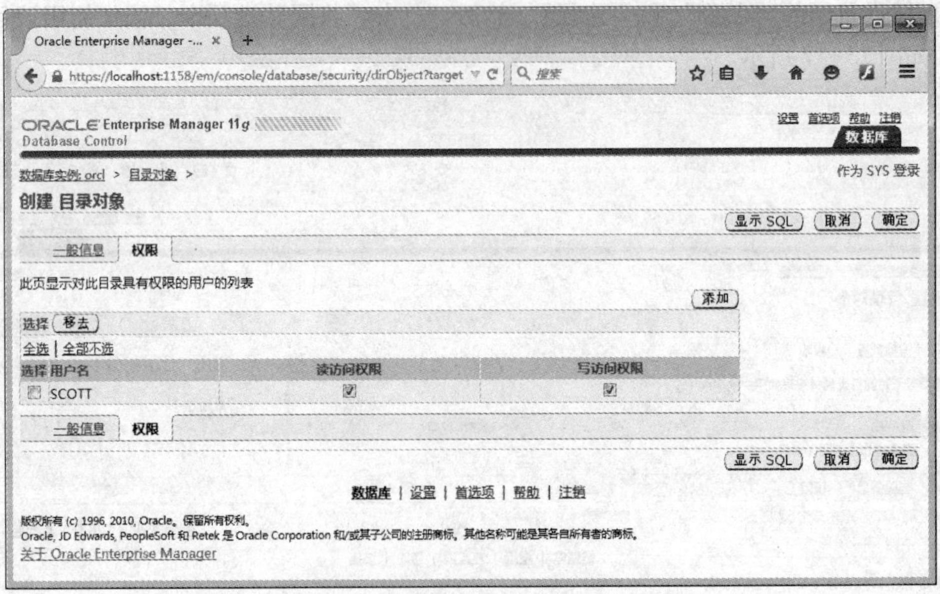

图 13-19　为目录对象设置用户的权限

7）为“SCOTT”用户选中“读访问权限”和“写访问权限”复选框。然后，单击“确定”按钮，完成目录对象的用户权限设置。

（3）使用 SCOTT 用户登录

由于设置了目录对象的使用权限是 SCOTT 用户，因此，需要重新使用 SCOTT 用户登录后，才能导出数据。用户登录后的界面与图 13-13 一样，只是登录用户不同而已。但是，这里需要注意的是 SCOTT 用户必须具有 SELECT_CATALOG_ROLE 角色才可以登录到企业管理器中。

（4）进入导出文件界面

1）在 SCOTT 用户登录的界面中，选择“数据移动”选项卡，如图 13-20 所示。

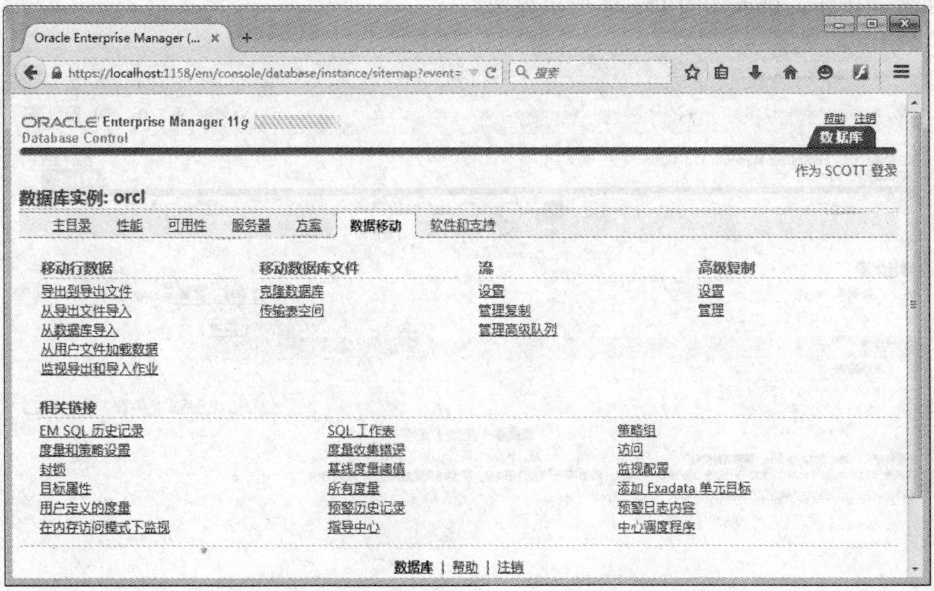

图 13-20 “数据移动”选项卡

2）选择“移动行数据”中的“导出到导出文件”选项，界面如图 13-21 所示。

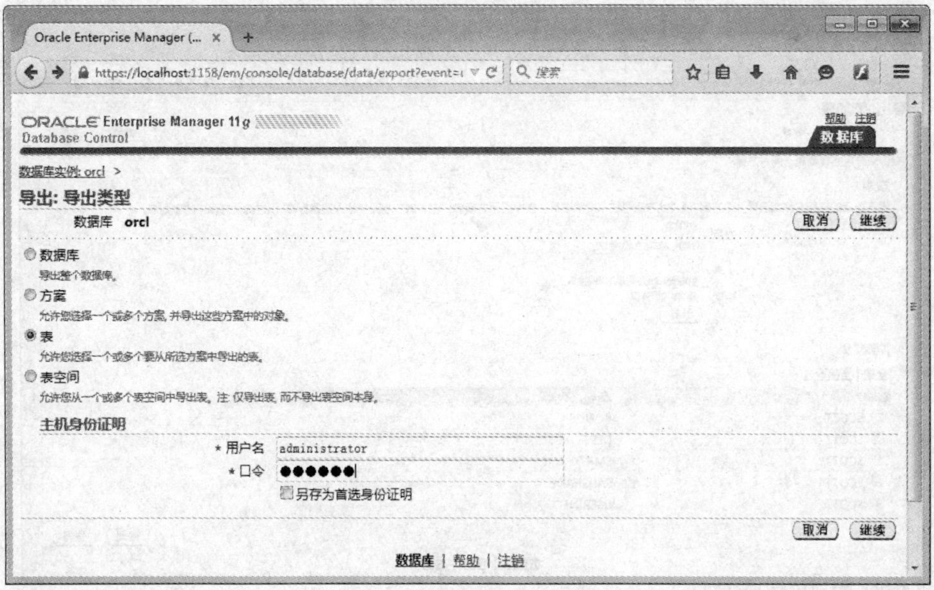

图 13-21 设置导出类型

（5）选择导出类型

1）在图 13-21 所示界面中，列出了 4 个供选择的导出类型，如果 SCOTT 用户不具备 EXP_FULL_DATABASE 的角色，那么，就只会出现两种类型，即方案和表。因此，需要导出数据库或者是表空间时，需要先对 SCOTT 用户授予 EXP_FULL_DATABASE 角色后，再登录。这里，选择“表”，并在“主机身份证明”处，输入登录操作系统的用户名和密码。单击“继续”按钮，进入如图 13-22 所示界面。

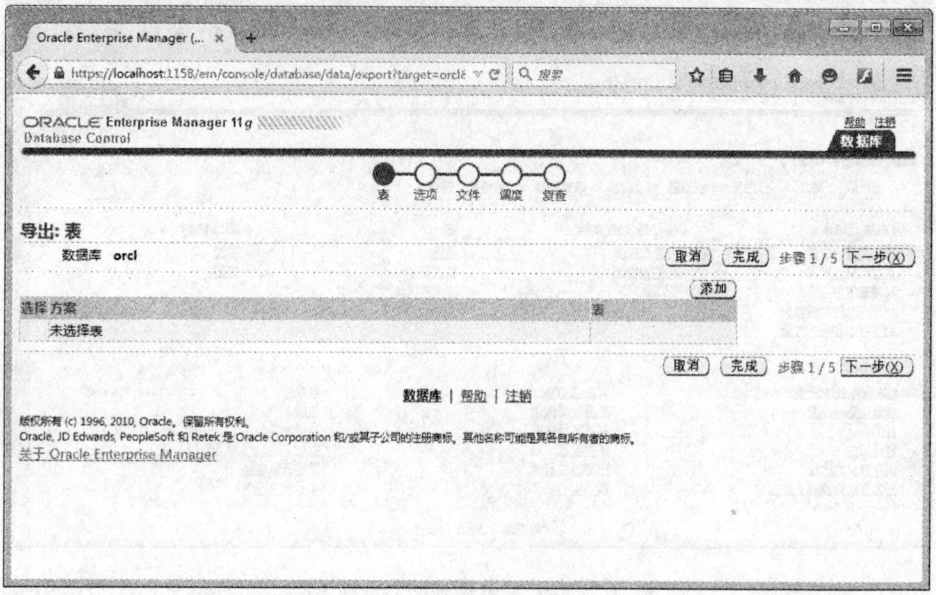

图 13-22　选择导出的表

2）单击“添加”按钮，如图 13-23 所示。

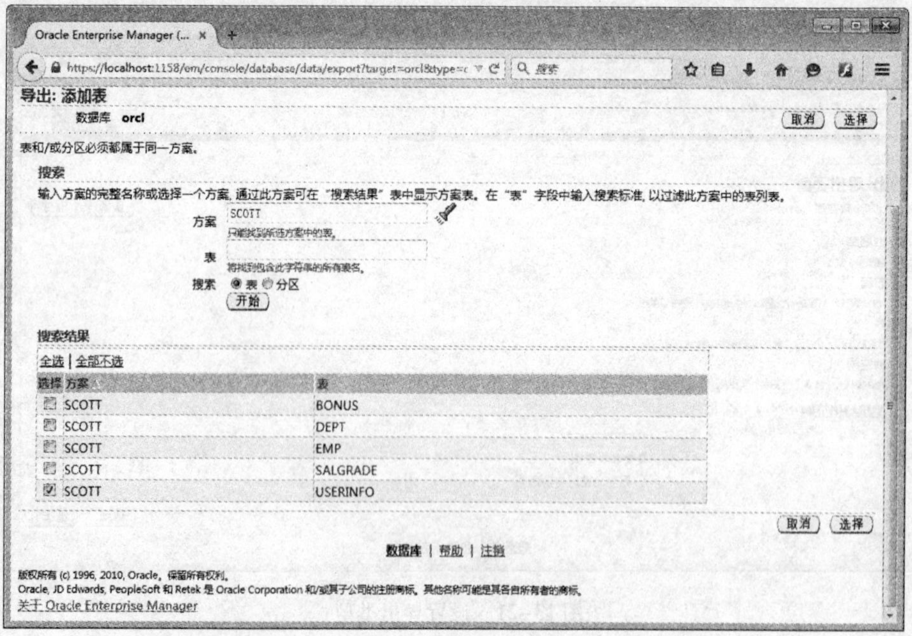

图 13-23　添加表

3）输入需要导出表的方案或者是表，单击“开始”按钮，搜索出指定的表，选中需要导出的表，这里，仍然选择 USERINFO 表导出。

(6) 设置导出选项

从图 13-23 所示界面，单击“选择”按钮，完成导出表的添加。回到如图 13-22 的导出表界面，单击“下一步”按钮，设置导出选项，如图 13-24 所示。

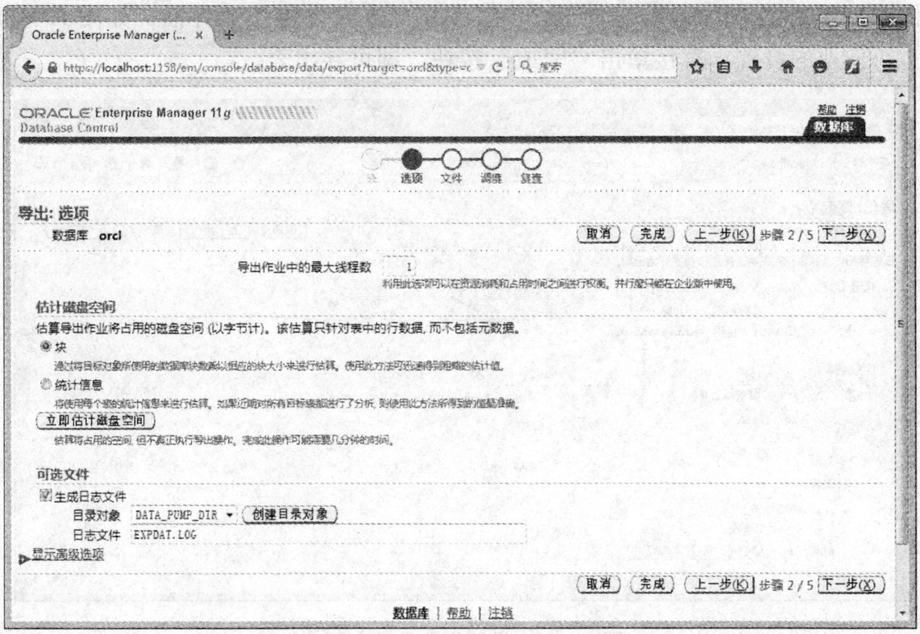

图 13-24　设置导出选项

在该界面中，可以设置导出作业的最大线程数、估计磁盘空间的方式以及是否生成日志文件。这里，直接使用默认值选项。

(7) 指定导出数据存放的文件

在图 13-24 所示界面中，单击“下一步”按钮，进入图 13-25 所示界面。

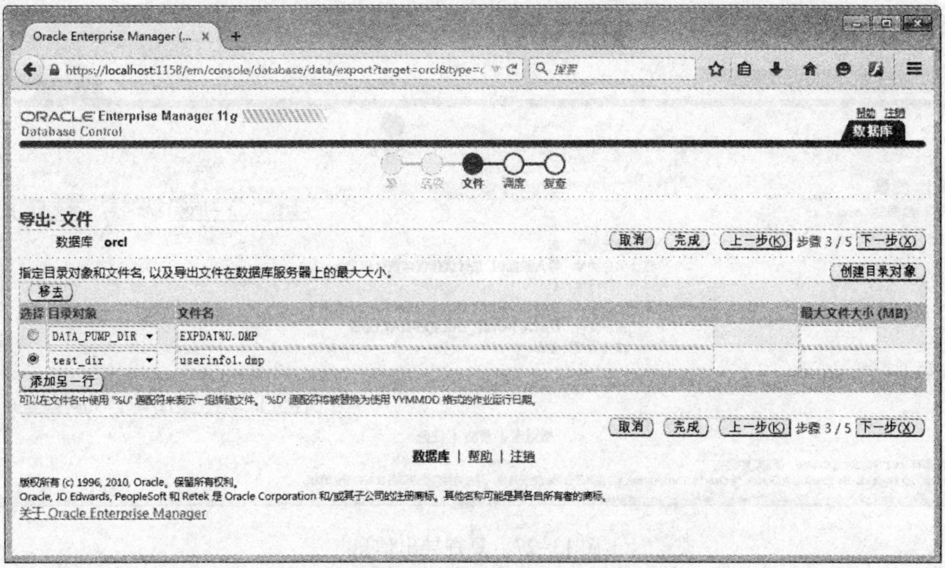

图 13-25　指定目录对象和文件名

在该界面中，添加一个条存放导出表的目录对象，该目录对象就选择前面创建的test_dir。

（8）设置作业

在图 13-25 所示界面中单击“下一步”按钮，进入设置作业界面，如图 13-26 所示。如果不进行作业的设置，直接单击“完成”按钮，即可导出表。

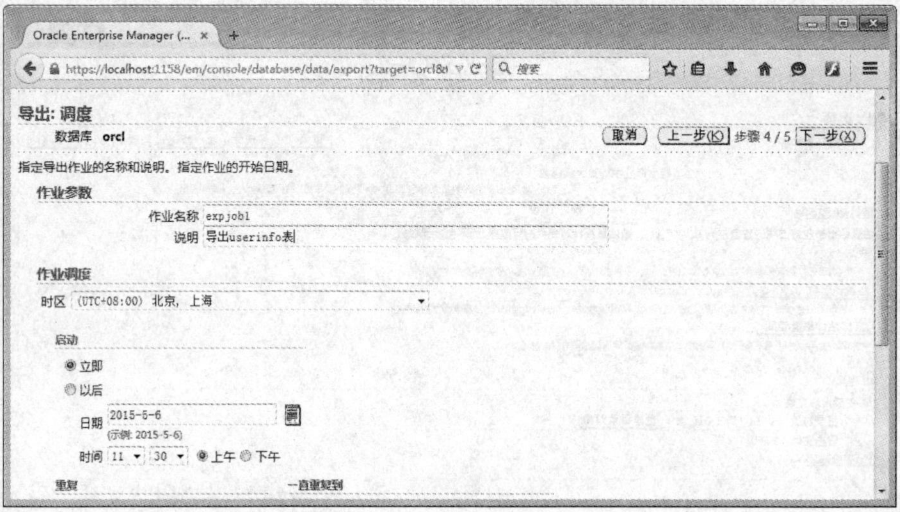

图 13-26　设置作业参数和调度

在该界面中，可以设置作业的名称以及该作业何时执行，可以立即执行也可以在指定的时间执行。这里，选中“立即”选项。

（9）复查导出信息

在图 13-26 所示界面中，单击“下一步”按钮，进入复查导出信息界面，如图 13-27 所示。

图 13-27　复查导出信息

在该界面中，可以单击“显示 PL/SQL”选项，查看 PL/SQL 语句，并可以将该语句复制，以备以后导出表时使用。确认导出信息后，单击“提交作业”按钮，即可完成导出表的操作。

上面的操作是使用数据泵的方式备份数据，即 IMPDP 的形式。如果需要使用 IMP 的方式导出数据，也可以在企业管理器中实现，由 system 用户登录后，选择“可用性”选项卡，然后单击“调用备份”选项，在界面上选择需要备份的对象，按照提示完成备份操作即可，除了不用创建目录对象和分配权限外，其他都类似，这里就不再赘述了。

13.2 数据库恢复

数据库恢复是与数据库备份相对应的，备份后的数据文件不能直接复制到数据库中，而是需要通过命令或企业管理器界面操作等方式恢复。数据库的恢复分为完全恢复和不完全恢复两种。所谓完全恢复是指把数据库恢复到数据库错误时的状态；不完全恢复则是指将数据库恢复到数据库错误前的某一时刻的数据库状态。在前面讲解的数据库备份部分，学习了物理备份和逻辑备份两种，恢复数据库也分为这两种。下面就分别来讲解物理恢复和逻辑恢复的方法。

13.2.1 物理恢复数据库

在物理备份时使用了冷备份和热备份，在冷备份中复制的数据库文件可以直接复制到新的位置来使用。而使用热备份的方式备份的数据库文件，必须要使用命令才能将数据库文件恢复。

下面就将前面备份出来的 users 表空间做恢复表空间的操作，具体步骤如下所示。

（1）设置日志文件的存档状态

设置日志文件的存档状态的语句及执行效果如图 13-28 所示。

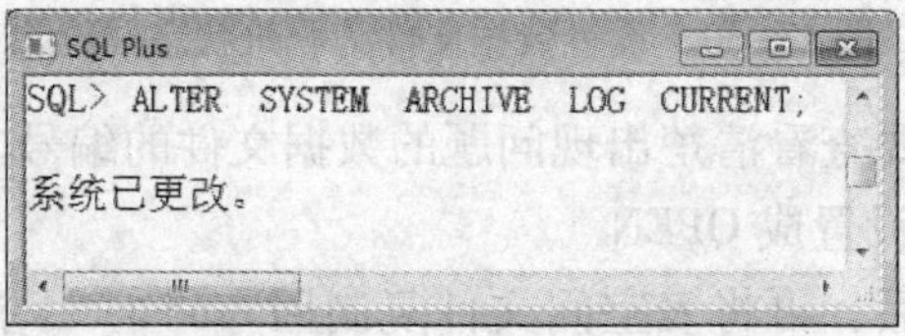

图 13-28 设置日志文件为存档状态

（2）关闭数据库服务

完成了前面的操作后，需要先将数据库服务关闭，然后将 user 表空间删除，也就是将表空间中的数据文件就是 USERS01. DBF 删除，关闭数据库的语句如下所示。

```
SHUTDOWN IMMEDIATE
```

需要注意的是，必须以具有 sysdba 权限的用户登录后，才能够执行关闭和启动数据库服务的命令。因此，这里可以使用 system 用户登录后，再关闭和启动数据库服务。

（3）重新启动数据库

重新启动数据库的命令，如下所示。

```
STARTUP
```

使用 STARTUP 命令再次启动数据库后，出现如图 13-29 所示的界面。

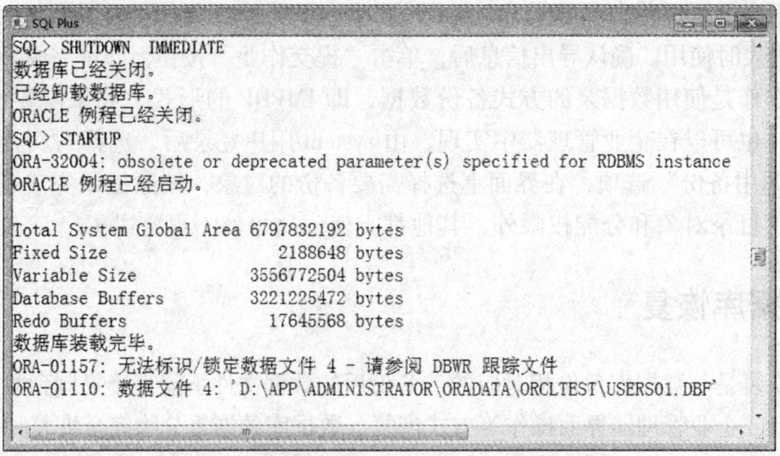

图 13-29　启动后出现错误

从该页面中可以看到现在已经缺少了编号是 4 的数据文件。

(4) 将错误的数据文件设置成脱机状态

为了能够让数据库能够正常启动，需要将该文件设置成脱机状态，并且将该文件删除。具体语句及执行效果如图 13-30 所示。

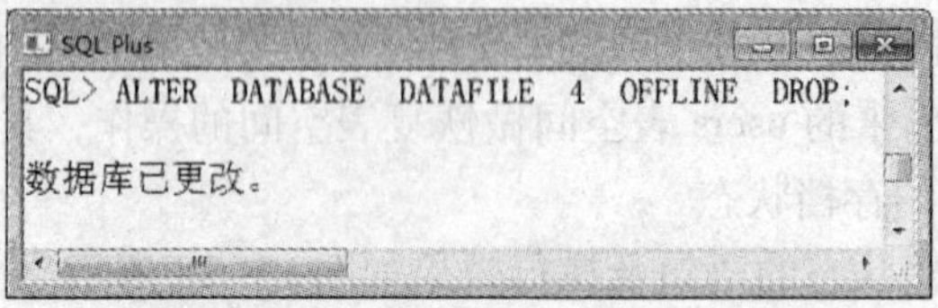

图 13-30　设置数据文件为脱机状态并删除

需要注意的是，一定要查看清楚出现问题的数据文件的编号。

(5) 把数据库的状态设置成 OPEN

删除错误的数据文件后，再将表空间文件复制回 oradata 目录下，然后，将数据库的状态更改成 OPEN 状态。具体命令如下所示。

```
ALTER DATABASE OPEN
```

(6) 恢复数据文件

如果在数据文件恢复后 V$recover_file 视图中还存在待恢复的文件，需要使用如下的命令恢复表空间，命令如下所示。

```
RECOVER DATAFILE 4
```

(7) 设置数据文件在联机状态

在恢复完数据库后把数据文件设置成联机状态，具体的命令如下所示。

```
ALTER DATABASE DATAFILE 4 ONLINE
```

至此，已经完成了数据文件的恢复操作。再次重新启动数据库后，得到如图 13-31 所示效果。如果提示数据库已经打开，则再次使用 SHUTDOWN IMMEDIATE 命令先将数据库关闭，使其重新启动。

```
SQL> STARTUP
ORA-32004: obsolete or deprecated parameter(s) specified for RDBMS instance
ORACLE 例程已经启动。

Total System Global Area 6797832192 bytes
Fixed Size                  2188648 bytes
Variable Size            3556772504 bytes
Database Buffers         3221225472 bytes
Redo Buffers               17645568 bytes
数据库装载完毕。
数据库已经打开。
SQL>
```

图 13-31　恢复后的效果

13.2.2　逻辑导入数据

逻辑导入数据是逻辑导出数据相对应的，在导出数据时，介绍了使用 EXP 和 EXPDP 这两种工具。与之对应的导入数据库的工具是 IMP 和 EMPDP。

1. 使用 IMP 导入数据

在前面 EXP 导出数据时，导出了表空间、用户、表等数据，这里以导入表为例，讲解如何使用 IMP 导入数据。

导入命令也是在 DOS 界面下输入的，具体格式如下所示。

```
IMP username/password
```

使用 system 用户导入数据的效果，如图 13-32 所示。

```
C:\Users\Administrator>IMP system/orcltest

Import: Release 11.2.0.1.0 - Production on 星期一 8月 3 19:44:33 2015

Copyright (c) 1982, 2009, Oracle and/or its affiliates.  All rights reserved.


连接到: Oracle Database 11g Enterprise Edition Release 11.2.0.1.0 - 64bit Production
With the Partitioning, OLAP, Data Mining and Real Application Testing options

仅导入数据 (yes/no): no >

导入文件: EXPDAT.DMP>

输入插入缓冲区大小 (最小为 8192) 30720>

经由常规路径由 EXPORT:V11.02.00 创建的导出文件
已经完成 ZHS16GBK 字符集和 AL16UTF16 NCHAR 字符集中的导入
只列出导入文件的内容 (yes/no): no >

由于对象已存在, 忽略创建错误 (yes/no): no >

导入权限 (yes/no): yes >

导入表数据 (yes/no): yes >

导入整个导出文件 (yes/no): no >
用户名: system

输入表 (T) 或分区 (T: P) 名称。空列表表示用户的所有表
输入表 (T) 或分区 (T: P) 的名称或 。如果完成:

. 正在将 SYSTEM 的对象导入到 SYSTEM
成功终止导入, 没有出现警告。
```

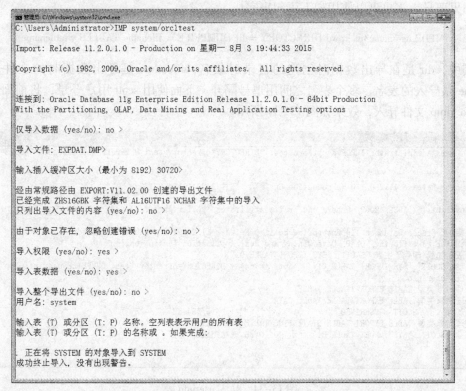

图 13-32　导入 test1. dmp 文件

这里的 test1. dmp 文件就是前面导出的 userinfo 表的文件。

如果在导入文件中只存在表没有其他的数据文件，那么，可以用如下语句直接导入。

```
IMP username/userpwd FILE = filename TABLES = tablename
```

其中，filename 是文件的路径；tablename 是表名，如果需要导入多个表的数据，将多个表名之间用逗号隔开。使用上面的语法导入 test. dmp 文件的效果如图 13-33 所示。

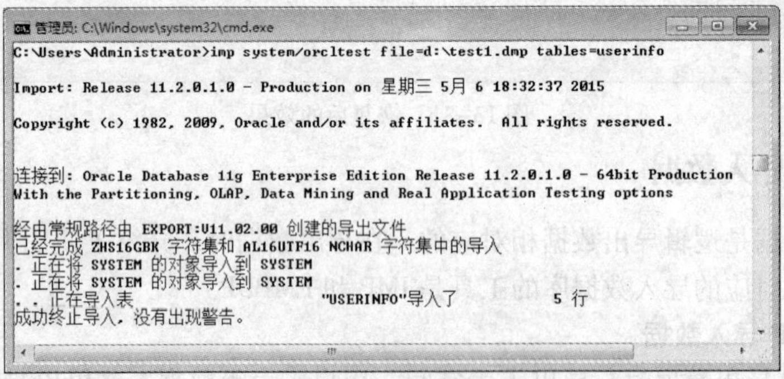

图 13-33　直接导入表

2. 使用 IMPDP 导入数据

IMPDP 导入命令与 IMP 类似，直接在 DOS 界面中输入如下语句。

```
IMPDP username/userpwd
```

如果要导入表也可以使用如下语句来完成。

```
IMPDP username/userpwd DIRECTORY = dir DUMPFILE =  filename TABLES = tablename
```

其中，dir 是在导出数据时创建的目录对象名；filename 是导出数据时的文件名；tablename 是导入的表名，多个表名之间用逗号隔开。下面使用 scott 用户登录，将前面导出的 userinfo. dmp 文件导入，效果如图 13-34 所示。

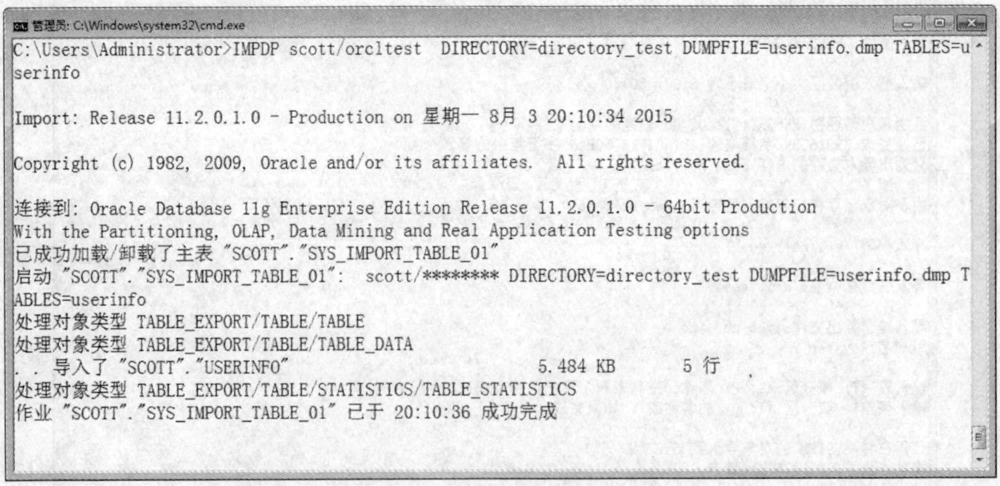

图 13-34　导入 userinfo 表

13.2.3 使用企业管理器（OEM）导入数据

企业管理器能导出数据，也能导入数据。前面导出数据时使用的是数据泵技术，这里也着重讲解使用数据泵技术导入数据。具体步骤如下所示。

（1）打开企业管理器的导入界面

使用 system 用户登录企业管理器后，选择“数据移动”选项卡，然后选择“从导出文件导入”选项，进入如图 13-35 所示界面。

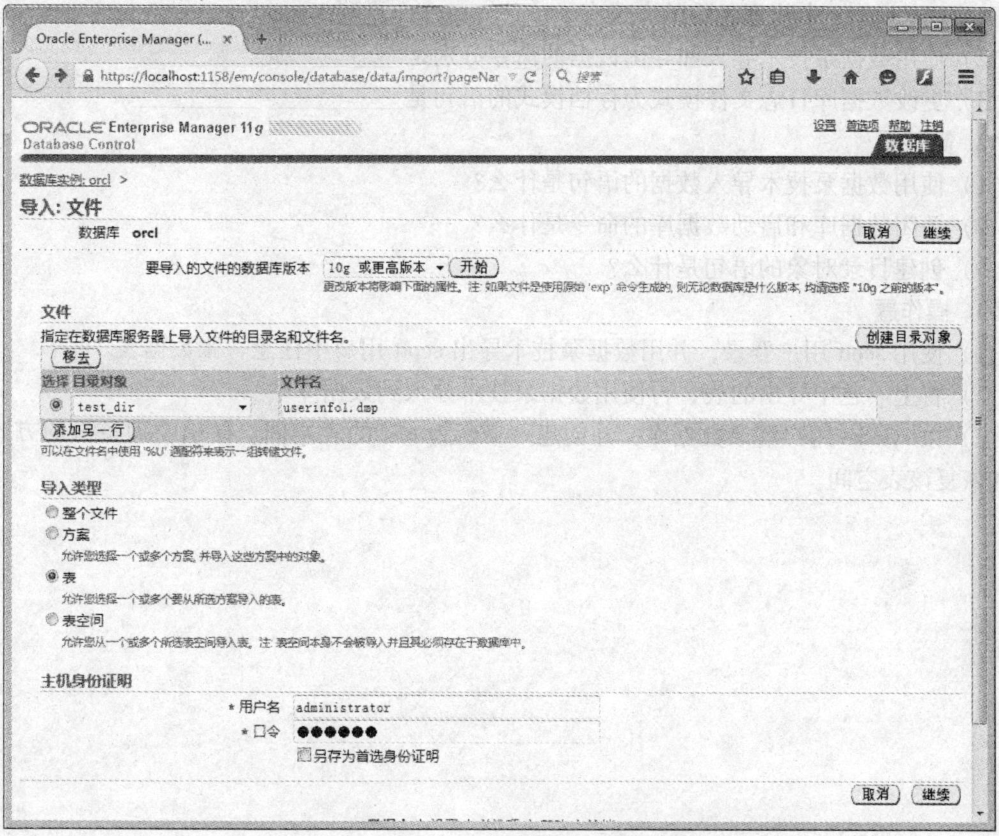

图 13-35　设置导入文件的信息

在此界面上，添加前面使用企业管理器导出过的文件 userinfo1.dmp，并选择导入类型为表，以及输入登录操作系统时所用的用户名和口令。

（2）导入文件

单击“继续”按钮，导入文件，并对导入的文件进行重新映射，其他步骤与导出文件类似，这里就不再赘述了。

13.3 本章小结

通过本章的学习可以掌握 Oracle 11g 中数据的物理备份和逻辑备份的方法。在物理备份中，学习了热备份和冷备份，在实际中常用的是热备份。在逻辑备份中，学习了使用 IMP

和 EMP 命令，导入和导出数据，并学习了使用 IMPDP 和 EMPDP 命令的数据泵技术导入和导出数据。另外，还在企业管理器中介绍了使用数据泵技术导入和导出数据。在实际工作中，读者可以选择适合的方式来做好数据的备份和恢复工作。

13.4 习题

1. 填空题

1）Oracle 11g 中物理备份的方式有____________________。

2）使用数据泵技术导入和导出数据的命令分别是________和________。

3）更改数据库日志文件模式为存档模式的语句是____________________。

2. 简答题

1）使用数据泵技术导入数据的语句是什么？

2）关闭数据库和启动数据库的命令是什么？

3）创建目录对象的语句是什么？

3. 操作题

1）使用 scott 用户登录，并用数据泵技术导出 scott 用户中任意一张数据表。

2）将上一题中导出的表，再使用数据泵技术导入到数据库中。

3）以 system 用户登录数据库，并创建一个名为 test 的表空间。使用物理备份的方式备份和恢复该表空间。

第 14 章　使用 Java 语言开发学生选课系统

Oracle 数据库的编程搭档是 Java 语言，不仅是因为它们都出自于甲骨文公司，还有一部分原因就是它们都是可以跨平台使用的语言。目前，很多软件开发企业都是使用这两种软件作为搭档来开发应用系统的。在前面的内容中，已经学习了使用 SQL 语句来操作数据库中的对象，本章中将介绍如何使用 Java 语言来连接 Oracle 数据库，并开发一个简单的学生选课系统。

本章的学习目标如下。

- 掌握使用 JDBC 连接 Oracle 数据库的方法。
- 了解 JSP 的基本使用的方法。
- 了解学生选课系统的基本开发流程。

14.1　系统概述

学生选课系统是目前各大高校广泛使用的系统之一，对于学生而言应该不会陌生。目前，在高校中选课系统大多数是以 Web 页面的形式来实现的。本章中所介绍的学生选课系统也是使用 Web 页面的形式来实现的，在该系统中重点是掌握使用 Java 数据库连接（Java DataBase Connectivity，JDBC）的方式连接 Oracle 数据库，因此，只涉及学生选课系统的部分功能，包括学生登录注册、学生选课以及查看所选课程等功能。

本系统采用 B/S 结构开发即浏览器/服务器结构，所使用的软件包括以下部分。

1）JDK 1.6：开发环境，在 Oracle 的官网下载即可。

2）MyEclipse 8.0：开发工具，下载地址 http://www.myeclipsecn.com/。

3）Tomcat 6.0：服务器，下载地址 http://tomcat.apache.org/。

4）Oracle 11g：数据库，在 Oracle 的官网下载即可。

📖 B/S 结构系统指的是浏览器/服务器结构，就是以 Web 页面的形式展现，只要用户有浏览器就可以访问该系统，比如新浪网、智联招聘等。除了 B/S 结构外，还有一个比较常用的系统结构就是 C/S 结构，它是客户端/服务器结构，需要在计算机上安装客户端程序，才能使用这类系统，比如 QQ 软件。

本系统采用 4 层结构进行设计，分别是数据库层、实体操作层、业务逻辑层、页面层。数据库层用于连接数据库和数据库的基本操作。实体操作层包括 JavaBean 和与其对应的数据访问接口（Data Access Object，DAO）层。业务逻辑层由 Servlet 负责实现页面的控制和跳转到相应的 Java 服务器页面（Java Server Page，JSP）。页面层是由 JSP 构成的。此外，还在 JSP 中加入了 JavaScript 脚本，实现对输入值的验证。由于本书重点是讲解数据库的使用，对于 Java 语言部分相关的内容可以参考相关的 Java 书籍。

14.2 系统设计

每一个软件的开发流程，都涵盖了从需求分析到系统实现，再到软件测试的过程。就本章的学生选课系统而言，由于本章中所涉及的功能比较少，因此，就直接进入到系统设计阶段。在系统设计阶段，主要是对数据库以及其具体功能的设计。

14.2.1 数据表设计

在学生选课系统中，主要涉及数据表，包括学生信息表、课程信息表以及学生选课表。具体的表结构分别如表 14-1 ~ 表 14-3 所示。

表 14-1 学生信息表（students）

序 号	列 名	数据类型	描 述
1	stuid	varchar2(10)	学号，主键
2	stuname	varchar2(12)	姓名
3	stupwd	varchar2(20)	密码
4	stusex	varchar2(4)	性别
5	stuinstitute	varchar2(20)	学院

表 14-2 课程信息表（courses）

序 号	列 名	数据类型	描 述
1	couid	varchar2(10)	课程号，主键
2	couname	varchar2(20)	名称
3	teacher	varchar2(12)	任课教师
4	credit	number(3,1)	学分
5	couexp	varchar2(50)	描述

表 14-3 学生选课表（stucou）

序 号	列 名	数据类型	描 述
1	stuid	varchar2(10)	学号，主键
2	couid	varchar2(10)	课程号,主键

在学生选课表中，需要将学号与课程号一起作为联合主键，这样就能够保证每个学生不能重复选择同一个课程。

根据上面的 3 个表结构，创建表的语句如下所示。

```
CREATE TABLE students
(
```

```
    stuid       varchar2(10) PRIMARY KEY,
    stuname      varchar2(12),
    stupwd      varchar2(20),
    stusex      varchar2(4),
    stuinstitute      varchar2(20)
);
CREATE TABLE courses
(
    couid       varchar2(10) PRIMARY KEY,
    couname varchar2(20),
    teacher      varchar2(12),
    credit      number(3,1),
    couexp      varchar2(50)
);
CREATE TABLE stucou
(
    stuid      varchar2(10),
    couid      varchar2(10),
    PRIMARY KEY(stuid,couid)
);
```

将上述脚本在 SQL Plus 下执行即可完成本系统中所需表的创建。

14.2.2 功能设计

本章的学生选课系统中只包含学生用户，涉及的功能有学生登录、学生注册、学生选课、查看本人的选课信息。下面就对每一个模块中的具体功能做以说明。

1）学生登录：学生使用注册的学号和密码登录，本系统中除用户注册功能外，其他功能都必须要登录之后才能使用。

2）学生注册：根据学生信息表中的字段，注册学生信息，要求学号、姓名以及密码是不能为空的。

3）学生选课：学生登录后，选择选课功能，在选课时每次只能选择一门课程。在选课时，一个学生同一门课程只能选择一次。

4）查看选课信息：学生登录后，可以查看本人的选课信息，并可以删除选课信息。

由于本系统中只提供学生用户的操作，因此，对于课程信息，直接在数据表中添加即可。有兴趣的读者，可以根据本章中的内容，完成课程管理（添加课程、修改课程、删除课程）的功能。

学生选课操作流程如图 14-1 所示。

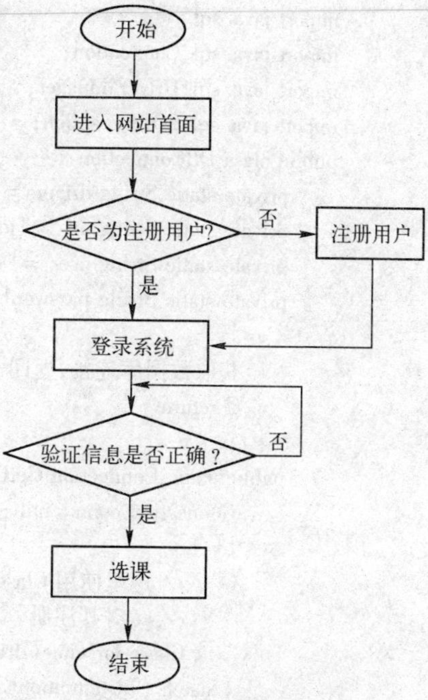

图 14-1　学生选课操作流程

14.2.3 数据库连接类设计

在使用 Java 语句连接 Oracle 数据库时，要用到 JDBC。JDBC 是用 Java 语言编写的一套 Java 应用程序接口，用来执行对数据库操作的 SQL 语句，保存在 Java 类库中。由于 JDBC 是由 Java 语言编写的，因此，它也具有跨平台性，可以直接或微调之后移植到任何平台。使用 JDBC 不仅可以连接 Oracle 数据库，也可以连接其他关系型数据库，比如，MySQL、SQL Server 等。通过使用 JDBC 可以实现建立与数据库的连接，传递要执行的 SQL 语句，以及处理执行结果的操作。

在使用 JDBC 连接数据库时，需要有该数据库的 JDBC Driver（JDBC 驱动），该驱动一般由厂商提供。依照 JDBC 的规范，通常支持如下 4 种类型的驱动程序。

1）JDBC－ODBC 桥驱动。使用该类型的驱动的前提条件是客户端计算机安装了开放数据库连接（Open DataBase Connectivity，ODBC）驱动程序，通过 JDBC 调用 ODBC，然后由 ODBC 连接数据库。

2）本地应用程序接口部分支持 Java 的驱动。该类型的驱动和 JDBC－ODBC 桥驱动类似，它将 JDBC 调用转换成某种特定数据库客户端的调用。换句话说，就是该驱动需要本地计算机安装特定数据库的客户端。

3）数据库中间件的纯 Java 驱动。该类型驱动将把 JDBC 调用转换成一个中间件需要的协议，然后由中间件服务转换成数据库网络协议，由中间件负责连接不同的数据库。

4）直接连到数据库的 Java 驱动程序。该驱动完全由 Java 语言编写，使用者不再需要安装客户端软件。该驱动程序是应用最多的类型，本系统也将使用该类型的驱动。

使用 JDBC 连接 Oracle 数据库的连接类，代码如下所示。

```
import java.sql.*;
import java.sql.Connection;
import java.sql.DriverManager;
import java.sql.SQLException;
public class DBConnection {
    private static String drivers = "oracle.jdbc.driver.OracleDriver";
    private static String url  = "jdbc:oracle:thin:@localhost:1521:ORCL";
    private static String user  = "system"; //用户名
    private static String password = "123456"; //密码
    /**
     * 获取数据库连接,返回 Connection 对象        *
     * @return
     */
    public static Connection GetConnection() {
        Connection conn = null;
        try {
            // 这里使用 Class.forName()方法创建驱动程序的实例并且自动调用 DriverManag-
            // er 对其注册
            Class.forName(drivers).newInstance();
        } catch (InstantiationException e) {
            e.printStackTrace();
```

```
} catch (IllegalAccessException e) {
    e.printStackTrace();
} catch (ClassNotFoundException e) {
    e.printStackTrace();
}
try {
    // 通过 DriverManager 获取数据库连接
    conn = DriverManager.getConnection(url, user, password);
} catch (SQLException e) {
    e.printStackTrace();
}

return conn;
}
/**
 * 关闭连接      *
 * @param conn
 */
public static void close(Connection conn) {
try {
    if (conn != null && ! conn.isClosed())
        conn.close();
} catch (SQLException e) {
    e.printStackTrace();
}
}
/**
 * 得到 PreparedStatement 对象
 *
 * @param conn
 * @param strsql
 * @return
 */
public static PreparedStatement getStatement(Connection conn, String strsql) {
if (strsql == null || "".equals(strsql)) {
    System.out.println("SQL 为空...");
    return null;
}
if (conn == null) {
    System.out.println("连接为空...");
    return null;
}

try {
    return conn.prepareStatement(strsql,      //预编译语句得到 PreparedStatement 对象
     ResultSet.TYPE_SCROLL_INSENSITIVE,
            ResultSet.CONCUR_UPDATABLE);
} catch (SQLException e) {
```

```
        // TODO Auto - generated catch block
        e.printStackTrace();
    }
    return null;
}
/**
  * 得到 ResultSet
  *
  * @param pstmt
  * @return
  */
public static ResultSet executeQuery(PreparedStatement pstmt) {
try {
        if (pstmt != null)
            return pstmt.executeQuery();        //查询
} catch (SQLException e) {
        // TODO Auto - generated catch block
        e.printStackTrace();
}
return null;
}
/**
  * 执行增、删、改的操作
  */
public static int executeUpdate(String sql)
{
        int returnvalue = 0;
        Connection conn  = DBConnection.GetConnection();
        try
        {
            Statement stmt = conn.createStatement();
            returnvalue = stmt.executeUpdate(sql);
            return returnvalue;
        }
            catch(SQLException e)
        {
            System.out.println(e.getMessage());
            return  -1;
        }
/**
  * 关闭 Statement 对象
  *
  * @param stmt
  */
public static void close(Statement stmt) {
try {
        if (stmt != null) {
            stmt.close();
```

```java
                }
            } catch (SQLException e) {
                e.printStackTrace();
            }
        }
        /**
         * 关闭结果集
         *
         * @param rs
         */
        public static void close(ResultSet rs) {
            try {
                if (rs!= null) {
                    rs.close();
                }
            } catch (SQLException e) {
                e.printStackTrace();
            }
        }
    }
```

其中：GetConnection()方法用于获取数据库的连接，在该方法中利用 DriverManager 类根据目标数据库的属性得到数据库连接；executeQuery()方法用于执行对数据表的查询操作，并返回结果集；executeUpdate()方法用于执行对数据表中数据的增加、修改、删除的操作；close()方法是重载的方法，分别用于关闭数据库的连接、关闭 Statement 对象、关闭结果集。在程序中如果需要连接数据库并执行相关操作时，可以直接调用该类中的相关方法即可。

14.3 系统实现

学生选课系统的相关内容设计完成后，就进入了系统实现阶段。在系统实现阶段里，连接数据库时就用前面编写数据库连接类 DBConnection 中的连接方法。本节将介绍系统中主要功能的实现方法。

14.3.1 登录注册功能

登录注册功能实际上是每一个软件系统中都会涉及的功能，具有一定的普遍性。因此，在学习完该模块的实现后，可以将其移植到其他使用 Java 语言来编写的软件系统中使用。在该模块中，分为登录和注册两个功能。登录功能实际上就是执行对数据表的查询操作，即查询出所输入的用户名和密码是否与数据库中存放的一致。注册功能实际上就是执行对数据表的添加操作，即获取页面上所输入的值，然后添加到数据表中。下面就分别来介绍登录和注册这两个功能的具体实现，由于只有先注册学生信息，才能登录系统，因此，先介绍注册功能的实现。

1. 注册功能

在注册功能中所操作的数据表是学生信息表（students），根据学生信息表中需要存放的信息，设计页面以及添加数据的方法。在注册功能中使用的页面层是 reginfo. jsp，业务层中的实体类使用的是 students. java，数据库操作实现使用的是 StuDao. java，业务逻辑层使用的是 RegServlet. java。

（1）页面层

根据学生表中的字段，在 JSP 上对学生的学号、姓名、密码、学院使用了文本框形式的输入，而性别字段的值使用的是单选按钮的形式。注册页面设计效果如图 14-2 所示。

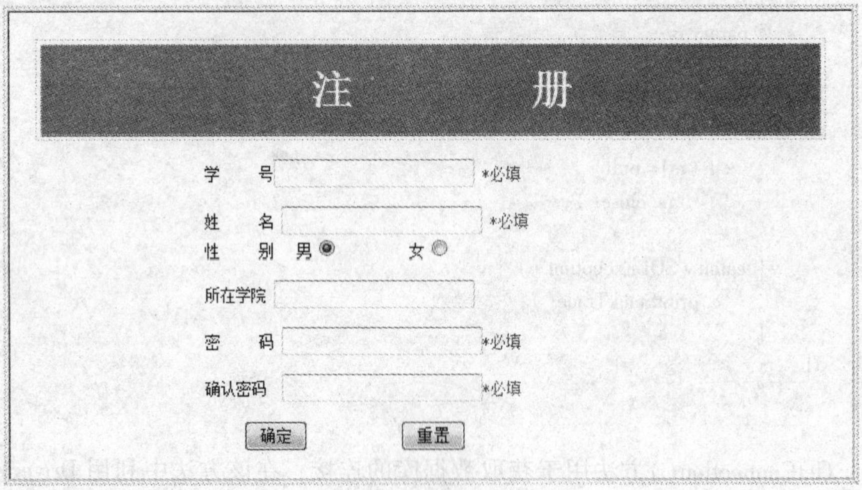

图 14-2 注册页面

（2）实体操作层

业务层包括了实体类和操作类两部分。实体类主要是对学生表中的字段进行属性的封装。代码如下所示。

```
public class Students {
    //定义成员变量
    private String stuId; //学号
    private String stuName;//姓名
    private String stuInstitute;//学院
    private String stuPwd;//密码
    private String stuSex;//性别
    //无参构造函数
    public Students()
    {
    }
    //带参数的构造函数
    public Students(String stuId, String stuName, String stuInstitute,
        String stuPwd, String stuSex) {
        super();
        this. stuId = stuId;
        this. stuName = stuName;
        this. stuInstitute = stuInstitute;
```

```
        this. stuPwd = stuPwd;
        this. stuSex = stuSex;
    }
    //各种属性的 get 方法和 set 方法
    public String getstrId() {
        return stuId;
    }
    public void setstrId(String stuId) {
            this. stuId = stuId;
    }
    public String getStuName() {
        return stuName;
    }
    public void setStuName(String stuName) {
        this. stuName = stuName;
    }
    public String getstuInstitute() {
        return stuInstitute;
    }
    public void setstuInstitute(String stuInstitute) {
        this. stuInstitute = stuInstitute;
    }
    public String getStuPwd() {
        return stuPwd;
    }
    public void setStuPass(String stuPwd) {
        this. stuPwd = stuPwd;
    }
    public String getStuSex() {
        return stuSex;
    }
    public void setStuSex(String stuSex) {
        this. stuSex = stuSex;
    }
}
```

数据表的操作类 StuDAO. java 中，不仅定义了注册功能，还定义了登录功能的方法。代码如下所示。

```
import java. sql. Connection;
import java. sql. PreparedStatement;
import java. sql. ResultSet;
import java. sql. SQLException;
import student. beans. Students;
public class StuDAO {
    private DBConnection dbconn;
    public StuDAO()
```

```
    {
        setDbconn( new DBConnection( ) );
    }
    //验证用户名或密码是否正确
    public int CheckStu( String stuId,String stupwd)
    {
        Connection conn = null;              // 声明 Connection 对象
        PreparedStatement pstmt = null;     //声明 PreparedStatement 对象,用来存储预编译语句
        ResultSet rs = null;                 // 声明 ResultSet 对象
        int returnvalue = -1;
            try
            {
                conn = DBConnection. GetConnection( ); // 得到连接
                String sql = " select stuname as tt from Students where stuId ='" + stuId + "
'and stuPwd ='" + stupwd + "'" ;
                pstmt = DBConnection. getStatement( conn, sql);
                rs = DBConnection. executeQuery( pstmt);
                if( rs. next( ) )
                {
                    returnvalue = 1;
                }
            }
            catch( SQLException ex)
            {
                ex. printStackTrace( );
            }
            finally {
                DBConnection. close( rs);                // 关闭结果集
                DBConnection. close( pstmt);             // 关闭语句
                DBConnection. close( conn);              // 关闭连接
            }
        return returnvalue;
    }
    //注册学生信息
    public int addStu( Students Students)
    {
        int returnvalue = -1;
        try
        {
            //对数据进行编码转换,以避免出现乱码
            String stuId = new String( ( Students. getstrId( ) ). getBytes( " iso - 8859 - 1" ) , "gbk" );
            StringstuName = newString( ( Students. getStuName( ) ). getBytes ( " iso - 8859 - 1" ) ,"
gbk" );
            String StuSex = new String ( ( Students. getStuSex ( ) ). getBytes ( " iso - 8859 - 1" ) ,"
gbk" );
            String stuInstitute = newString( ( Students. getstuInstitute ( ) ). getBytes ( " iso - 8859 -
1" ) ,"gbk" );
             tring stuPwd = new String( ( Students. getStuPwd( ) ). getBytes( "iso - 8859 - 1" ) ,"gbk" );
```

```
                //向表中添加记录的 SQL 语句
                Stringsql = "insert into Students(stuId,stuName,stusex,stuInstitute, stuPwd)
                        values('" + stuId + "',
                        '" + stuName + "','" + StuSex + "','" + stuInstitute + "','" + stuPwd
                        + "')";
                returnvalue = DBConnection.executeUpdate(sql);
            }
            catch(Exception ex)
            {
                ex.printStackTrace();
            }
            return returnvalue;
        }
        public void setDbconn(DBConnection dbconn) {
            this.dbconn = dbconn;
        }
        public DBConnection getDbconn() {
            return dbconn;
        }
    }
```

其中：addStu()方法就是注册用户的方法，在该方法中调用了 DBConnection 连接类中的 executeUpdate()方法，如果注册成功就返回 1，否则返回 -1；CheckStu()方法是用于判断是否登录成功的，如果登录成功就返回 1，否则返回 -1。

（3）业务逻辑层

用户注册功能中，业务逻辑层 RegServlet.java 文件主要是用于将页面上添加的数据传送到业务层中。由于在 Servlet 类中很多方法都是自动生成的，只有 doPost()方法中的内容是需要自己写的，具体代码如下所示。

```
public void doPost(HttpServletRequest request, HttpServletResponse response)
        throws ServletException, IOException {
        RequestDispatcher rd = null;
        ServletContext sc = this.getServletContext();
        HttpSession session = request.getSession(true);
        String stuId = request.getParameter("stuId");
        String stuName = request.getParameter("stuName");
        String stuSex = request.getParameter("stuSex");
        String stuInstitute = request.getParameter("stuInstitute");
        String stuPwd = request.getParameter("stuPwd");
        Students stu = new Students(stuId,stuName,stuInstitute,stuSex,stuPwd);
        int returnvalue = stuDao.addStu(stu);
        if(returnvalue == 1)
        {
            session.setAttribute("student", stu);        //将学生信息存放到 session 中
            request.setAttribute("error", "注册成功!");
        }
```

```
        else
        {
            request.setAttribute("error","注册失败！请您重新注册");
        }
            rd = sc.getRequestDispatcher("/error.jsp");
            rd.forward(request, response);
        }
```

2. 登录功能

在登录功能中所操作的数据表仍然是学生信息表（students），因此，与注册功能中所使用的是同一个业务层文件，只是页面层和业务逻辑层使用的文件不同，页面层使用的 login.jsp，业务逻辑层使用的是 LoginServlet.java。

（1）页面层

登录功能页面层很简单，输入学号和密码即可登录。由于学生的名字有可能会重名，因此，这里面使用学生的学号来登录。登录页面如图 14-3 所示。

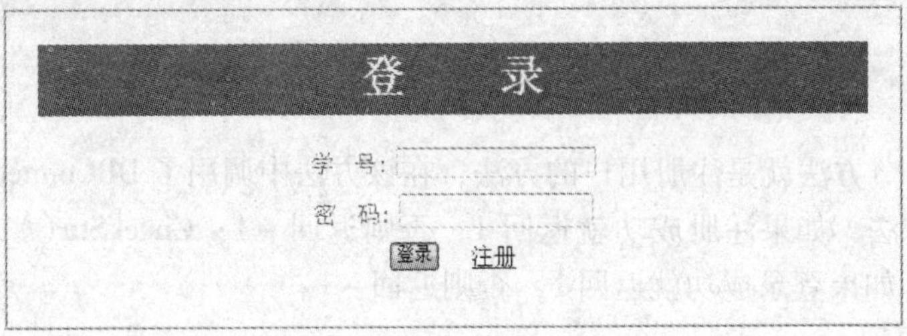

图 14-3　登录页面

（2）业务逻辑层

登录功能的 LoginServlet.java 类，doPost()方法代码如下所示。

```
public void doPost(HttpServletRequest request, HttpServletResponse response)
        throws ServletException, IOException {
    ServletContext sc = this.getServletContext();
    RequestDispatcher rd = null;
    HttpSession session = request.getSession(true);
    String stuId = request.getParameter("username");
    String stuPwd = request.getParameter("password");
    int returnvalue = stuDao.CheckStu(stuId, stuPwd);
    if(returnvalue! = -1)
    {
        session.setAttribute(stuId, stuId);    //将登录后的学号存放到 session 中
    }
    //用户名或密码错误
    else
    {
        request.setAttribute("error","用户名或密码错误!");
```

```
            rd = sc.getRequestDispatcher("/error.jsp");
        }
        rd.forward(request, response);
    }
```

14.3.2 选课功能

选课功能是学生选课系统中的核心功能，学生需要登录成功后才能使用该功能。对于选课功能，分为显示所有课程、查询课程以及选课操作 3 部分。

1. 显示所有课程

显示所有课程是将课程表中所有的课程信息全部查询出来，该部分所用到的界面是 SelectCou.jsp，实体操作层中的实体类是 Course.java，数据表操作类是 CouDAO.java，业务逻辑层使用的是 DisplayAllCourseServlet.java。

(1) 页面层

显示所有课程的页面设计如图 14-4 所示。

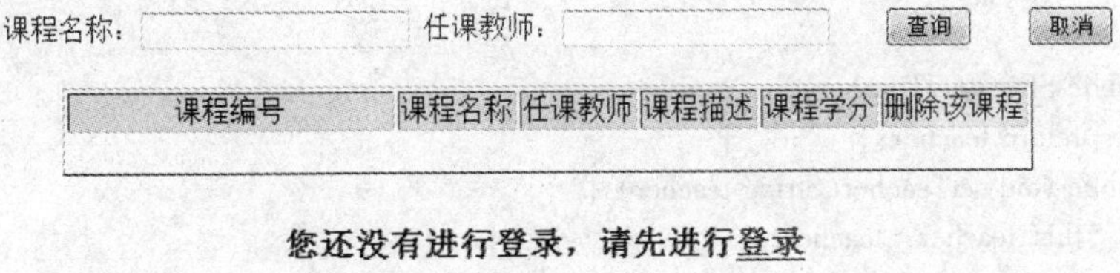

图 14-4　显示所有课程的页面

该页面不仅用于显示所有课程，也是课程查询和选课所使用的界面。

(2) 实体操作层

查询所有课程业务层中的课程实体使用的是 Course.java，代码如下所示。

```
public class Course {
    private String couId; //课程编号
    private String couName;   //课程名称
    private String teacher; //授课教师
    private String courseDes; //课程描述
    private int credit; //学分
    public Course()
    {
    }
    public Course(String couId, String couName, String teacher,
            String courseDes, int credit) {
        this.couId = couId;
        this.couName = couName;
        this.teacher = teacher;
        this.courseDes = courseDes;
```

```
        this. credit = credit;
    }
    public int getCredit() {
        return credit;
    }
    public void setCredit(int credit) {
        this. credit = credit;
    }
    public String getcouId() {
        return couId;
    }
    public void setcouId(String couId) {
        this. couId = couId;
    }
    public String getcouName() {
        return couName;
    }
    public void setcouName(String couName) {
        this. couName = couName;
    }
    public String getTeacher() {
        return teacher;        }
    public void setTeacher(String teacher) {
        this. teacher = teacher;
    }
    public String getCourseDes() {
        return courseDes;
    }
    public void setCourseDes(String courseDes) {
        this. courseDes = courseDes;
    }
}
```

查询所有课程的操作类是 CouDAO. java，在该类中查询所有课程所用到的方法是 getAll-Course，代码如下所示。

```
public ArrayList < Course >  getAllCourse()
{
    ArrayList < Course >  list = new ArrayList < Course > ();
    Connection conn = DBConnection. GetConnection();
    try
    {
        String sql = "select  *  from courses";
        PreparedStatement pstmt = DBConnection. getStatement(conn, sql);
        ResultSet rst = DBConnection. executeQuery(pstmt);
        while(rst. next())
        {
```

```
                    Course course = null;
                    String courseId = rst.getString("couid");
                    String courseName = rst.getString("couname");
                    String teacher = rst.getString("teacher");
                    String courseDes = rst.getString("couexp");
                    int credit = rst.getInt("credit");
                    course = new Course(courseId,courseName,teacher,courseDes,credit);
                    list.add(course);
                }
            }
            catch(SQLException ex)
            {
            ex.printStackTrace();
            }
            return list;
        }
```

(3) 业务逻辑层

显示所有的课程所用到的业务逻辑层是在 DisplayAllCourseServlet. java 中实现的，代码如下所示。

```
public void doPost(HttpServletRequest request, HttpServletResponse response)
            throws ServletException, IOException {
    RequestDispatcher rd = null;
    ServletContext sc = this.getServletContext();
    ArrayList<Course> courses = CouDAO.getAllCourse();   //显示所有的课程
    request.setAttribute("courses", courses);
    rd = sc.getRequestDispatcher("/SelectCou.jsp");
    rd.forward(request, response);
}
```

2. 查询课程

查询课程就在图 14-4 所示界面上操作的，在该界面上输入课程名或任课教师姓名，单击“查询”按钮，即可查询出与之相符合的课程信息。该功能所用到的页面层是 SelectCou. jsp，实体操作层中的实体类是 Course. java，数据表操作类是 CouDAO. java，业务逻辑层使用的是 FindCourseServlet. java。这里，由于页面层和实体类与前面显示所有课程功能使用的都是同一个文件，这里就不再赘述。只介绍数据表操作类 CouDAO. java 中，查找课程的方法以及业务逻辑层 FindCourseServlet. java 的代码。

(1) 数据操作类

在查询课程功能中，所用到数据表操作类 CouDAO. java 中的方法是 findCourse()，代码如下所示。

```
public ArrayList<Course> findCourse(String  CouName,String  teacher){
    Connection conn = DBConnection.GetConnection();
    ArrayList<Course> courses = new ArrayList<Course>();
```

```
        try
        {
            String CouName = new String( CouName. getBytes( " iso - 8859 - 1" ) ," gbk" ) ;
            String CouTeacher = new String( teacher. getBytes( " iso - 8859 - 1" ) ," gbk" ) ;
            String sql = " select * from course where couName ='" + CouName + "'or teacher ='" +
CouTeacher + "';
            PreparedStatement pstmt = DBConnection. getStatement( conn, sql) ;
            ResultSet rst = DBConnection. executeQuery( pstmt) ;
            while( rst. next( ) )
            {
                Course course = null;
                String courseId = rst. getString( " couId" ) ;
                String courseName = rst. getString( " couName" ) ;
                String teacher = rst. getString( " teacher" ) ;
                String courseDes = rst. getString( " courseDes" ) ;
                int credit = rst. getInt( " credit" ) ;
                course = new Course( courseId, courseName, teacher, courseDes, credit) ;
                courses. add( course) ;
            }
        }
        catch( SQLException ex)
        {
            ex. printStackTrace( ) ;
        }
        catch( UnsupportedEncodingException ex)
        {
            ex. printStackTrace( ) ;
        }
        return courses;
    }
```

（2）业务逻辑层

查询课程的业务逻辑层 FindCourseServlet. java，代码如下所示。

```
    public void doPost( HttpServletRequest request, HttpServletResponse response)
            throws ServletException, IOException {
        RequestDispatcher rd = null;
        ServletContext sc = this. getServletContext( ) ;
        String CourseName = request. getParameter( " courseName" ) ;
        String Teacher = request. getParameter( " teacher" ) ;
        ArrayList < Course > courses = couDao. findCourse( CourseName, Teacher) ;
        if( courses. size( ) !  = 0)
        {
            request. setAttribute( " courses" , courses) ;
            rd = sc. getRequestDispatcher( " /SelectCou. jsp " ) ;
        }
        else
```

```java
        }
            request.setAttribute("error","课程表中未查到您想要的信息!");
            rd = sc.getRequestDispatcher("/error.jsp");
        }
        rd.forward(request, response);
    }
```

3. 选课操作

该功能中所用到的页面层是 SelectCou.jsp，如图 14-4 所示。实体操作层中的实体类是 StuCou.java，数据表操作类是 StuCouDAO.java，业务逻辑层使用的是 SelectCouServlet.java。

（1）实体操作层

选课实体类 StuCou.Java 的代码如下所示。

```java
public class StuCou {
    private String stuId;
    private String courseId;
    public String getstuId() {
        return stuId;
    }
    public void setstuId(String stuId) {
        this.stuId = stuId;
    }
    public String getCourseId() {
        return courseId;
    }
    public void setCourseId(String courseId) {
        this.courseId = courseId;
    }
    public StuCou()
    {
    }
    public StuCou(String stuId, String courseId)
    {
        this.stuId = stuId;
        this.courseId = courseId;
    }
}
```

选课操作类 StuCouDAO.java 的代码如下所示。

```java
public class StuCouDAO {
    public StuCouDAO()
    {
    }
    //学生选课的方法
    public int addCou(String stuid,String courseid)
    {
```

```
        int returnvalue = -1;
        try
        {
            String sql = "insert into stuCou values('" + stuid + "'," + "'" + courseid + "')";
            returnvalue = DBConnection.executeUpdate(sql);
        }catch(Exception ex)
        {
            ex.printStackTrace();
        }
        return returnvalue;
    }
    //查看学生已选课程
    public ArrayList<Course> getAllCourse(String id)
    {
        Connection conn = null;              // 声明 Connection 对象
        PreparedStatement pstmt = null; //声明 PreparedStatement 对象,用来存储预编译语句
        ResultSet rs = null;                 // 声明 ResultSet 对象

        ArrayList<Course> courses = new ArrayList<Course>();
        CourseDAO couDao = new CourseDAO();
        try
        {
            String sql = "select * from stuCou where stuId ='" + id + "'";
            pstmt = DBConnection.getStatement(conn, sql);
            rs = DBConnection.executeQuery(pstmt);
            while(rs.next())
            {
                String courseId = rs.getString("courseId");
                Course course = couDao.getCourseInfo(courseId);
                courses.add(course);
            }
        }catch(Exception ex)
        {
            ex.printStackTrace();
        }
        return courses;
    }
    //删除所选课程
    public int delCourse(String stuId,String courseId)
    {
        int returnvalue = -1;
        try
        {
            String sql = "delete from stuCou where stuid ='" +
            stuId + "'and couId ='" + courseId + "'";
            returnvalue = DBConnection.executeUpdate(sql);
        }catch(Exception ex)
```

```
        {
            ex. printStackTrace( ) ;
        }
        return returnvalue;
    }
}
```

(2）业务逻辑层

业务逻辑层中的 doPost 部分代码如下所示。

```
public void doPost( HttpServletRequest request, HttpServletResponse response)
            throws ServletException, IOException {
    RequestDispatcher rd = null;
  ServletContext sc = this. getServletContext( ) ;
  String courseId = request. getParameter( " courseId" ) ;
  HttpSession session = request. getSession( true) ;
  String stuId = session. getAttribute( " stuid" ). toString( ) ;        //获取学号
  int flag = stuCou. addCou( stuId, courseId) ;                         //调用选课的方法
  ArrayList < Course > courses = stuCou. getAllCourse( stuId) ;          //获取所有选择的课程
  session. setAttribute( " courses" , courses) ;                        //将所选课程存放到 session 中
   if( flag! = 1)
   {
        //选课成功,跳转到显示已选课程界面
        rd = sc. getRequestDispatcher( " /CourseSelected. jsp" ) ;
        }
   else
   {
        request. setAttribute( " error" , " 选课失败,请您重新选课" ) ;
        rd = sc. getRequestDispatcher( " /error. jsp" ) ;
   }
   rd. forward( request, response) ;
}
```

14. 3. 3 管理选课信息

在 14. 3. 2 节中，已经完成了学生选课的操作，现在需要做的只有查看学生的选课信息以及删除选课信息操作了。这两个功能中涉及的选课的数据表操作与学生选课功能中业务层使用的文件是一样的，只有业务逻辑层中的 Servlet 类不同，学生删除所选课程使用的文件是 DelCouServlet. java。

删除选课信息的业务逻辑层 DelCouServlet. java，代码如下所示。

```
public void doPost( HttpServletRequest request, HttpServletResponse response)
        throws ServletException, IOException {
  RequestDispatcher rd = null;
  ServletContext sc = this. getServletContext( ) ;
  HttpSession session = request. getSession( true) ;
```

```
    String courseId = request.getParameter("courseId");
    if(session.getAttribute("stuId") != null)
    {
        String stuId = ((Students)session.getAttribute("stuid")).toString();//获得登录学生的
//学号
        int returnvalue = stuCou.delCourse(stuId, courseId);//调用删除已选课程的方法
        if(returnvalue == 1)
        {
            //删除成功
            request.setAttribute("error", "删除成功!");
        }
        else
        {
            request.setAttribute("error", "删除失败");
        }
        rd = sc.getRequestDispatcher("/error.jsp");
        rd.forward(request, response);
    }
}
```

查看选课信息的界面与选课信息界面类似，只是没有查询部分，查看选课信息，也必须登录之后才能查看。查看选课信息的业务逻辑层 SelectCouServlet. java，代码如下所示。

```
public void doPost(HttpServletRequest request, HttpServletResponse response)
        throws ServletException, IOException {
    RequestDispatcher rd = null;
    ServletContext sc = this.getServletContext();
    String courseId = request.getParameter("courseId");
    HttpSession session = request.getSession(true);
    String stuId = session.getAttribute("stuId").toString();
    int flag = stuCou.addCou(stuId, courseId);
    ArrayList<Course> courses = stuCou.getAllCourse(stuId);
    session.setAttribute("courses", courses);
    if(flag!= -1)
    {
        //选课成功,跳转到
        rd = sc.getRequestDispatcher("/CourseSelected.jsp");  //查看选课信息
        rd.forward(request, response);
    }
    else
    {
        request.setAttribute("error", "选课失败,请您重新选课");
        rd = sc.getRequestDispatcher("/error.jsp");
        rd.forward(request, response);
    }
}
```

14.4 本章小结

通过本章的学习，能够对 Java 语言有所了解，并且能够使用 Java 语言连接 Oracle 数据库。另外，也掌握了数据设计以及数据库连接类设计的方法，并且了解了如何调用这些方法实现学生选课系统的基本功能。读者在掌握了对表的增、删、改、查的基本操作后，也可以更好地完善学生选课系统。

参 考 文 献

[1] 秦婧，刘存勇．Oracle 数据库从入门到精通［M］．北京：机械工业出版社，2011.

[2] 秦婧，刘存勇，张起栋．Oracle PL/SQL 宝典［M］．北京：电子工业出版社，2011.

[3] 李丙洋．涂抹 Oracle［M］．北京：中国水利水电出版社，2010

[4] 赵宁，等．Oracle 数据库开发使用教程［M］．北京：清华大学出版社，2014.

[5] 郑阿奇．Oracle 实用教程［M］.3 版．北京：电子工业出版社，2011.

[6] 丁士峰．Oracle 数据库管理从入门到精通［M］．北京：清华大学出版社，2014.